锅炉燃烧性能优化与污染物减排技术

束继伟　李　罡　金宏达
孟繁兵　李元开　吕　莹　编著

中国电力出版社
CHINA ELECTRIC POWER PRESS

内 容 提 要

本书从理论到实践对我国电站锅炉燃烧性能优化及氮氧化物排放等工作中的问题及研究成果进行了全面系统的总结，主要阐述了煤粉着火理论与应用、锅炉燃烧性能分析、锅炉燃烧存在的问题及治理、锅炉混煤掺烧技术、锅炉氮氧化物排放的控制以及火电机组深度调峰技术。

本书融合了多年来作者从事电站锅炉改造研究方面的经验和体会，并将国内外相关领域、研究成果与实际相结合。本书可供从事电站锅炉节能环保、科学研究、运行维护及相关单位的技术人员参考。

图书在版编目（CIP）数据

锅炉燃烧性能优化与污染物减排技术 / 束继伟等编著 .—北京：中国电力出版社，2018.3
ISBN 978-7-5198-1072-6

Ⅰ．①锅…　Ⅱ．①束…　Ⅲ．①锅炉燃烧－污染物－总排污量控制－研究　Ⅳ．① TK227.1 ② X701.2

中国版本图书馆 CIP 数据核字（2017）第 197064 号

出版发行：中国电力出版社
地　　址：北京市东城区北京站西街 19 号（邮政编码 100005）
网　　址：http://www.cepp.sgcc.com.cn
责任编辑：郑艳蓉（010-63412379）　柳　璐
责任校对：王小鹏
装帧设计：王红柳　赵姗姗
责任印制：蔺义舟

印　　刷：北京雁林吉兆印刷有限公司
版　　次：2018 年 3 月第一版
印　　次：2018 年 3 月北京第一次印刷
开　　本：787 毫米 ×1092 毫米　16 开本
印　　张：11.5
字　　数：286 千字
印　　数：0001—1500 册
定　　价：48.00 元

前 言

锅炉燃烧性能（特别是大型燃煤锅炉）是决定锅炉运行性能的重要因素，燃烧性能的好坏在很大程度上影响锅炉运行的安全性、经济性和机组调峰灵活性，特别是在当前，火力发电厂锅炉实际燃用煤种严重偏离设计煤种的情况下，锅炉燃烧性能的好坏尤为重要。因此，有必要研究锅炉燃烧的机理、影响性能的设计及运行因素，从而找到提高和改进锅炉燃烧性能的措施。

锅炉的燃烧性能主要包括着火燃烧稳定性、燃尽性和煤灰的结渣性。

最近几年，人们又开始关注炉膛水冷壁的高温腐蚀、炉膛出口烟温偏差、炉内低 NO_x 的生成以及混煤燃烧等问题，随着我国火力发电企业装机由低参数、小容量向高参数、大容量的转变，特别是近年来一大批超临界、超超临界火力发电机组的投产运行，以及大量的可再生能源的并网运行，电网的备用容量越来越大。尤其是在冬季采暖季，风力发电弃风现象与大量的热电企业的并网需求，导致对锅炉的低负荷调峰性能要求越来越高。希望本书通过对影响锅炉稳定燃烧的各项因素进行深层次的全面分析，帮助各发电企业改善锅炉的燃烧性能，特别是锅炉低负荷稳燃性能以及调节性能，至于对流受热面的沾污、腐蚀、堵灰、磨损等，也与燃烧有一定的关系。

近十年来，随着国内煤炭市场的变化，在役运行锅炉实际燃用煤种已经严重偏离了设计煤种。特别是黑龙江省，在役运行锅炉原设计煤质比较单一（绝大多数电厂设计燃用省内烟煤，部分电厂设计燃用内蒙古扎赉诺尔及大雁褐煤），煤质相对较好。然而，发电企业从缓解企业经营压力角度出发，对绝大多数原设计燃用烟煤的锅炉进行了改造，以期适应煤种的变化，特别是对低质褐煤的利用。所以，近年来发电企业在运行期间出现的问题也多集中在锅炉方面。本书重点分析讨论炉内燃烧中的着火稳定性、燃尽性和煤灰结渣性，以及锅炉低负荷稳燃性能及近年来开展的锅炉低氮改造等方面的问题，对于高温腐蚀、炉膛出口烟温偏差等问题也略加分析。对流受热面的沾污、腐蚀、堵灰、磨损问题在运行中都可能遇到，由于不是本文的重点，故这里不加分析，需要时可参阅有关参考文献。

本书的编写目的在于总结成功的经验，分析影响锅炉安全、环保和经济运行的因素，找到改进措施，从而为锅炉的运行、调试提供参考和借鉴。本书也为性能预诊提供必要的数据，使得预报结果更符合实际情况。

由于篇幅所限，有些内容可能不够细致，请参阅有关参考文献。由于时间及经验不足，书中难免存在不足之处，敬请同行批评指正。

编　者

2017年12月

目 录

前言

第一章 煤粉着火理论与应用 …… 1

第一节 着火及燃烧稳定性的影响因素 …… 1
第二节 提高锅炉着火及燃烧稳定性 …… 11

第二章 锅炉燃烧性能分析 …… 65

第一节 煤的燃尽机理 …… 65
第二节 影响燃尽的因素及提高燃尽的措施 …… 67
第三节 排烟热损失的影响因素 …… 74
第四节 提高锅炉燃尽性及降低排烟热损失的措施 …… 80

第三章 锅炉燃烧存在的问题及治理 …… 87

第一节 影响锅炉结渣的因素及防止结渣的措施 …… 87
第二节 四角切向燃烧大容量电站锅炉炉膛出口烟温、汽温偏差及其治理 …… 93
第三节 水冷壁外壁高温腐蚀的生成和防止 …… 98

第四章 锅炉混煤掺烧技术 …… 101

第一节 混煤掺烧方式 …… 101
第二节 锅炉掺烧对其性能的影响 …… 102
第三节 锅炉掺烧计算及改造实例 …… 105
第四节 锅炉掺烧褐煤存在的问题及建议 …… 119

第五章 锅炉氮氧化物排放的控制 …… 121

第一节 NO_x 生成原理及影响因素 …… 121
第二节 低氮燃烧技术 …… 133
第三节 国内外主要低 NO_x 燃烧器形式及技术原理 …… 147
第四节 低氮燃烧技术的应用 …… 155

第六章 火电机组深度调峰技术 …… 169

第一节 火电机组深度调峰的背景和意义 …… 169
第二节 火电机组适应深度调峰的改造技术 …… 171
第三节 火电机组灵活性改造整体解决方案 …… 176
第四节 经济运行分析 …… 177

参考文献 …… 178

第一章

煤粉着火理论与应用

第一节　着火及燃烧稳定性的影响因素

一、着火机理

为了得到简明的概念，需假定一个简化的物理模型。

设有一个密闭的容器，容积为V，器内充满可燃的混合物，容器内各点的温度和浓度均匀，容器表面的温度为T_0，并不随反应的进行而改变。

设反应的热效应为q，反应速度为v，反应初始温度为T_0，则单位时间内反应发出的热量为

$$Q_1 = qvV = qVk_0C^n\exp\left(-\frac{E}{RT_0}\right) \tag{1-1}$$

式中　q、V、k_0——定值。

此外，在开始燃烧之前，即在着火过程中，假定反应物质的浓度不变，即C相当于可燃混合物的初始浓度，则式（1-1）可改写为

$$Q_1 = A\exp\left(-\frac{E}{RT_0}\right) \tag{1-2}$$

式中　A——常数。

另外，由于化学反应的结果，容器内的温度升高到T，此时将由系统向外散失热量。设容器的表面积为F，由气体对外界的总放热系数为α，则单位时间内由体系向外散出的热量为

$$Q_2 = \alpha F(T - T_0) \tag{1-3}$$

假设α与温度无关，而F为定值，那么式（1-3）可改写为

$$Q_2 = B(T - T_0) \tag{1-4}$$

式中　B——常数。

根据Q_1与Q_2的不同数值，可以讨论容器内进行化学反应时可能的混合物状态。为此，可将式（1-2）和式（1-4）画在Q-T坐标上，如图1-1～图1-4所示。Q_1与T为超越函数关系，Q_2与T为直线关系，Q_1的曲线称为发热曲线，Q_2的曲线称为散热曲线。

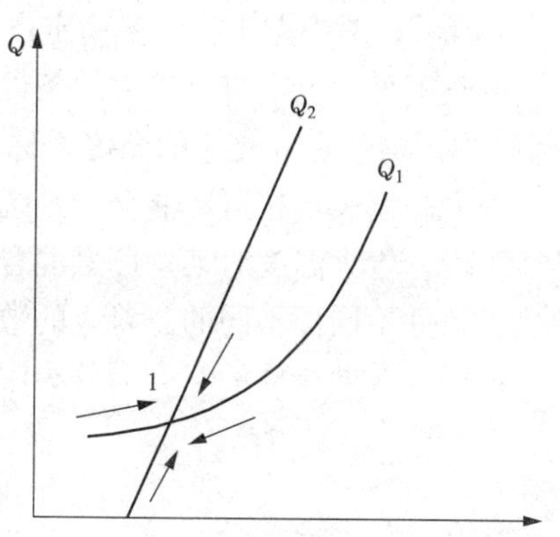

图1-1　着火机理示意1

图1-1表示Q_1与Q_2在低温区有一个交点的状态。在点1处$Q_1 = Q_2$。即在点1之前（温度低于点1处的温度），$Q_1 > Q_2$，说明反应所发出的热量多于系统向外散失的热量。这时，系统便被加热，温度逐渐升

高。到达点 1 时，热量达到平衡状态，过程即稳定下来，保持点 1 的温度。即使因某种外力使过程超过点 1，则因 $Q_2>Q_1$，即散出热量大于发出热量，系统受到冷却将重新回到点 1，点 1 是低温区的稳定点。在这种情况下，自燃着火不可能发生。

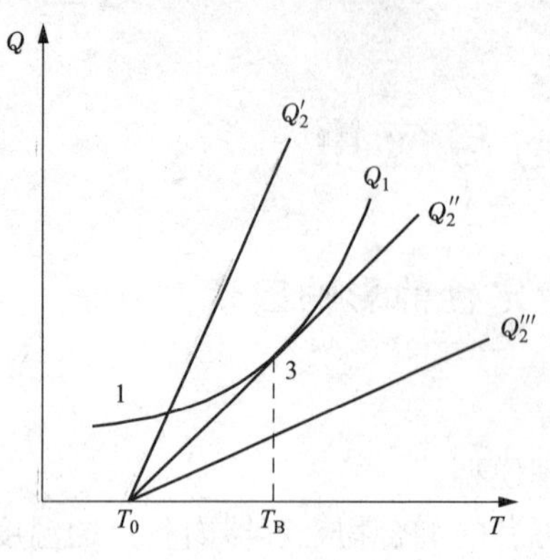

图 1-2　着火机理示意 2

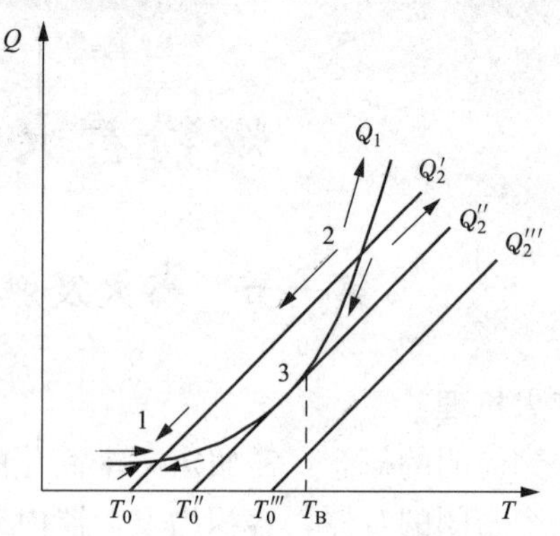

图 1-3　着火机理示意 3

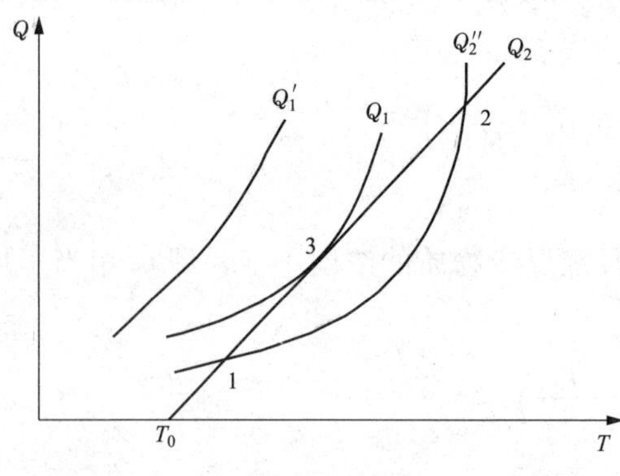

图 1-4　着火机理示意 4

如果改变散热条件，如改变容器表面积，即可得到不同斜率的散热曲线，如图 1-2 所示。Q_2'''是散热很弱的情况，Q_1 总是大于 Q_2，这时反应便自动加速，直到发生自燃。Q_2'是散热很强的情况，与图 1-1 相同，不会发生自燃。在 Q_2'与 Q_2'''之间存在 Q_2''，与 Q_1 有一个切点 3，反应便加速进行而引起自燃。因而 Q_2''是一个临界状态。

如果改变容器的初始壁温 T_0，则可以得到一组平行的散热曲线，如图 1-3 所示。此时 Q_2''为临界状态，与 Q_1 有一切点 3。Q_2'与 Q_1 可有两个交点 1 和 2。点 1 为低温稳定点，点 2 为高温不稳定点，因为当过程稍向右移动时，$Q_1>Q_2$，系统即可以自燃；当过程稍向左移动时，$Q_2>Q_1$，系统便会被冷却而降到低温稳定点 1。

若散热曲线不变而改变发热曲线，如改变可燃混合物的成分，便得到几组发热曲线，如图 1-4 所示，图中点 1 为低温稳定点，点 2 为高温不稳定点，点 3 为临界点。

由此可见，发生自燃着火的条件是 $Q_1>Q_2$，而临界条件（最低条件）是 Q_1 与 Q_2 有一个切点 3。与切点 3 相应的温度，称为着火温度或着火点。

着火温度表示在可燃混合物系统中化学反应可以自动加速而达到自燃着火的最低温度。必须明确，着火温度对某一可燃混合物来说，并不是一个化学常数或物理常数，而是随具体的热力条件不同而不同的。着火的数学表示法如下：

在切点 3 处相应的温度为着火温度 T_B，则有 T_B 的条件为

$$[Q_1]_{T=T_B}=[Q_2]_{T=T_B} \tag{1-5}$$

$$\left[\frac{\partial Q_1}{\partial T}\right]_{T=T_B}=\left[\frac{\partial Q_2}{\partial T}\right]_{T=T_B} \tag{1-6}$$

将式（1-2）和式（1-4）代入，可得

$$A \cdot \exp\left(-\frac{E}{RT_B}\right) = B(T_B - T_0) \tag{1-7}$$

$$A \cdot \frac{E}{RT_B^2} \cdot \exp\left(-\frac{E}{RT_B}\right) = B \tag{1-8}$$

用式（1-8）除式（1-7），得

$$T_B - T_0 = \frac{RT_B^2}{E} \tag{1-9}$$

解此方程得

$$T_B = \frac{E}{2R} \pm \sqrt{\frac{E^2}{4R^2} - \frac{T_0 E}{R}} \tag{1-10}$$

式（1-10）中取"＋"时，将得到一个过高的、实际达不到的温度，故应取"－"号。将根号展开为级数，得

$$T_B = \frac{E}{2R} - \frac{E}{2R}\left[1 - \frac{2RT_0}{E} - \frac{2R^2T_0^2}{E^2} - \frac{4R^3T_0^3}{E^3} - \cdots\right] \tag{1-11}$$

实际上，一般 $E \gg T_0$，故可以忽略 3 次方以后各项。由此得到着火温度为

$$T_B = T_0 + \frac{RT_0^2}{E} \tag{1-12}$$

或

$$T_B - T_0 = \frac{RT_0^2}{E} \tag{1-13}$$

式（1-13）表示在自燃着火的条件下气体的着火温度与器壁温度之间的关系。一般情况下，若 E＝30000～60000kcal/mol（1kcal＝4.1868kJ），器壁温度为 1000K 时，$T_B - T_0 \approx 34$～67℃，由此可知，T_B 与 T_0 相差很小。故有的试验中用 T_0 代表着火温度，并不引起很大的误差。知道了 T_B 与 T_0 的关系就可以将式（1-13）及 $T_B \approx T_0$ 代入式（1-7）得

$$A \cdot \exp\left(-\frac{E}{RT_0}\right) = B \cdot \frac{RT_0^2}{E} \tag{1-14}$$

求解出 T_0 作为着火温度 T_{zh}，这个着火温度 T_{zh} 将是 E/R 和 aF/h_0C^n 的函数，即 $T_{zh} \propto E/R$，aF/h_0C^n，并且可以解释如下：

（1）燃料的活性如果很强（一般 E 小或者 h_0 很高）如褐煤，那么如图 1-5 所示，它的反应发热曲线 Q_1' 就会比活性弱的燃料如贫煤（曲线 Q_1）具有低一些的着火温度 T_{zh}'，即容易着火。

（2）散热条件加强时（式中 a 及 F 增大），则如图 1-6 所示，散热曲线将自 Q_2 移到 Q_2'' 的位置，因而着火温度 T_{zh}' 升高。

以上所讨论的是自燃着火情况，适用于制粉系统着火或锅炉尾部烟道着火等事故状态。而在锅炉炉膛燃烧技术中使可燃物着火燃烧的方式是强制点火或简称点火。

用来点火的热源可以是小火焰、高温气体、炽热的物体或电火花等。就本质来说，点火和自燃着火一样，都有燃烧反应的自动加速过程。不同的是，点火时先是一小部分可燃混合物着火，然后靠燃烧（火焰前沿）的传播，使可燃混合物的其余部分达到着火燃烧的状态。

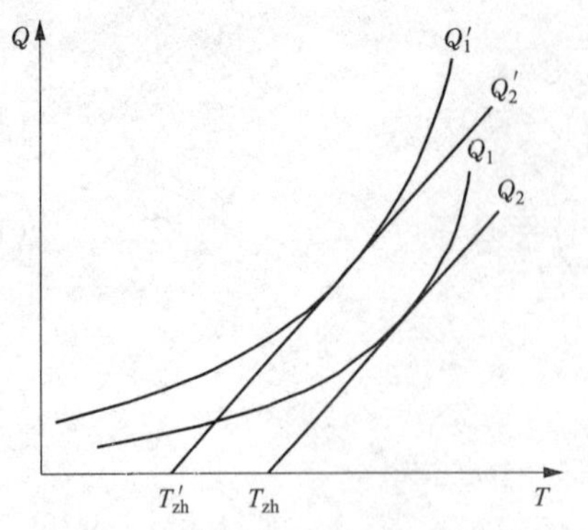

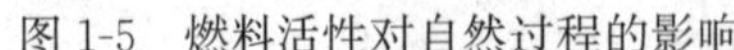
图 1-5　燃料活性对自然过程的影响

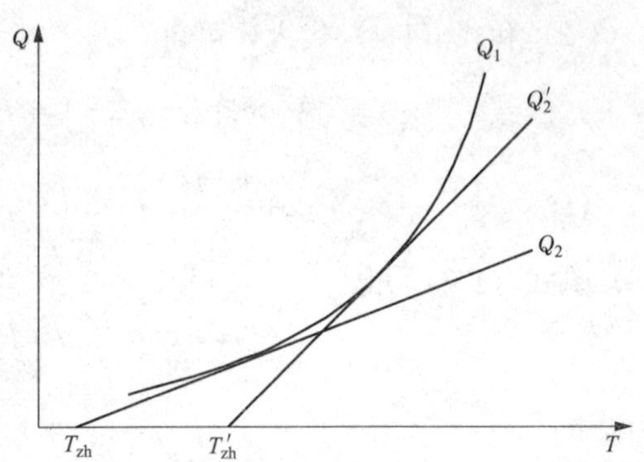

图 1-6　散热条件对自燃过程的影响

二、着火浓度界限

理论研究表明，不论是自燃着火还是强制点火，着火条件及火焰的稳定性都与可燃物的浓度有关，而可燃物的浓度又取决于体系的压力和可燃混合物的成分。因此，除了温度条件以外，着火也只有在一定的压力和成分条件下才能实现。

着火温度与压力和成分之间的关系见图 1-7。根据这两个曲线还可以做出图 1-8，表示在着火条件下，压力与成分的关系。

从图 1-8 中看出，在一定的压力下可燃物的浓度小于某一数量或大于某一数量都不可能发生自燃着火，这个浓度范围便称为“着火浓度界限”。同时，能实现着火的最小浓度称为“浓度下限”，能实现着火的最大浓度称为浓度上限，如图 1-8 中的 C_1 和 C_2。不难理解：在强制点火过程也存在点火浓度界限，超过一定浓度范围点不着火。点火浓度界限还与惰性气体的含量有关。加入任何惰性气体，都会使浓度界限变窄。

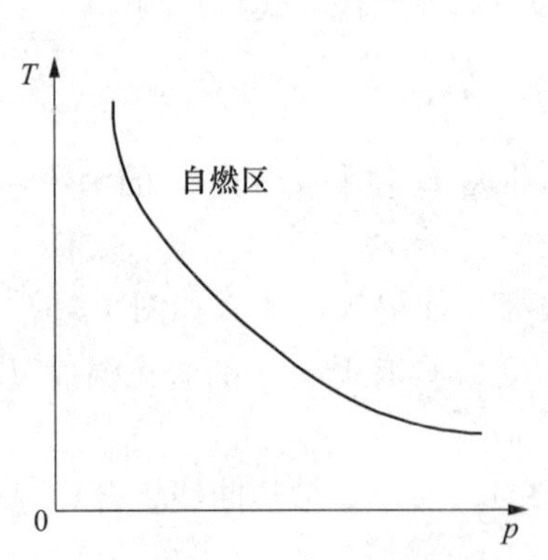

图 1-7　一定成分下着火温度与压力的关系图

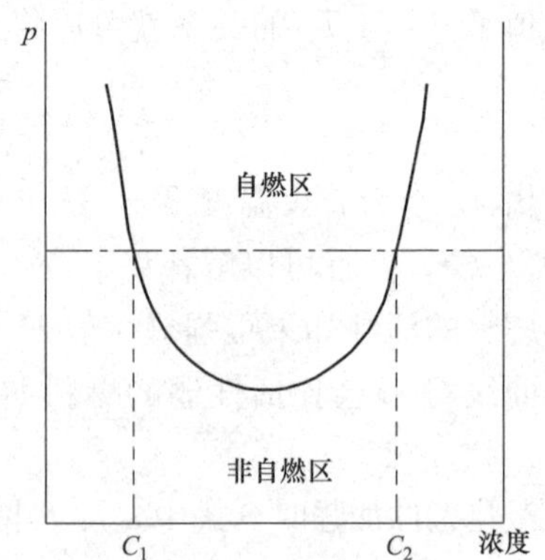

图 1-8　在一定温度下着火压力与成分关系

三、着火延迟期

下面进一步讨论着火的感应期或称着火延迟期。它的物理含义是指混合气体由开始发生反应到燃烧出现的一段时间。其更确切的定义是：在混合气体已达到着火的条件下，由初始状态到温度骤升（相当于图 1-9 中 $T=T_c$ 的状态，这时温升由减速变成加速，也即由 $\frac{d^2T}{d\tau^2}\leqslant 0$ 变成 $\frac{d^2T}{d\tau^2}>0$）的瞬间所需的时间。

自燃过程中的温度变化情况可以根据式（1-1）和式（1-3）来计算

$$Q_1-Q_2=V\rho c_v\frac{dT}{d\tau} \tag{1-15}$$

即根据 Q_1 与 Q_2 之差可以求出温度变化率 $\frac{dT}{d\tau}$。

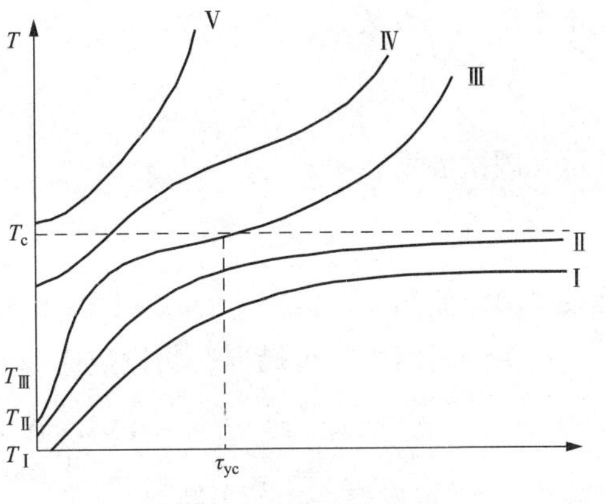

图 1-9　着火延迟期示意

由此可以求出着火延迟期 τ_{yc} 为

$$\tau_{yc}=\frac{RT_\infty^2c_v\rho_\infty}{EQk_0\rho_\infty^n\exp\left(-\frac{E}{RT_\infty}\right)}=\left(\frac{Qw_\infty E}{\rho_\infty c_vRT_\infty^2}\right)^{-1} \tag{1-16}$$

由式（1-16）可以看出，可燃混合物如果有低的容积比热容 c_v，高的燃烧发热量 Q_i，高的反应速率 $W_{i,\infty}$ 则着火延迟期就短，否则就长。从式（1-16）中表面看：E 高，T_∞ 高，则 τ 降低，但是它们与反应速率中的 E，T_∞ 相比，其影响数量级要小的很多，所以 E 高，T_∞ 高时，τ_i 要升高。

将式（1-16）画成图 1-9 中的曲线，曲线Ⅰ、Ⅱ、Ⅲ、Ⅳ、Ⅴ代表发热量 Q 和初始温度 T_∞ 逐渐升高的结果。当反应温度升高到 T_c 的时候出现一个拐点，即热着火点，相应的时间也就是着火延迟期 τ_{yc}。

如果初温还要高一些，温度上升曲线就如图 1-9 中的曲线Ⅳ，孕育时间就缩短一些。如果初温很高，已超过 T_c，那么温度上升曲线就如图 1-9 中的曲线Ⅴ，拐点消失，而且曲线上凹，延迟期将更短。

四、锅炉燃烧室中的着火与熄火

锅炉燃烧室内的着火过程与上述密闭空间中的可燃物着火过程有所不同。锅炉燃烧室虽有一定的空间，但是因为连续不断地供应燃料和氧化剂，在空间中反应物质的浓度可以看成是不随时间的变化而变化的。锅炉燃烧室内的气体是流动的，各组分在燃烧室内部都有一定的停留时间。由于混合过程和化学反应也需要一定时间，因而可燃物燃烧在燃烧室内可能完全燃烧，也可能不完全燃烧，即具有一定的燃烧完全系数。

实际上，锅炉燃烧室内的工作条件是复杂的。为便于理论研究，假定一个简化模型，假定锅炉燃烧室为绝热的，着火过程和燃烧过程均为绝热过程。此外，假定燃烧室内的温度、浓度、压力（常压）等参数的平均值与出口参数是相同的，即设为零维模型。

（一）均相可燃混合物着火燃烧的热量平衡

假设连续进入燃烧室的可燃混合物的初始温度为 T_0，浓度为 C_0；燃烧产物连续由燃烧室流出，其温度为 T，没有燃尽的可燃混合物的浓度为 C；可燃混合物在燃烧室内的停留时间为 τ_1，完全燃烧反应所需要的时间为 τ_2。

为方便起见，取无因次量

$$\varphi=1-\frac{C}{C_0} \tag{1-17}$$

表示燃烧完全系数；

$$\theta=\frac{RT}{E} \tag{1-18}$$

表示无因次温度；

$$\tau_{12}=\frac{\tau_1}{\tau_2} \tag{1-19}$$

表示无因次时间。

在单位时间内，可燃混合物以反应速度 W 所放出的热量 Q_1 为

$$Q_1=W\cdot q=\frac{C_0-C}{\tau_1}\cdot q \tag{1-20}$$

式中　q——可燃混合物的发热量。

同时，按式（1-1）也可写为

$$Q_1=k_0\mathrm{exq}\left(-\frac{E}{RT}\right)\cdot C\cdot q \tag{1-21}$$

此处假设反应为一级反应，近似地 $k_0\approx1/\tau_2$，则

$$Q_1=\frac{1}{\tau_2}\cdot \mathrm{e}^{-1/\theta}\cdot C\cdot q \tag{1-22}$$

令式（1-20）和式（1-22）相等，整理后可得

$$\varphi=\tau_{12}\cdot \mathrm{e}^{-1/\theta}(1-\varphi) \tag{1-23}$$

由式（1-23）得到 φ 值记为 φ_1，则

$$\varphi_1=\frac{1}{1+\frac{\mathrm{e}^{1/\theta}}{\tau_{12}}} \tag{1-24}$$

φ_1 称为发热曲线。

另外，在绝热燃烧室中，Q_1 将全部转为燃烧产物的热量。燃烧产物热量的增加为

$$Q_2=\frac{c_{\mathrm{p}}}{\tau_1}(T-T_0) \tag{1-25}$$

令式（1-25）和式（1-20）相等，则

$$\frac{c_0-c}{\tau_1}\cdot q=\frac{c_{\mathrm{p}}}{\tau_1}(T-T_0) \tag{1-26}$$

由式（1-26）求得 φ 值记为 φ_2，则

$$\varphi_2=\frac{c_{\mathrm{p}}}{qC_0}\cdot\frac{E}{R}(\theta-\theta_0)=\frac{1}{\upsilon}(Q-Q_0) \tag{1-27}$$

φ_2 称为散热曲线。

其中
$$\upsilon=\frac{RqC_0}{Ec_{\mathrm{p}}}$$

这里 φ_1、φ_2 和式（1-1）、式（1-3）有相似的概念。φ_1 相当于反应放出的热量，φ_2 相当于散失的热量，θ 相当于温度。

可以用 φ-θ 坐标来表明燃烧室的燃烧热力条件。φ_1 与 θ 的关系为超越函数关系，当可燃混合物的性质一定时，为一直线关系。

实际上，稳定工况的燃烧室中，必须达到热量平衡，即 $Q_1=Q_2$、$\varphi_1=\varphi_2=\varphi$。燃烧室中有一个稳定的 φ 值，该 φ 值的稳定水平反映燃烧状态。如 φ 值很小，则可能未达到着火状

态；φ 值越大，说明燃烧强度越大。φ 的最大值为 1。

（二）稳定状态和临界状态

为了确定锅炉燃烧室的稳定水平，可将 φ_1 和 φ_2 画在同一坐标图上。用同样的方法，还可以研究燃烧室着火和熄火的临界条件。

如图 1-10 所示，φ_1 不变，而改变可燃混合物的初始温度，得到一组平行移动的 φ_2 曲线。由图 1-10 可以看出，当 θ_0 很低时，φ_1 与 φ_2 可相交于点 1，为低温稳定点，即没有达到着火。如果提高 θ_0，则会使 φ_1 与 φ_2 有一个切点 3，为临界点，当 θ_0 稍有提高，φ_1 与 φ_2 便会相交于点 5。点 5 是一个高温稳定点，在该点实现稳定的燃烧状态。因此临界点 3 便为着火点。如在燃烧状态下降低初始温度，φ_2 曲线便向左移，φ_1 与 φ_2 会有切相点 4。这又是一个临界点，低于点 4，过程便立即下降稳定在低温稳定点 1。因此，临界点 4 为熄灭点。

由此可知，燃烧室内着火或熄灭的临界条件是 $\varphi_1=\varphi_2$、$\frac{d\varphi_1}{d\theta}=\frac{d\varphi_2}{d\theta}$，据此可以分析燃烧室的着火临界条件与燃烧稳定水平与各因素之间的关系。

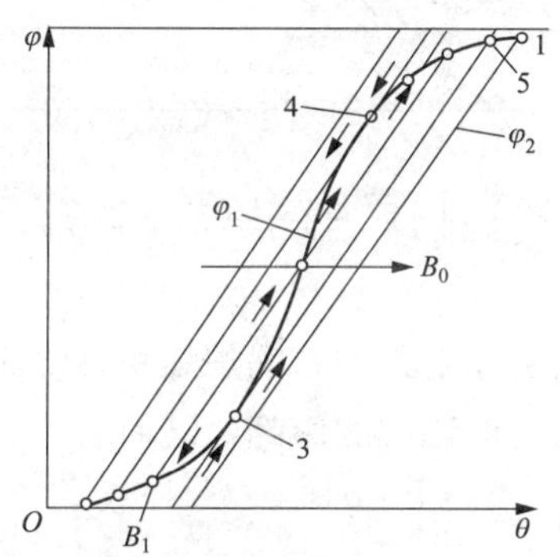

图 1-10　改变初始温度的 φ-θ 图

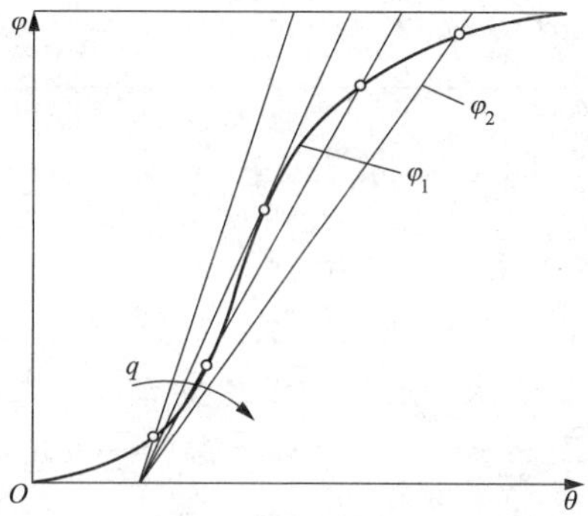

图 1-11　改变可燃混合物发热量的 φ-θ 图

混合物初始温度对着火的影响见图 1-10，由图可以看出：提高混合物的预热（初始）温度，有利于实现混合物的着火。并在着火后，过程可以稳定在较高水平，即温度较高，燃烧完全系数较大。

可燃混合物发热量的影响见图 1-11。发热量 q 变化时，φ_2 的斜率变化。q 越大，$d\varphi/d\theta$ 越小，这将有利于着火，并使过程稳定在较高水平。

τ_{12} 的影响见图 1-12，τ_{12} 变化时，φ_1 将变化；τ_{12} 越长，φ_1 越向左移动。所以按绝热过程来说，增加燃烧产物在燃烧室内的逗留时间，或者加快反应速度，都可使过程的稳定水平提高。

另外，使高温燃烧产物循环加入到初始混合物中，将会使 φ_2 改变。一般情况下，会提高混合物的初始温度，同时降低混合物的发热量，即提高 θ_0，且增加 $d\varphi/d\theta$ 值。图 1-13 表示高温的完全燃烧的循环气体对着火过程的影响。图中 a 表示循环倍数（循环气体与可燃混合物量之比），a 值越大，越有利于实现着火。所以向火焰根部加入高温循环气体，是提高燃烧稳定性的有

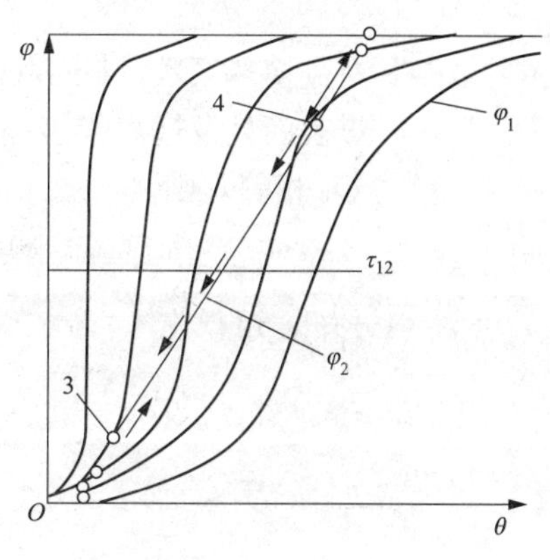

图 1-12　改变 τ_{12} 的 φ-θ 图

效措施之一。

以上所讨论的，都是假定燃烧过程是绝热的。如果不是绝热的，即当存在外部热交换过程时，则散热曲线要复杂得多。如火焰向外有辐射传热时，散热曲线将不再是直线。图 1-14 表示有辐射热交换时，辐射传热系数对着火的影响。由图 1-14 可知，σ 越大，着火越困难，过程稳定的水平也越低。所以存在强烈冷却的燃烧室，可燃物不易着火，但容易熄灭，或者温度和燃烧完全系数的水平较低。

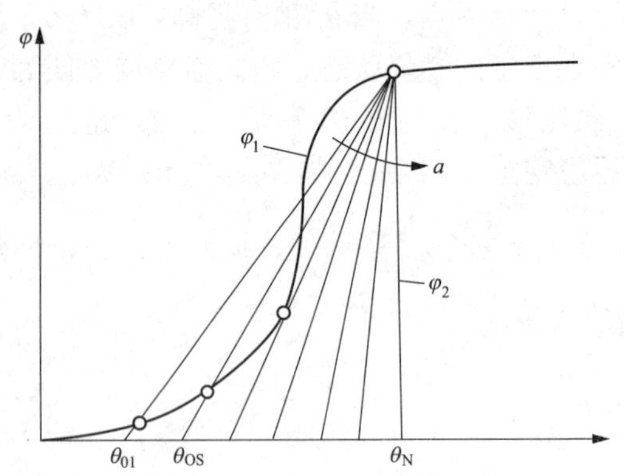

图 1-13　高温循环气体对着火的影响

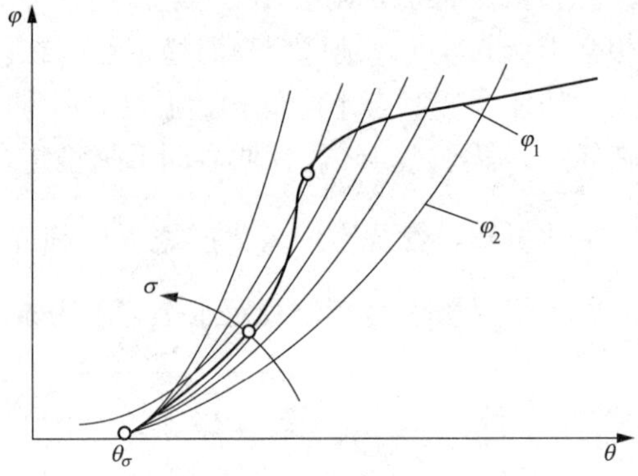

图 1-14　改变辐射传热系数的 φ-θ 图

（三）非均相着火与燃烧

前面讨论的都是单向流体混合物的燃烧问题，在实际工程中，锅炉煤粉燃烧属于非均相燃烧。因此它的着火与燃烧速度还受氧气向煤粉表面扩散速度的影响，这时有

$$Q_1 = \alpha_B(c_0 - c)q = K_0 e^{-E/RT} \cdot c \cdot q \tag{1-28}$$

其中
$$\alpha_B = 2D_B/d$$

式中　Q_1——单位表面上每单位时间内放出的热量；

α_B——空气扩散交换系数，m/s；

D_B——煤表面扩散系数；

d——煤粉颗粒直径；

q——每单位容积反应气体的反应热效应。

设 Q_{II} 为每单位时间从煤的单位表面上所导走的热量，则

$$Q_{II} = \alpha(T - T_0) \tag{1-29}$$

式中　α——对流换热系数，kcal/(m² · s · ℃)；

T、T_0——煤表面处及远离煤表面处的气体温度。

令 Q_I 与 Q_{II} 相等，则

$$a_B(c_0 - c)q = K_0 e^{-K/RT} c \cdot q = \alpha(T - T_0)$$

令 $\varphi = 1 - \dfrac{C}{C_0}$，可得出

$$\varphi_I = \frac{\tau_{BK}}{\tau_{BK} + e^{1/\theta}} = \frac{1}{1 + \dfrac{e^{1/\theta}}{\tau_{BK}}} \tag{1-30}$$

$$\varphi_{II} = \frac{1}{\upsilon}(\theta - \theta_0) \tag{1-31}$$

其中
$$\upsilon = \frac{RqC_0}{EC_p}$$
$$\tau_{BK} = \frac{\tau_B}{\tau_K} = \frac{k_0}{\alpha_B}$$

式中　υ——表面反应发热量。

比较式（1-30）、式（1-31）与式（1-24）、式（1-27）可以看出，对于非均相反应的放热与散热公式形式上与均相相同，所不同的是以 τ_{BK}代替了 τ_{12}。

按式（1-30）、式（1-31）计算煤的着火温度 θ 时会发现，煤粉的直径越小，着火温度越高，与实际锅炉运行情况相反。原因是实际炉膛不是绝热的，有辐射及对流（卷吸的热烟气）热量加入。外来的热量与煤粉直径 d 的关系呈正比，而且影响大于绝热时的散热量，故应考虑外来的加热量才行。

（四）考虑外来加热量时的着火热

在非均相着火并有外来加热量时，会使混合物的无因次折算发热量 $\upsilon_{\ni\phi\phi}$降低

$$\upsilon_{\ni\phi\phi} = \frac{\upsilon}{1+\beta\tau_{BK}} \tag{1-32}$$

并且使煤粉表面着火的无因次温度 $\theta_{0\ni\phi\phi}$降低

$$\theta_{0\ni\phi\phi} = \theta_0 + \frac{\beta\tau_{BK}}{1+\beta\tau_{BK}}\upsilon \tag{1-33}$$

以 $\upsilon_{\ni\phi\phi}$代替 υ，以 $\theta_{0\ni\phi\phi}$代替 θ_0，代入式（1-31）可得

$$\varphi_{\mathrm{II}} = \frac{1+\beta\tau_{BK}}{\upsilon}(\theta-\theta_0) - \beta\tau_{BK} \tag{1-34}$$

而 φ_{I} 不变，仍取 $\varphi_{\mathrm{I}} = \dfrac{1}{1+\dfrac{e^{1/\theta}}{\tau_{BK}}}$，用 $\varphi_{\mathrm{I}}(\theta)=\varphi_{\mathrm{II}}(\theta)$，$\dfrac{d}{d\theta}\varphi_{\mathrm{I}}(\theta)=\dfrac{d}{d\theta}\varphi_{\mathrm{II}}(\theta)$联立求解，即可求出煤粉气流的着火温度 θ。

其中
$$\beta = \frac{a_1}{c_p k_0}$$
$$\tau_{BK} = \frac{k_0}{\alpha_B}$$
$$\alpha_B = \frac{2D_B}{d}$$

式中　α_1——传热系数。

五、火焰传播速度

在实际炉膛燃烧过程中，为了使煤粉燃烧器安全、稳定运行，需要使燃烧器出口的煤粉气流混合物（即一次风）有一个合适的着火位置或着火前沿。如果着火位置过早，会烧坏燃烧器喷口；着火位置过晚，则不利于锅炉燃烧的稳定，甚至可能出现灭火。为此需要确定合适的一次风速或一次风率。

一般情况下，直吹式制粉系统的一次风管道内的流速为 22～28m/s，乏气送粉系统的一次风管道内的流速为 22～28m/s，热风送粉系统的一次风管道内的流速为 28～32m/s。一次风速（一次风率）的大小，除了与制粉系统的形式有关以外，还与实际燃用的煤种关系密切。

当燃烧器出口的一次风速与火焰传播速度相等时，火焰就在该处稳定下来，而这一速度就是运行人员需要并且维持的一次风速，因此要研究火焰传播速度 u。

锅炉燃烧中的火焰是属于湍流火焰，但为了研究方便，首先要考虑层流的火焰传播速度 u_{CL}。

层流火焰传播速度 u_{CL} 可表示为

$$u_{CL}=\sqrt{\frac{a}{\rho c_p}\cdot\frac{2QW}{(T_a-T_0)^2}\cdot\frac{RT_a^2}{E}} \tag{1-35}$$

其中

$$a=\frac{\lambda}{\rho c_p}$$

$$W=h_0\cdot\exp\left(-\frac{E}{RT_a}\right)\cdot C^n$$

式中 a——气体导温系数；

λ——气体导热系数；

ρ——气体密度；

Q——可燃混合物的反应热；

W——反应速度；

T_a——反应的理论燃烧温度；

T_0——可燃混合物初温；

E——燃料活化能；

R——通用气体常数；

h_0——燃料反应频率因子；

C——混合物初始浓度。

由式（1-35）可知，层流火焰传播速度随初温 T_0 的增加而增加，随火焰温度 T_a 的增加而增加，而其中最重要的是气体导温系数 a 和反应速度 W。

湍流火焰传播速度的变化规律与层流状态不一样。大标尺强湍流动下的火焰传播速度 u_t 为

$$u_t\approx 4.3\frac{W'}{\sqrt{\ln\left(1+\frac{W'}{u_{CL}}\right)}} \tag{1-36}$$

式中 W'——湍流脉动速度。

有学者进一步研究给出如下的湍流火焰传播速度：

大尺度弱湍流时

$$u_t=u_{CL}+W' \tag{1-37}$$

大尺度强湍流时

$$u_t=u_{CL}+\sqrt{2u_{CL}\cdot W'} \tag{1-38}$$

实际燃烧设备中的气流一般都处于湍流状态。实验证明：湍流火焰的传播速度要比层流时大得多，可超过 200cm/s，而层流火焰传播速度一般不超过 100cm/s。由于一次风自喷口喷出后马上扩散，周界的风速要逐渐下降。当与火焰传播速度相等时稳定着火，所以一次风出口速度总是大于火焰传播速度，否则会发生回火而烧损燃烧器的事故，具体数值由经验

确定。

第二节　提高锅炉着火及燃烧稳定性

火力发电厂锅炉运行的好坏，直接决定了整个机组的运行经济性。锅炉及其附属系统结构和运行工况复杂，是火力发电厂中问题集中、事故多发、对机组可用率影响最大的设备。锅炉燃烧系统是锅炉系统中最重要的部分，锅炉燃烧状态的好坏直接影响电厂的经济效益，燃烧的稳定性直接影响锅炉的安全性，锅炉稳定、持续的燃烧是关系到燃烧系统安全性的重要因素，对锅炉的安全、经济运行有着重要的影响。当前，我国电站锅炉使用混煤情况非常普遍，这给锅炉的设计和运行带来了更大的困难。

锅炉燃烧的稳定性既反映了锅炉着火的难易程度，又体现了着火后的燃烧状况。合理的燃烧工况应该是迅速地着火、快速而稳定地火焰传播、强烈地燃烧和充分地燃尽。着火阶段是整个燃烧阶段的关键，要使燃烧能在较短时间内完成，必须要强化着火过程，保证着火过程稳定而迅速地进行。稳定着火是燃烧过程的良好开端，而充分燃烧且燃尽是提高锅炉经济性的关键。保证燃料在炉膛内完全燃烧的条件，一是着火要及时稳定，二是要控制燃烧速度并使燃料在炉内有足够的燃烧时间和停留时间。

从之前的分析可以看出，影响燃煤锅炉（粉炉）着火稳定性的主要因素有：

1. 燃料特性

燃料特性对燃煤锅炉的稳定燃烧影响很大。例如，无烟煤的活化能高，挥发分低，不易着火；而褐煤则相反，活化能低，挥发分高，容易着火及稳定燃烧（水分过高者除外）；煤质变差，煤粉气流着火推迟，煤粉在炉内燃烧时间缩短。煤的热值低、灰分高又使炉膛烟气温度降低，造成燃烧不稳定、不完全，甚至灭火。燃料特性中对着火过程影响最大的是挥发分，挥发分低，煤粉气流的着火温度升高、着火热增大；原煤水分增大时，着火热随之增大，同时由于一部分燃烧热消耗在加热水分并使其气化和过热上，降低了炉内烟气温度，对着火不利。

2. 煤粉浓度

一定的煤粉浓度对锅炉的着火稳定性也起着重要的作用，煤粉浓度是煤粉气流着火最主要的影响因素，煤粉浓度的改变直接影响着着火温度和着火热的变化。煤粉浓度增加，着火温度显著降低，着火温度降到某一值后不再继续降低，而是有一定程度的升高，即存在一个对应最小着火温度的最佳煤粉浓度，且挥发分含量越高的煤，最佳煤粉浓度越小。煤粉浓度降低时，煤粉空气混合物所需着火热较少，且少于供给的热量，因此足以很快将煤粉气流加热至着火的临界状态，煤粉颗粒必定发生着火。但由于煤粉浓度低，放出的热量少，故燃烧不强烈，无法形成连续的火焰，向外散热较大，温度水平较低。随着煤粉浓度的不断增加，所需着火热量增多，且不断接近供给的热量，因而燃烧放热逐渐加强，温度水平不断提高。当增加到某一煤粉浓度时，着火热恰好等于供给热，此时放热量最大，温度水平相对最高，着火燃烧最稳定。如果煤粉浓度高于此值，所需着火热大于着火区域所能提供的热量，着火推迟，温度降低。

3. 混合物初温

提高混合物的初始温度，减少了把煤粉气流加热到着火温度所需的热量，加快了着火，

有利于煤粉的稳定燃烧。

4. 煤粉细度

煤粉细度是影响锅炉运行稳定的重要因素，煤粉细度对煤粉的燃烧特性有重大影响，随着煤粉细度的减少，其物理结构与燃烧特性得到改善。特别是对于燃用无烟煤和贫煤的锅炉，煤粉细度的影响更为重要。煤粉气流的着火温度随着煤粉细度变细明显下降，这是因为煤粉粒子尺寸的减少增加了燃烧反应的相对表面积，相应减少了煤粉颗粒的活化能，更快地进行反应和吸收外界的热量而着火。

5. 锅炉负荷

锅炉负荷变化，炉内烟气温度也随之发生变化，从而导致锅炉燃烧稳定性发生变化。锅炉负荷降低时，进入炉内的燃料量相应减少，水冷壁的吸热量虽然也减少一些，但减少的幅度较小，相对于每千克燃料来说，水冷壁的吸热量增加，导致炉内烟气温度降低。因此，锅炉负荷降低，对煤粉气流的着火是不利的。当锅炉负荷降低到一定程度时，将危及着火的稳定性，甚至发生锅炉灭火。燃烧稳定性下降，实质上是因为随着锅炉负荷下降，在不变的燃烧设备条件下进行的燃烧过程能够克服的燃料和空气配比失调的扰动越来越小，在额定负荷下某一大小的燃料扰动不致破坏燃烧过程的进行，但在降低负荷后则不然。

上面的分析可以看出：燃料特性是不可选择的，只能根据给定的燃料特性采取有效措施促使其提前着火，稳定燃烧。所以可采取的主要措施是提高煤粉浓度和燃烧初温，足够的氧量（空气量）也是必需的，即高浓度、高温度、适当的氧量（“三高”)。氧量适当是因为氧量过多会降低煤粉浓度，增加着火所需要的热量。简单一点来说就是要降低着火需要的热量，提高供给着火区的热量。

将煤粉加热到着火温度所需要的热量称为着火热 Q_{zh}，它主要用于加热煤粉和空气以及使煤粉中水分蒸发和过热。着火热计算方法为

$$Q_{zh}=B_j\left(V^0\cdot\alpha\cdot r_{1k}\cdot c_{1k}\cdot\frac{100-q_4}{100}+c_{gr}\frac{100-M_t}{100}\right)(T_{zh}-T_0)+B_j\left\{\frac{M_t}{100}[2510+c_q(T_{zh}-100)]-\frac{M_t-M_{mf}}{100-M_{mf}}[2510+c_q(T_0-100)]\right\} \tag{1-39}$$

式中 B_j——每台煤粉燃烧器所燃用的燃料消耗量（以原煤计），kg/h；

V_0——理论空气量，m^3/h（标况）；

α——由燃烧器送入炉中的“有组织的”空气所对应的过量空气系数；

r_{1k}——一次风所占份额，%；

c_{1k}——一次风比热容，kJ/(m^3·℃)（标况）；

$\frac{100-q_4}{100}$——由燃料消耗量折算成计算燃料量的系数；

q_4——锅炉机械不完全燃烧损失，%；

c_{gr}——煤的干燥质的比热，kJ/(kg·℃)；

M_t——煤的应用基全水分，%；

T_{zh}——着火温度，℃；

T_0——煤粉与一次风气流的初温，℃；

c_q——过热蒸汽的比热容，kJ/(kg·℃)；

$2510+C_p(T_{zh}-100)$、$2510+C_q(T_0-100)$——煤中水分蒸发成蒸汽，并过热到着火温度或一次风初温所需的焓增量，kJ/kg；

$\frac{M_t-M_{mf}}{100-M_{mf}}$——每千克原煤在制粉系统中蒸发的水分，%；

M_{mf}——煤粉水分，%。

当煤粉与一次风气流通过辐射与对流传热获得了足够的着火热，再过一些孕育时间，它就着火了。我们希望煤粉气流在离燃烧器出口 0.5m 左右的地方稳定地着火。如果着火点太迟，一方面错过了初期混合比较强烈而有利于挥发分迅速燃烧的良机，这样整个燃烧过程推迟，煤粉在炉膛中可能来不及烧完从而造成很大的机械不完全燃烧损失；另一方面煤粉着火推迟，会使火炬中心（炉膛最高温度点）上移从而使炉膛上部与出口结渣，同时容易导致过热蒸汽、再热蒸汽超温。煤粉气流着火点也不宜太早；如果着火太早，可能使燃烧器过热而烧损，同时也会导致燃烧器附近严重结渣。

降低着火热是改善燃煤锅炉燃烧稳定性的一个关键因素，从式（1-39）可以看出，降低一次风率 r_{1k}、提高一次风（煤粉）的浓度是降低着火热的主要措施，也可以提高一次风初温 T_0，或降低着火温度 T_{zh}。从式（1-27）可以看出，提高一次风浓度 C_0 会减少散失热量 φ_2，从而可以降低着火温度。

提高一次风（煤粉）浓度有三种情况：

（1）提高给粉机的给粉量，但受一次风管道阻力增加和堵粉的限制；提高给煤机的给煤量，但受制于磨煤机的制粉出力和干燥出力中的小值。

（2）在燃烧器进口处或出口前增加煤粉浓度，如采用弯头浓缩器、百叶窗浓缩器等。

（3）改进燃烧器结构，使一次风从喷嘴出来以后自动形成高浓度区，如钝体、船体、大速差射流等。

上述三种情况中，第三种方法燃烧器阻力增加较少。

增加着火区外来热量的主要方法如下：

（1）增加烟气的回流及卷吸，即相当于提高气粉混合物初温。采用四角切向燃烧，上游烟气回到下游气流根部，有利于煤粉的点燃，旋流燃烧器及其他特种燃烧器结构都可以造成这种烟气旋流，从而提高着火稳定性。

（2）在燃烧器区域加装卫燃带，减少散热损失，相当于增加着火区燃烧温度。

（3）在煤粉着火后，及时分批供给二次风量也是组织燃烧必须考虑的问题。着火后的加速燃烧可提高烟气回流携带的热量。

（4）选择合适的一、二次风速也是提高着火稳定性的重要措施。由于无烟煤、贫煤火焰传播速度低，因此一次风速要选择偏低，以加快着火，一、二次风速差值及动压差也影响湍流扩散，从而影响锅炉着火。

（5）煤粉磨得更细一些，着火点可提前一些。这是因为细粉的燃烧反应表面增多，反应速度提高，同时煤粉变细，吸收火焰辐射的黑度增大，从而增多辐射的吸热量，但是，煤粉过细会提高制粉系统单耗，影响机组运行的经济性。

（6）选择较高的炉膛截面热负荷及燃烧器区域热负荷，增加主燃烧区域的温度水平，也可为稳定着火创造有利的条件。

一、燃烧器对锅炉燃烧稳定性的影响

2000年以来，我国电力发展经历了一个快速发展时期，火力发电厂的装机容量以及机组运行参数大大提高，特别是近10年，一大批超临界、超超临界600、1000MW等级大机组相继投入商业运行，极大地缓解了我国经济发展所导致的用电紧张情况，同时积累了大量的燃煤锅炉设计、制造、运行等实践经验，使得我国火力发电技术处于国际领先地位。近年来，随着国家对环境保护的重视，一大批可再生能源相继并网运行，越来越多的火力发电厂开始参与调峰运行。每年冬季，随着供暖季的到来，火力发电厂参与调峰的比例越来越大，调峰深度越来越高。因此对锅炉低负荷运行能力、锅炉低负荷燃烧稳定性以及负荷响应能力的要求越来越高。

那么，如何提高锅炉低负荷燃烧稳定性呢。最简单的措施包括适当提高一次风煤粉浓度、提高煤粉细度、提高一次风温、加装卫燃带、减少着火区散热损失。但是这些措施都受到一定限制，因而目前普遍的趋向是对在役运行锅炉改造现有燃烧器，加装稳燃器，也就是采用稳燃型燃烧器；而新建锅炉在设计、制造阶段就布置了新型的低负荷、低氮排放燃烧器。

新型稳燃器改造后，多数锅炉的低负荷稳燃特性都有不同程度的改善，不同程度地降低了最低不投油负荷。但是在运行过程中也出现了一些问题：送粉系统阻力增加，一些锅炉的原有一次风机或者排粉机压头不够，致使管道堵粉，锅炉带不上负荷，有的造成燃烧器出口结渣，严重时送粉管道以及燃烧器发生烧损现象。

浓淡分离技术虽然提高了锅炉着火稳定性，但是如果后期的配风不能及时组织好，延迟了煤粉燃烧速度，也会导致锅炉机械未完全损失增加。同时，由于燃尽的推迟，也可能会导致炉膛出口烟气温度增加，进而对后面受热面的热量分配带来不利影响。

在实际的工程改造过程中，有些改造案例只重视燃烧器的稳燃能力，而忽略了与之相邻的二次风的托粉作用，从而导致大渣含碳量损失增加，这一点在燃烧器改造时要特别引起注意。

下面介绍一些较为成功的不同类型的稳燃装置。

（一）浓淡型燃烧器

所谓浓淡燃烧器，就是采用将煤粉-空气混合物气流即一次风气流分离成浓粉流和淡粉流两股气流，这样可在一次风总量不变的前提下提高浓粉流中的煤粉浓度。浓粉流中燃料在过量空气系数远小于1的条件下燃烧，淡粉流中燃料则在过量空气系数大于或接近1的条件下燃烧，两股气流合起来使燃烧器出口的总过量空气系数仍保持在合理的范围内。

浓粉流中煤粉浓度提高，即该股气流一次风份额降低，将使着火热减少，火焰传播速度提高，燃料着火提前。但是，煤粉浓度并非越高越好。如果煤粉浓度过高，则会因氧量不足影响挥发分燃烧，颗粒升温速度降低，反而使火焰传播速度下降，着火距离拉长，并产生煤烟。最佳煤粉浓度值与煤种有关。浓粉流着火后，为淡粉流提供了着火热源，后者随之着火，整个火炬的燃烧稳定性增强，从而扩大了锅炉不投油助燃的负荷调节范围及煤种适应性。

1. 浓淡型煤粉燃烧器

最早在我国使用的是由日本三菱公司供货的黄台电厂300MW机组锅炉上的垂直式上下浓淡型煤粉燃烧器，ABB-CE公司的WR型燃烧器也属于浓淡型。随后，西安交通大学、哈尔滨工业大学、浙江大学等单位也推出了结构有所差异的水平浓淡型燃烧器。现在浓淡型燃烧器不仅用于直流式燃烧器，也用于旋流式燃烧器。这种燃烧器主要靠不同形式（弯头式、百叶窗式等）的浓缩器将一次风在进入燃烧器前分成两股浓度不同的气流，进入由原来的一次风口改成的两个浓淡喷口。一般地，对水平浓淡煤粉燃烧器来说，浓气流在向火侧，淡气流在靠墙一侧。采用浓淡型燃烧器时重点要解决好以下几个问题：

（1）浓缩器的形式和性能；

（2）保证各角的浓相均处于向火侧的结构措施；

（3）燃烧器出口的形状；

（4）煤粉浓缩器的磨损问题。

下面介绍哈尔滨工业大学秦裕琨院士提出的风包粉煤粉燃烧原理，及在该原理指导下推出的水平浓淡型燃烧器。然后再介绍浙江大学及其他单位开发推广的浓淡燃烧器改造效果。

2. 风包粉煤粉燃烧原理

风包粉煤粉燃烧原理是在煤粉着火区域形成高温、高煤粉浓度的区域，在该区域的外侧——靠近水冷壁区域形成以空气为主的氧化性气氛区域。水平浓缩燃烧器是通过装设在一次风管道上的煤粉浓缩器使一次风在水平方向上分成浓淡两股气流，浓相气流向火侧喷入炉膛，稀相气流从背火侧喷入炉膛。于是，在向火侧形成一个较高煤粉浓度的区域，该区域温度水平较高；在燃烧器背火侧布置侧二次风，背火侧的稀相气流与侧二次风在水冷壁附近形成一个氧化性气氛区域。从而形成“风包粉”燃烧方式。大量试验表明：采用风包粉燃烧技术，高浓度煤粉、高温度烟气均靠近向火侧，而背火侧的煤粉浓度、烟气温度均较低。

采用风包粉燃烧技术的燃烧器在炉膛向火侧形成高温、高浓度煤粉区域。试验表明：随着燃烧器浓缩比的增加，煤粉气流的温度水平升高，且距燃烧器喷口距离更近，有利于火焰的稳定。此外，随着煤粉气流浓度的增加，浓相气流的黑度增加，浓相气流吸收高温回流烟气及炉内高温烟气火焰辐射热量增加，有利于稳燃；风包粉燃烧方式使较多的颗粒集中在向火侧或燃烧器中心区燃烧，该区域燃烧温度较高。煤粉燃烧的初期为动力燃烧区域，有利于煤粉的燃尽。同时，良好的燃烧稳定性，保证煤粉燃烧所需的时间，为煤粉的燃尽创造了条件。

图 1-15 所示为哈尔滨工业大学推出的水平浓缩煤粉燃烧器原理示意。利用百叶窗煤粉浓缩器将一次风在水平方向上分成浓度差异适当的浓淡两股气流。靠百叶窗的导流方向的不同，使四角燃烧器都是浓煤粉气流由向火侧切向喷入炉膛。由于所需的着火热减小，着火时间缩短、火焰传播速度提高和着火温度降低，它将改善火焰稳定性，提高锅炉的着火性能；淡煤粉气流在浓煤粉气流和炉膛水冷壁之间四角切向喷入炉膛，在炉膛水冷壁附近形成氧化性气氛区域，提高灰熔点，并阻止燃烧的煤粉颗粒直接冲刷水冷壁，从而可提高炉膛防结渣的能力。

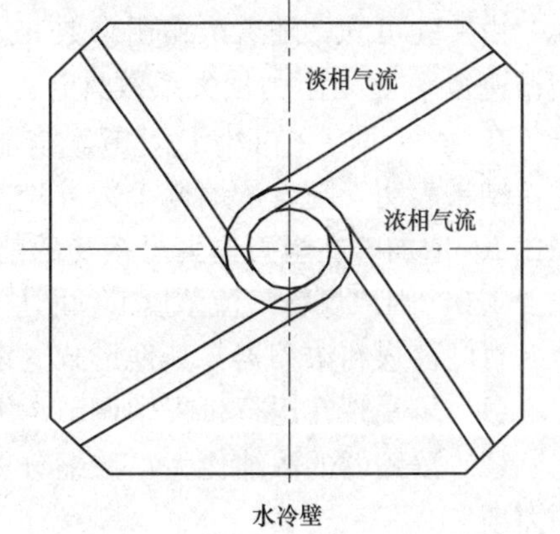

图 1-15　水平浓缩煤粉燃烧原理示意

浓淡煤粉气流均偏离化学当量比燃烧，依 Fenimore 燃料型 NO 生成机理可减小 NO_x 的排放，而据 Zaldovich 温度型 NO 生成机理同样减小淡煤粉气流温度型 NO_x 的生成，因此可降低 NO_x 的排放；由于两股煤粉气流的总一次风率不变，且浓煤粉气流的稳燃作用可提高燃烧区域的温度水平，而一、二次风的混合与传统的燃烧方式无本质区别，因此，处理得好，其燃烧效率至少不会低于传统的燃烧方式。此外，由于可以避免在水冷壁附近出现还原性气氛，对防止高温腐蚀也是有利的。所以，水平浓缩煤粉燃烧可同时满足高效稳燃防结渣和低 NO_x 排放的要求。

3. 百叶窗煤粉浓缩器

图 1-16 所示为百叶窗煤粉浓缩器的结构原理。百叶窗煤粉浓缩器的结构参数包括浓缩栅个数 n、倾角 β、间距 t/D、分配级数 $\varphi=\sum_i t_i L/F_C L$（$L$ 为浓缩栅长度）、浓缩栅遮覆率 $\Psi=(S-D)/D$ 以及百叶窗安装角 α；百叶窗浓缩器性能参数有气流分配率 E_f、阻力损失系数 ζ 和浓缩比 R_C，其物理意义如下：

$$E_f=\frac{\text{浓煤粉气流体积流率}}{\text{淡煤粉气流体积流率}}$$

$$\zeta=\frac{\text{浓缩器进出口静压差 }\Delta p}{\dfrac{\rho U_{in}^2}{2g}}$$

$$R_c=\frac{\text{浓煤粉气流的煤粉浓度}}{\text{淡煤粉气流的煤粉浓度}}$$

式中 U_{in}——浓缩器入口平均流速。

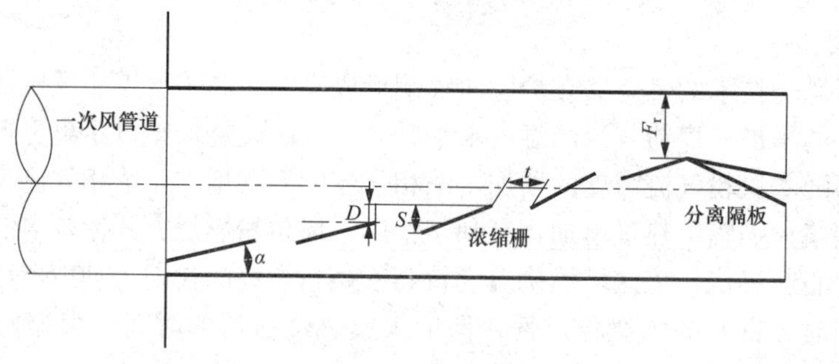

图 1-16 百叶窗煤粉浓缩器结构原理图

在实验中发现，浓缩器结构参数对气流分配率 E_f 的影响可归于分配级数 φ 的影响，随着分配级数 φ 的增加，气流分配率呈线性减小的趋势，对水平浓缩煤粉燃烧器而言，$E_f\leqslant1$ 时，通常 $\varphi\geqslant2.9$。

由实验可知，随着浓缩栅个数 n、倾角 β 和间距 t/D 增加，阻力损失系数 ζ 减小，而浓缩栅遮覆率 Ψ 对阻力损失系数具有占优的影响，Ψ 由 0.5 减小到 0，阻力损失系数减小约一倍。在 $\Psi=0$ 时，ζ 可小于 1.97。浓缩栅的倾角、一次风速和浓缩栅遮覆率对浓缩比影响占优，结果表明，随着浓缩栅个数 n 增加、倾角 β 减小、遮覆率 Ψ 增加、一次风速增加，浓缩比 R_C 增加。在阻力损失可接受的前提下，若 $E_f\leqslant1$，给粉浓度按 0.5kg/kg 计算，浓缩比 $R_C\geqslant4.2$，则浓煤粉气流浓度 C_e 可达 0.9～1.2kg/kg。

百叶窗煤粉浓缩器与其他形式的浓缩器相比具有突出的优点：

(1) 可实现在运行过程中调节浓缩比，满足各种负荷和煤种变化需要。

(2) 浓缩器的浓缩比大，浓缩分离效果好，能够满足不同煤种（特别是难燃煤种）变化的需要。

(3) 燃烧器喷口布置自由度大，有利于燃烧器结构的优化。

(4) 浓缩器阻力适中。

(5) 结构相对简单。

(6) 很容易与现有系统对接。

百叶窗煤粉浓缩器与其他类型浓缩器性能比较见表1-1。

表1-1　百叶窗煤粉浓缩器与其他类型浓缩器性能比较

浓缩器形式	百叶窗	改进的PM弯头	普通弯头组合式			
			WR弯头	变异管	双螺旋鳍片管	导向块
运行中的调节性能	可调	不可调	不可调	不可调	不可调	不可调
浓缩比 R_C	0～20	5.1～7.3	2.5	1.9～2.4	2～2.7	1.5～2.9
浓气流无量纲浓度 C_{fr}	1～3	1.6～1.7	1.4	1.2～1.4	1.3～1.5	1.2～1.4
浓淡风比 R_Q	自由选择	1.1～1.4	1.1	—	1～1.2	1.2～1.3
阻力系数 ζ	1.4～2	约2.9	—	0.9～1	约0.9	1.1～1.2
定性速度 W(m/s)	自由选择	W_P	W_P	W_P	W_P	W_P
阻力 Δp(mmH_2O)	30～50	60～90	—	—	—	30～40
结构难易	简单	复杂	简单	比较复杂	简单	简单
防磨措施难易	容易	比较难	容易	比较难	中等	比较低
金属耗量	中等	高	低	中等	中等	比较低
在系统中的布置	容易	复杂	中等	容易	容易	容易

注　1mmH_2O=9.80665Pa。

4. 工大型水平浓缩煤粉燃烧器应用情况①

由哈尔滨工业大学秦裕琨院士研制的水平浓淡燃烧器曾先后应用于多个电厂，如红兴隆电厂1号F35/39锅炉和3号BG35/39锅炉、北安电厂10号75t/h锅炉、辽化电厂13号B&BW410/9.8型锅炉、大庆油田热电厂3台670t/h锅炉、哈尔滨第三发电厂、富拉尔基发电厂6号锅炉等。下面重点介绍辽化电厂13号锅炉及红兴隆电厂1、3号锅炉。

(1) 辽化热电厂3号锅炉改造结果。

1) 技术改造前设备概况。

a. 锅炉型号：B&BW-410/9.8-M型。

b. 设计煤种：晋北烟煤。

c. 燃烧器形式：均等配风普通直流煤粉燃烧器。

d. 制粉系统：钢球磨煤机中储式仓乏气送粉系统。

2) 技术改造前设备运行概况。

a. 低负荷稳燃能力差：70%负荷需要投油助燃，年耗油价达250万元。

b. 喷口结渣严重，锅炉负荷不能超过360～370t/h（90%MCR）。

3) 技术改造的措施。

a. 一次风改成水平浓缩煤粉燃烧器，二次风喷口维持原状。

b. A、B两型百叶窗煤粉浓缩器，适应不同方向的弯头的不同分离作用。

---

① 有关浓淡煤粉燃烧器的研究起步于20世纪80年代，正是由于当时在不同等级、不同容量的锅炉上试验，改型燃烧器才取得了巨大的成功，得到了认可。

4）技术改造后的运行效果。

a. 煤种：V_{daf}=29%～40%、A_{ar}=15.5%～28.6%、$Q_{net,ar}$=19732～22393kJ/kg。

b. 百叶窗煤粉浓缩器的浓缩比 R_C=4～5。

c. B型百叶窗利用了弯头的正分离作用，减少阻力，节约材料，方便布置。

d. 着火及时：浓煤粉气流距喷口200mm，淡煤粉气流距喷口500mm处着火。

e. 燃烧效率高：η_r=98.6%，C_{fh}^c=3.89%，C_{lz}^c=4.54%，与改造前相仿。

f. NO_x 排放大幅度减少，NO_x［207ppm（O_2=6%）］，下降了54%以上。

g. CO排放减少，由400ppm下降到几十（1ppm=10^{-6}）。

h. 低负荷稳燃能力强，低负荷时抗扰动能力强，50%负荷稳燃（$Q_{net,ar}$=20329kJ/kg）。

i. 结构简单，安装方便，调节容易。

（2）红兴隆电厂1、3号炉改造结果。

1）技术改造前设备概况。

a. 锅炉型号：F-35/39-Y3（3号炉）和BG-35/39-M型（1号炉）锅炉。

b. 设计煤种：广西东罗烟煤和广西合山二号劣质烟煤。

c. 燃烧器形式：3号炉为一次风分级配风的普通四角切向直流燃烧器，1号炉为一次风均等配风的普通四角切向直流燃烧器。

d. 制粉系统：钢球磨煤器中储仓乏气送粉。

e. 卫燃带情况：设计24m^2，1号炉实际未敷设。

2）技术改造前设备运行概况：不能安全、经济地燃用地产贫煤和无烟煤。

a. 燃烧稳定性差，燃用优质贫煤（V_{daf}>18%、$Q_{net,ar}$>23000kJ/kg）时，仍不能保证高负荷（D>40t/h）稳定运行，灭火、打枪、油耗高。

b. 锅炉燃烧效率低，发电煤耗高。

c. 不能燃用自产劣质贫煤和无烟煤。

3）技术改造的措施。

a. 采用可调式水平浓缩煤粉燃烧器（浓缩器为可调式百叶窗型），浓淡风比 R_Q=0.5～0.85，平均 R_Q=2/3，平均浓缩比 R_C=6。

b. 卫燃带：品字型布置；24m^2。

c. 按用户要求增加锅炉额定容量至 D_e=40t/h。

4）技术改造后的运行效果。

a. 运行煤种：V_{daf}=11.5%，A_{ar}=20%～31%，$Q_{net,ar}$=18500～25000kJ/kg。

b. 稳燃性能良好，点火启动过程短，节约启动用油50%以上，燃用高灰分低热值（A_{ar}>30%，$Q_{net,ar}$≈18500kJ/kg）煤时，煤粉气流在距喷口400～500mm处及时着火，65%负荷无油助燃连续稳定运行。

c. 燃烧效率为91.5%～95%，发电煤耗降低41%。

d. 具有较强的防止结渣的能力。

e. 达到了增容效果，最大连续运行负荷43.6t/h（109%D_e）。

f. NO_x 排放量低：NO_x=223ppm（O_2=6%），下降了31%。

g. 百叶窗煤粉浓缩器阻力小，ζ_{in}=1.12。

5. 浙江大学型浓淡燃烧器开发应用结果

浙江大学型浓淡燃烧器所采用的浓缩器有弯头型和导向块两种形式。燃烧器喷口布置方式有垂直型和水平型之分。某燃烧器研究所与某发电总厂合作对该厂 1 号炉进行改造，由某燃烧技术联合公司对某发电总厂 3 号炉进行改造，改造时所用的浓缩器形式均为导向块型，燃烧器为水平浓淡布置。某燃烧技术工程公司为吉林省三个电厂改造的浓缩器为弯头型，燃烧器上下浓淡垂直布置。浙江大学燃料利用研究所与某第二热电厂合作改造的是弯头型浓缩器，上下垂直布置。现将改造结果分析如下：

（1）某发电总厂 1 号炉（HG-670/140-HM6 型）改造。

该厂 1 号炉燃烧器的改造是将每组直流燃烧器的下两层一次风喷口改造成为水平浓淡煤粉燃烧器，将一次风喷口截面积由原来的 0.48m^2 缩小到 0.35m^2，原燃烧器的中心风喷口截面为 0.1m^2，改造后变成一次风的周界风，其喷口面积 0.05386m^2，改造后燃烧器布置见图 1-17，一次风煤粉分成水平浓淡两相流，送入炉膛，其中浓相流向火侧，淡相流背火侧。锅炉设计燃用褐煤。浓淡煤粉燃烧器的结构见图 1-18。

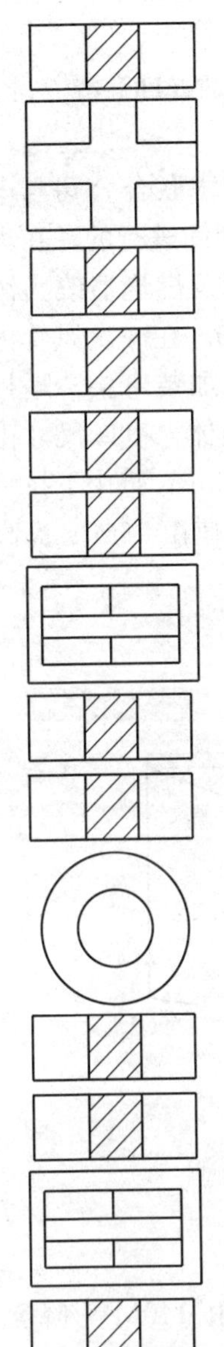

图 1-17　1 号炉改后燃烧器图

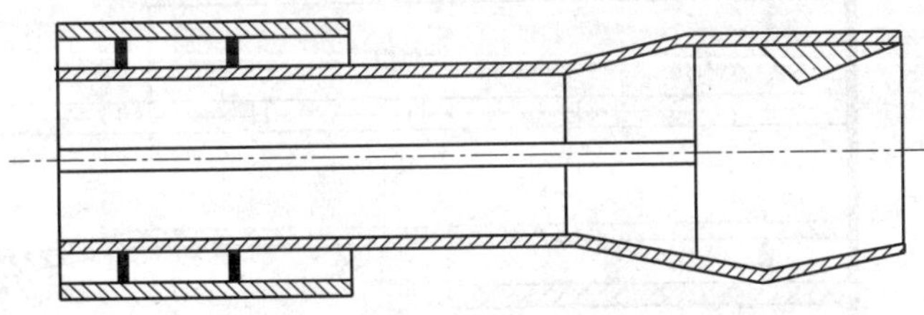

图 1-18　1 号炉改后的浓淡燃烧器及浓缩器

低负荷稳燃试验是于 1996 年 8 月 2 日下午进行的，机组电负荷由 140MW 降至 120MW 时，采用滑压运行。这期间用时约 1h，电负荷由 120MW 降至 100MW，制粉系统采用 4 台磨煤机的运行方式，即 1、2、4、5 号运行，3、6 号备用，电负荷降至 100MW，制粉系统保持 4 台磨煤机运行，此时给煤机滑差开度分别为 1 号 25%、2 号 20%、4 号 25%、5 号 25%，过热蒸汽温度、压力变化分别为 533～519℃、12～9.7MPa。此时通过炉膛看火孔观察，下一、二层燃烧器区域的火焰间断波动，炉内燃烧工况基本良好。在过热器的看火孔处观察，煤粉燃烧不够充分，且气流呈微正压，2、5 号磨煤机出口温度在 198、184℃，已超过规定值（规定为 130℃），并且热风阀、冷风阀全开，磨煤机出口温度难以控制。如果三台磨煤机运行，喷燃器燃烧不对称，有灭火放炮的危险。整个低负荷试验（50%负荷），锅炉负荷 300t/h（电负荷 100MW）不投油稳定燃烧 2h，汽温、汽压完全符合滑压运行的参数要求，汽包上下壁温差小于 20℃。

试验结果表明：采用改造后的浓淡煤粉燃烧器，在设计煤种情况下，锅炉低负荷运行中，基本可以保证锅炉在 50%负荷运行时，不投油稳定燃烧。但是如果燃用混配煤种，制粉系统有缺陷，燃烧器燃烧不对称时，不能保证 50%负荷下安全运行。所以建议该机组调峰

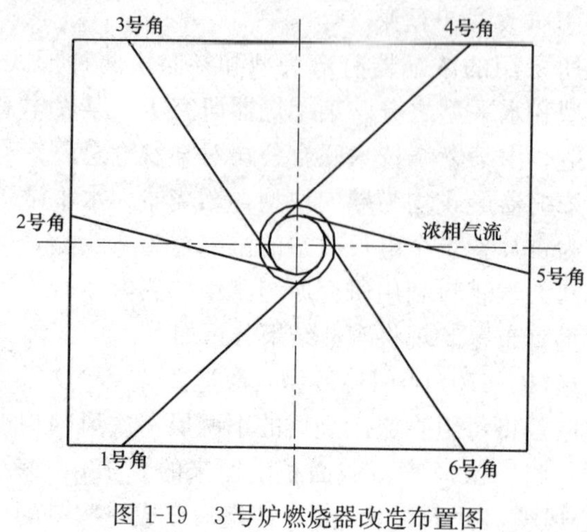

图 1-19　3 号炉燃烧器改造布置图

最低负荷为 60%下运行。

（2）某发电总厂 3 号炉（HG-670/140-HM6 型）改造。

改造是由某燃烧新技术联合公司与电厂合作，于 1995 年大修期间进行的。在大修中将中、下排一次风管及燃烧器改为浓淡型，见图 1-19 和图 1-20。在一次风管内加装隔板，入口处水平段加装弯头，隔板上开有均气孔，喷口加钝体。喷口尺寸由原来的 0.482m^2 改为 0.356m^2，将中下排一次风中心风取消，一次风速由 16m/s 提高到 19m/s，增加周界风。

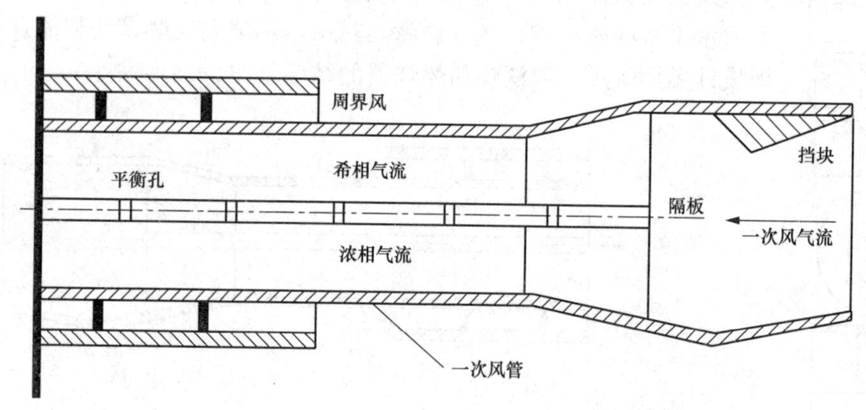

图 1-20　3 号炉燃烧器改造喷口及浓缩器

改造后 50%负荷试验情况：

机组电负荷由 200MW 降至 140MW 采用定压运行方式，电负荷由 140MW 降至 100MW 采用滑压运行方式，100MW 时运行 4 台磨煤机，主蒸汽温度为 538℃，主蒸汽压力为 5.8MPa，主蒸汽流量为 320t/h，炉膛出口氧量为 6.5%左右，稳定 2h。从炉膛负压表及火焰监视器上观察下一、二层燃烧器区域的火焰稍有波动，但炉内燃烧工况良好，从过热器看火孔观察，炉内煤粉燃烧不够充分，且略呈微正压。在整个低负荷试验中，对流过热器壁温在 500～580℃。没有超温现象，烟气温度在 100MW 负荷稳定后波动较小，烟温变化平稳，炉内工况稳定。

浓淡燃烧器 50%负荷调峰，运行调整操作简便，在减负荷至 50%过程中，只需适当关小二次风，保持炉膛出口氧量 7%～8%即可。而在改造前最低无油负荷为 70%。

满负荷运行时进行了锅炉热效率试验，锅炉热效率提高了 1%～2%。

（3）牡丹江某发电厂浙江大学型上下浓淡分离器应用。

1995～1996 年，牡丹江某发电厂与浙江大学合作，陆续将该厂 2～4 号（HG-410/100-9 型）锅炉下层四角一次风口改为大量程变负荷浓稀相煤粉燃烧器。该燃烧器的工作原理是：利用煤粉管道弯头的离心作用，将一次风在进入燃烧器之前分成浓、淡两股气流，然后送入燃烧器的相应喷口，实现煤粉的浓淡燃烧。

改造以后的燃烧器，在试验期间经过精心调整，最低不投油负荷可达 50%。但是由于增加一次风管道长度及离心分离，导致一次风管阻力增大约 50mmH_2O，达 300mmH_2O，使给粉机转数加不上去，喷口结焦，机组负荷受到一定程度的影响。另外，在煤质变差时仍要在 70%负荷即投油以保证安全。经过几年的生产实践，目前该厂已将该型号燃烧器取消，恢复成为原来的直流式煤粉燃烧器。

(4) 吉林省三个电厂上下浓淡分离燃烧器改造情况。

某燃烧技术工程公司在吉林省共改造 3 台锅炉，即某热电一厂 3 号炉、某发电厂 2 号炉和某厂自备电厂一台锅炉，改造后将两股气流（浓、淡）分上下布置分别送入燃烧器（见图 1-21），浓侧进入下部原圆形喷口，淡侧进入方形喷口。

该燃烧器的稳燃机理，仍然是基于在一次风量不变的情况下，浓相煤粉气流需要的着火热减少，着火相对容易，从而达到稳定燃烧的目的。

实际运行情况介绍：

某热电一厂设计燃料为鸡东烟煤，设计燃料发热量为 $Q_{net,ar}=20520$kJ/kg、$V_{daf}=16\%\sim35\%$变化。3 号炉改造后，在燃用上述煤质的情况下，可在 65%左右负荷下稳定燃烧，但运行一段时间后经常听到炉内有较大的爆燃声，有时灭火。主要原因是当煤粉较粗、煤质突变（混煤不均）及一次风速较高时，有个别角灭火。

某电厂燃用煤质较差，锅炉设计燃料为 $Q_{net,ar}=16647$kJ/kg、$V_{daf}=22.22\%$，实际为 $Q_{net,ar}=14155\sim17563$kJ/kg、$V_{daf}=13\%\sim17\%$，制粉系统采用中储式热风送粉系统。2 号炉改造投入后，开始有稳燃作用（燃用设计煤种时），但后来有时灭火或投一支油枪稳燃。在进行低负荷稳燃性能试验期间，即使在该厂燃用煤质相对较好，且负荷为 80%左右时也有灭火现象发生。其主要原因是一次风管浓侧堵粉，一次风压表指示超过范围，运行人员要经常活动一次风阀形成的脉动气流来克服堵管现象。从现场实际运行的结果来看：该厂燃烧器改造效果不理想。

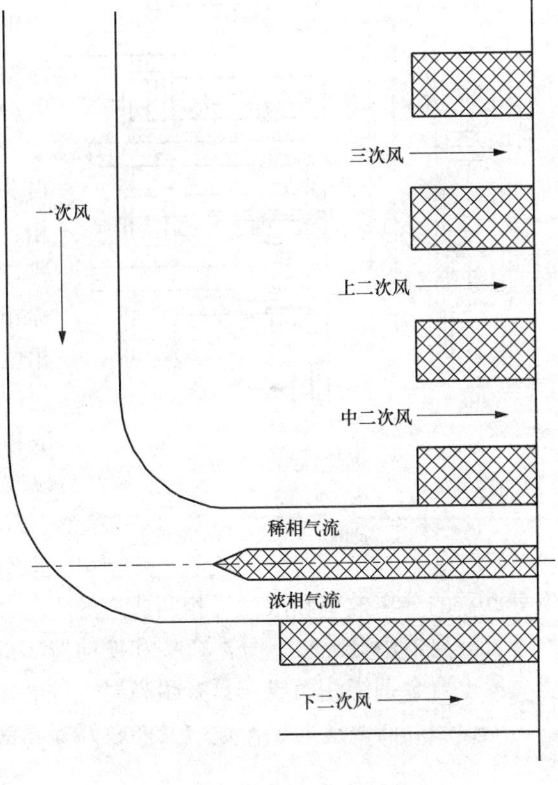

图 1-21　宜兴型浓淡燃烧器示意

(5) 上海某第二热电厂浓稀相煤粉燃烧器改造结果。

上海某第二热电厂的锅炉与浙江大学改造的辽化热电厂炉型相同。不同的是该炉采用垂直浓淡分离弯头式浓缩器，可以对这两种布置形式的燃烧器进行比较。

该厂装有 4 台北京 B&W 公司 BG-

410/9.8-M 型煤粉炉，将其中 3 台锅炉的三个一次风口中的中间风口进行了改造。改造由浙江大学燃料利用研究所与电厂合作完成。

锅炉采用正四角布置直流式煤粉燃烧器，逆时针旋转，假想切圆直径为 600mm，配有两台 DTM320/580 钢球磨煤机，制粉系统采用中储式乏气送粉。表 1-2 中数据按漏风率$\Delta\alpha=4\%$计算，煤粉管径为$\phi426\times10$mm。每组燃烧器（见图 1-22）由 3 个一次风口和 4 个二次风口间隔组成。锅炉设计燃用山西晋北煤，实际燃用的煤种为大同煤，其挥发分 $V_{daf}=20\%\sim26\%$，灰分 $A_{ar}=28\%\sim35\%$，低位发热量 $Q_{net,ar}=15940\sim18400$kJ/kg。炉膛尺寸为宽 9.98m、深 9.98m、高 38.00m。炉膛断面热负荷为 11.33×103MJ/（m^2·h）。采用轻油点火，8 支油枪布置在中上、中下二次风管内，喷油量为 1000kg/h，锅炉最低不投油负荷为 290t/h。

表 1-2　燃烧器设计数据

项目	风率（%）	风温（℃）	风速（m/s)	风量（m^3/h）	喷口尺寸		喷口（个数）
					宽×高（m）	截面积（m^2）	
一次风	29	57	～28	133536	0.416×0.26	0.1082	12
二次风	67	320	～48	583484	0.45×0.41	0.1845	16

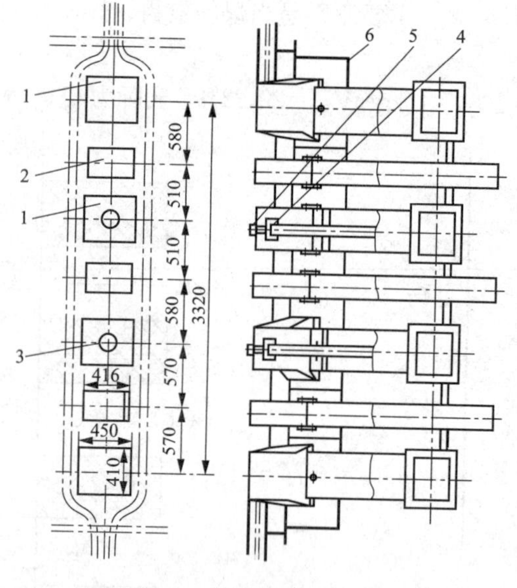

图 1-22　燃烧器结构尺寸图

1—二次风口；2—一次风口；3—油枪套管；4—稳燃器；5—油嘴；6—二次风摆动装置

浓稀相燃烧器为浓稀相分离式的直流喷嘴。当含有 0.5kg/kg（粉/气）的气粉混合物流经炉前一次风管弯头时，由于离心力和惯性力的作用使弯头外侧煤粉浓度增加至 0.7～0.9kg/kg，而内侧的煤粉浓度降至 0.16～0.2kg/kg，从而实现煤粉的浓淡分离燃烧。

这两股不同浓度的煤粉气流在管道弯头出口分别通过浓相和稀相的喷口送入炉膛。浓相、稀相喷嘴根据位置的不同分为两种布置形式：一种是水平布置，浓相喷嘴位于向火侧，稀相喷嘴位于背火侧；另一种为上下布置，浓相位于稀相燃烧器的下方。浓相喷口中心装有能产生高温烟气回流的稳燃锥（钝体），并在浓相喷嘴的外围增设能调节风量的周界风，借以改善其燃烧特性（见图 1-23）。

浓稀相煤粉燃烧器具有大量程、变负荷的运行功能，它的燃烧效果在很大程度上取决于管道分离器的分离效率和浓、稀相两通道的空气动力特性。

管道分离器由分隔板、分离弯头和换向器等部分组成。为了延长使用寿命，这些部件均由优质稀土合金钢浇注而成，具有耐高温、抗磨损的能力，预期使用寿命为 3～5 年。

为减少燃烧器改造的工作量，又能较好提高锅炉低负荷燃烧稳定性，该燃烧器改造的原则是：

1）保留原来点火油系统，上、下排煤粉喷嘴不改。

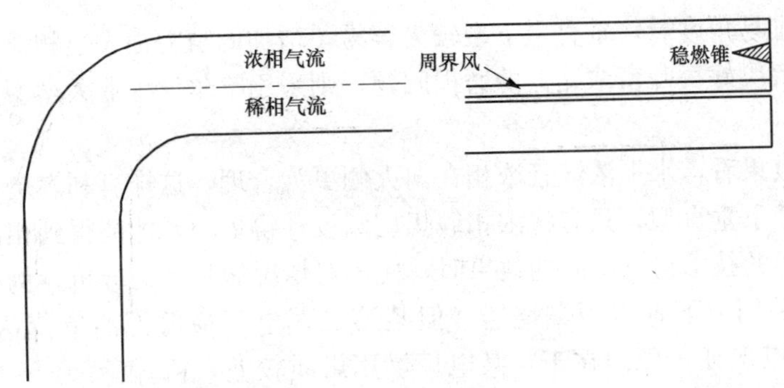

图 1-23　浓稀相燃烧器原理图

2）所有二次风口尺寸和结构不变。

3）将中排 4 个燃烧器拆除改装成浓稀相燃烧器，见图 1-24。

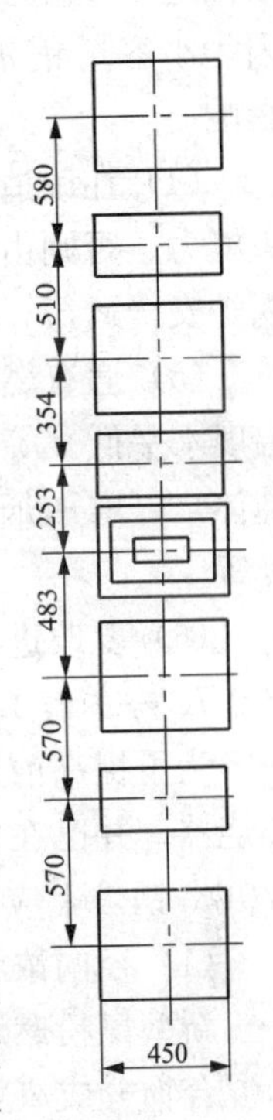

图 1-24　改进后燃烧器尺寸

煤粉锅炉低负荷燃烧稳定性在很大程度上取决于喷嘴的投运方式。随着锅炉负荷的降低、炉膛容积热负荷的减少，炉膛温度下降，使煤粉着火推迟。保留中排燃烧器运行，无论停下排或上排喷嘴都能达到喷嘴的相对集中目的，以保持燃烧器区域较高的煤粉浓度和断面热负荷，使煤粉顺利地点燃。将中排燃烧器改为浓稀相燃烧器可以充分发挥浓稀相燃烧器稳燃的功能，起着承上启下的作用。这是改造后的锅炉，是负荷 200t/h 不投助燃油安全运行不熄火的关键所在。

该厂浓稀相燃烧器喷嘴为上下布置，即浓相位于稀相喷嘴的下方，这种布置方式与水平布置相比具有以下的优点：

1）喷嘴上下布置改造工作量小。浓相、稀相喷嘴水平布置因宽度增加，水冷壁要改造，若要保持改前的喷嘴宽度，则浓相、稀相喷嘴为瘦长型，气流刚性差，易偏转，水冷壁易结焦。

2）喷嘴上下布置换向器阻力偏差小，煤粉管道风速易调平。水平布置的浓稀相燃烧器其浓相喷嘴应在向火面，显然，对于逆时针旋转位于炉膛左侧的浓稀相燃烧器不需换向，而处于炉膛右侧的必须换向 180°，左右管道分离器阻力偏差大，风速难于调平。上下布置的浓稀相燃烧器均换向 90°，煤粉管风速易调均。

3）喷嘴上下布置火焰中心低。上下布置的浓稀相燃烧器其浓相喷嘴通常低于改前燃烧器，炉膛火焰中心降低，排烟温度低，使锅炉效率提高。

（6）上海某第二热电厂改造效果。

3 台 410t/h 锅炉燃烧器改造后，经冷、热态调试，并由华东电力试验研究所进行锅炉性能测试，几年来运行正常，取得了较好的经济效益。

改前当锅炉出力降至 200～250t/h 时，必须投用 3、4 支油枪。改造后的试验表明：锅炉可在 200t/h 负荷下不投油稳定运行。炉内火焰明亮，燃烧稳定，全年可节油 1080t。而当锅炉出力降至 180t/h 时，火嘴缺一角运行，锅炉不投油也能维持正常燃烧。

燃烧器改造前飞灰含碳量 q_4 为 3.1%～3.8%，改后仅为 1.5%～2.5%。

6. 用浓淡型燃烧器改造四角切向布置直流式燃烧器的技术分析

根据以上列举的改造过程及结果，可初步做出以下分析：

（1）从改造难易角度看，垂直上下型较为容易，增加的阻力损失也相对较少，如果采用水平浓淡，能够解决好百叶窗浓缩器的磨损问题，则采用哈尔滨工业大学型百叶窗式浓缩器为宜。

（2）从燃烧效果看，水平浓淡且浓相在向火侧更为合理，这样有利燃烧，并可防止炉墙结渣。如果采用上下垂直型，只有将浓相假想切圆设计得更小，才能得到相同的效果。

（3）采用同样的技术得到不同的效果时，应该对情况做具体的分析。例如，某电厂和某第二热电厂同是采用上下垂直型燃烧器。但某第二热电厂最低无油负荷达50%以下，而某电厂80%还难以保证。原因在于：某电厂燃用煤质较差，V_{daf}仅为13%～17%，而某第二热电厂V_{daf}为20～26%；某电厂锅炉容量为130t/h，某第二热电厂锅炉容量为410t/h，因为小容量锅炉的炉膛温度水平偏低，不利于稳定燃烧；运行及管理水平也有一定的影响。

（4）在改造过程中一定要注意一次风管道阻力增加的幅度和原有一次风机、排粉机的压头能力。否则由于阻力增加带来堵粉，影响锅炉带负荷，或者造成燃烧器出口处结渣，影响锅炉安全运行。

（5）遇有燃料性能差、锅炉炉膛温度水平低（一般小容量锅炉炉膛截面热负荷低，因而温度水平低）等情况，在改为浓淡型燃烧器的同时，应采取其他一些稳燃措施，如出口加装钝体，以增加烟气回流；采用大切圆改进煤粉点燃着火条件，加装卫燃带、提高煤粉细度等。

（6）要改进浓缩器结构或采用耐高温耐强磨材料，以延长燃烧器的使用周期。

7. 哈尔滨工业大学型径向浓淡旋流煤粉燃烧器

为了提高前后墙对冲布置型炉膛，哈尔滨工业大学开发了旋流式、径向浓淡分离的煤粉燃烧器，并已在山东某电厂、大庆某电厂、辽宁某电厂以及牡丹江某发电厂从苏联进口的670t/h锅炉上应用。

（1）径向浓淡旋流煤粉燃烧器的原理。

新型煤粉燃烧器（见图1-25）是在一次风管道中加装了一个煤粉浓缩器，从而将一次风粉混合物分成煤粉浓度相差适当的径向分布的浓淡两股气流，靠近中心的一股为含粉量较多的浓煤粉气流，它经过浓一次风通道喷入炉膛；另外一股为含粉量较少的淡煤粉气流，在浓煤粉气流外侧环行通道喷入炉内。同时，二次风通道分成了两部分，一部分二次风经过旋流器以旋流的形式进入炉内，另一部分二次风以直流的形式在旋流二次风外侧的环行通道进入炉内。这样，在旋流二次风和扩流锥形成的中心高温回流区的合适区域喷入浓煤粉气流，形成一个高温、高浓度的着火区域。提高煤粉浓度可以降低着火时间及着火距离，保证煤粉气流及时着火，提高了火焰稳定性。淡煤粉气流及二次风在浓煤粉气流着火后及时分级混入，保证了煤粉燃烧所需的氧气，并形成多层分级燃烧，有利于抑制NO_x的形成。同时，煤粉向燃烧器中心集中，风速较高的直流二次风将燃烧中心的还原性气氛和炉墙隔开，保证燃烧器区水冷壁附近形成相对较强的氧化性气氛，提高灰的熔化温度，减少锅炉结渣倾向，防止燃烧器区域高温腐蚀。因此，新型燃烧器具有高效、稳燃、低污染、防止结渣及防止高温腐蚀等性能。

旋流燃烧器依靠高温回流区作为稳定的热源，使煤粉气流及时着火并稳定燃烧。通过调节射流的扩展角、中心回流区的大小及中心回流区的位置，可以调整煤粉气流的着火及燃烧

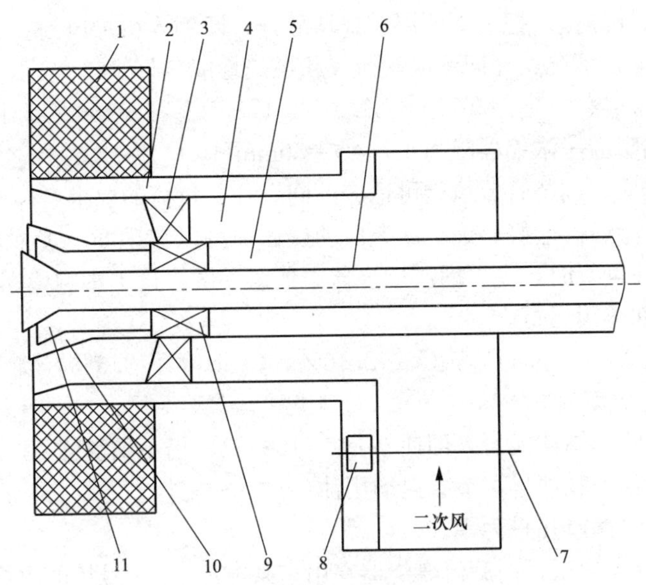

图 1-25　径向浓淡旋流燃烧器结构简图

1—炉墙；2—直流二次风通道；3—旋流器；4—旋流二次风通道；5—一次风通道；6—中心管；7—挡板轴；8—挡板；9—浓缩器；10—淡一次风通道；11—浓一次风通道

状况。一些研究成果表明：中心风是径向浓淡旋流煤粉燃烧器的重要调节手段之一，适量的中心风可以降低燃烧器喷口温度，防止结渣和烧坏喷嘴，但过高的中心风，将使锅炉燃烧恶化。一般情况下：当煤质较差时，应关闭中心风，以保持回流区的高温烟气的回流量；当煤质较好时，可以适当大开中心风，但不宜过大；当锅炉低负荷时，应关闭中心风，以保证煤粉的点燃与稳燃。

(2) 哈尔滨工业大学型径向浓淡旋流煤粉燃烧器在大庆某电厂 2～4 号炉改造情况。

技术改造前设备概况：

1) 锅炉型号：HG-410/9.8-YM（HG-410/100-6 型油炉改成煤粉炉）、HG-220/9.8-YM（HG-220/100 型油炉改成煤粉炉）。

2) 设计煤种：鹤岗烟煤（V_{daf}=35%，A_{ar}=24.5%，$Q_{net,ar}$=21318kJ/kg）。

3) 燃烧器形式：前置式旋流煤粉燃烧器，上下两排，双通道二次风。

4) 制粉系统：MPS 中速磨煤机直吹式制粉系统，由于该炉先期进行了油改煤工程，受场地限制，无备用磨煤机。

技术改造前的运行概况：

1) 锅炉低负荷稳燃能力差，助燃油耗大，经济效益差，电厂亏损。

2) 最低不投油负荷：优质烟煤，70%锅炉额定负荷；煤质稍差，80%锅炉额定负荷。

3) 一台磨煤机带一层燃烧器，停一台磨煤机时负荷降为 40%～50%，需投油助燃，每台锅炉年耗油 5400t。

4) 固体不完全燃烧损失大，当 R_{90}=13%、$(O_2)''_{sm}$=6%～7%时，C_{fh}=7%～8%，C_{lz}=7%～9%。

技术改造的措施：

1) 把原燃烧器改为径向浓淡旋流煤粉燃烧器，百叶窗浓缩器结构与图 1-11 类似。

2）大风箱内增加隔板，把上下两层燃烧器隔开，两侧入口加风门。

技术改造后的运行情况：径向浓淡旋流煤粉燃烧性能良好。

1）煤种：劣质烟煤（V_{daf}=36.7%，A_{ar}=44.1%，$Q_{net,ar}$=15028kJ/kg）。

2）燃烧器附加阻力—浓缩器阻力小，Δp=30mmH_2O，ξ=1.6。

3）运行调整方便，调整直流风阀可适应不同煤种、负荷的要求。

4）锅炉低负荷稳燃性能好，锅炉冷态启动过程中可以实现50%负荷断油，40%负荷稳燃，锅炉在额定负荷运行时，上下两层燃烧器中任意一层停运不影响稳燃，40%负荷单层燃烧器，无油助燃长期连续运行。

5）燃烧效率高：C_{fh}=3.11%，C_{lz}=2.46%，C_{fh}下降了3.6%，C_{lz}下降了4.57%，q_4下降了2.4%，燃烧效率为97%。

6）具有较强的防止结渣能力，即使θ_{LT}=~1500℃，仍不结渣。

7）点火启动过程中脱油早，节省启动用油。

8）过热蒸汽汽温偏差几乎为零。

（3）哈尔滨工业大学型径向旋流燃烧器在山东某电厂3、4号炉的改造

技术改造前设备概况：

1）锅炉型号：EΠ-13.8-545KT，双炉膛双烟道T型布置。

2）设计煤种：晋中贫煤（V_{daf}=11.5%，A_{ar}=21.8%，$Q_{net,ar}$=23870kJ/kg）。

3）燃烧器型式：蜗壳-切向叶片型，两侧墙对冲布置，上下两排。

4）制粉系统：钢球磨煤机中储仓系统。

技术改造前的运行概况：

1）低负荷稳燃性能不好：一般煤种80%额定负荷需要投油助燃，较差煤种90%额定负荷需要投油助燃。

2）燃烧效率低：C_{fh}=10%~19%。

3）高温腐蚀：前墙水冷壁，腐蚀速度很快，不到一个大修期就需要更换管子。

技术改造的措施：采用径向浓淡旋流煤粉燃烧器改造下排燃烧器，上排暂不变。

1）一次风径向浓淡分离，采用百叶窗浓缩器结构与图3-2类似。

2）二次风改为双通道型：内环为旋流风，外环为直流风。

3）喷口采用形式各异的扩流锥。

4）适当调整一、二次风参数，适应燃用低质煤的需要。

技术改造后的运行情况：径向浓淡旋流煤粉燃烧器性能良好。

1）低负荷稳燃性能好，燃用$Q_{net,ar}$=15688~17530kJ/kg的晋中贫煤，可以实现60%额定负荷无助燃油稳定运行。

2）着火位置适中，距喷口100~200mm处烟温已升至1000℃。

3）燃烧效率有所提高，C_{fh}=8.5%，下降了1.5%~2.5%，η_r=96.9%。

4）NO_x排放量低，390ppm（折算O_2=6%，只改下排8支燃烧器）。

5）高温腐蚀减轻，水冷壁表面区域为氧化性气氛。

6）喷口处气粉沿环向分布均匀。

7）调节方便，用直流风门可灵活调整回流区位置及大小，不易卡死。

8）结构紧凑、简单。

（4）哈尔滨工业大学型径向旋流燃烧器在辽宁某电厂5、6号EП-670/140锅炉的改造。

该厂两台锅炉改造以后，可以实现锅炉50%额定负荷断油燃烧，q_4由原来的7%降到3.27%。

（5）用径向浓淡旋流式燃烧器改造对冲布置锅炉的技术分析。

我国过去设计、建造的中小容量的燃烧器对冲布置锅炉较多，新型大容量锅炉也有一定数量采用这种形式。对于这种炉型燃烧器的改造，从目前来看，哈尔滨工业大学型确有一定的优势。因为它不仅采用双通道二次风，而且对一次风也进行了浓淡分离，故其稳定性及适用范围较广。过去单纯使用双通道技术，也对性能有所改进，但是不如径向浓淡旋流煤粉燃烧器效果好。径向浓淡分离煤粉燃烧器改造的主要问题是百叶窗的制造、安装难度大，要求严格，且采用高强度耐磨材料。

（二）清华（力学系）型双通道自稳式燃烧器

本型燃烧器为清华大学力学系与哈尔滨锅炉有限责任公司共同开发研制的，已大量用于老旧锅炉改造和新建锅炉设计。

1. 某发电厂旋流式双通道煤粉燃烧器的应用

改型燃烧器是提高对冲布置旋流式燃烧器燃烧稳定性的又一种形式。由清华大学力学系与某发电厂合作在该厂3号炉（EП-670-13.8-545KT型）上进行了改造。

该发电厂3号炉为苏联制造EП-670-13.8-545KT型锅炉，单汽包、自然循环、双炉膛布置、固态排渣煤粉炉。16个旋流燃烧器分两层布置、双冲燃烧、中储式乏气送粉系统。该炉自投产以来，一直存在冷态启动及低负荷运行期间耗油量高的问题，其中冷态启动一次耗油70～80t，电负荷低于160MW即须投油助燃。因此将原来的1、3、6、8号燃烧器改为双通道稳燃器，并仍作为主燃烧器投入运行。

旋流双通道通用煤粉燃烧器（见图1-26），是在一般旋流双通道煤粉燃烧器的基础上，考虑点火及低负荷稳燃的需要而设计的，可兼做主燃烧器及低负荷稳燃器使用。它同普通燃烧器一样，利用直、旋流二次风风量配比对高温烟气回流、卷吸进行控制。一次风经预燃筒喷入炉膛，二次风分内、外两部分，内层是旋流二次风，外层是直流二次风。旋流发生器是位于旋流二次风口处的固定轴向旋流叶片，它避免了可动式叶片旋流器常发生的卡涩和不同步现象，加设的预燃筒使燃烧器在低负荷下具有良好的稳燃性。

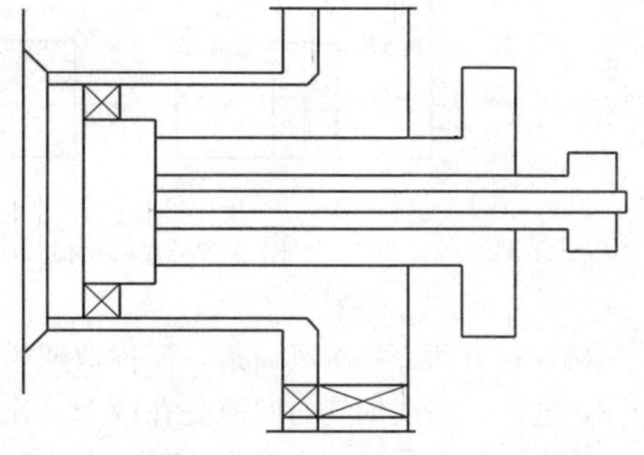

图1-26 双通道旋流通用煤粉燃烧器结构示意

该发电厂3号炉因加装了突扩的煤粉预燃筒，使进入这一区段的一次风产生扩散，在中心产生负压区，加上旋流二次风的旋转作用，在稳燃筒内部形成了烟气回流区。通过卷吸炉内高温烟气，使之在一个较小的空间对煤粉进行加热，煤粉着火所需加热时间大大降低。

改变直流二次风量可以调节回流区的长度和宽度；调整中心风阀的开度可以改变回流区根部的位置，以保证不同负荷的稳定燃烧，又不致将燃烧器烧损、变形。这样，在低负荷下，调节直、旋流二次风使回流烟气量增大，并使回流区前移，煤粉吸收回流烟气的热量就可以满足着火的需要，不需投油助燃。

通过对改造后的燃烧器和原设计燃烧器所进行的试验对比测试，可以看出：改造后的燃烧器具有良好的调节性能，通过调整旋、直流二次风及中心风阀开度，可有效地控制回流区的结构特性，从而满足锅炉在不同负荷条件下稳定燃烧的需要。

同原燃烧器相比，改造后稳燃器的回流区可延伸到预燃筒内部，这样就使煤粉提前加热、着火，为降低飞灰可燃物提供了保证，同时还使煤粉在炉内停留时间增长，降低飞灰可燃物，提高锅炉燃烧效率。改后燃烧器运行正常，燃烧稳定，无结渣现象，最低不投油负荷由改前的70％降低到41％，显著提高了锅炉低负荷稳燃能力。

该低负荷燃烧器的运行特点是：当锅炉低负荷调峰运行时要关小中心风和直流二次风，而在高峰负荷时要开大中心风和直流二次风。而有些司炉在高负荷时往往不去开大中心风或直流二次风，导致烧坏燃烧器，该厂改造后的燃烧器就是因此而烧坏拆掉。

2. 在直流燃烧器上双通道煤粉主燃烧器的应用

该型燃烧器是清华大学与哈尔滨锅炉有限责任公司共同开发、研制的（见图1-27），其主要原理如下：

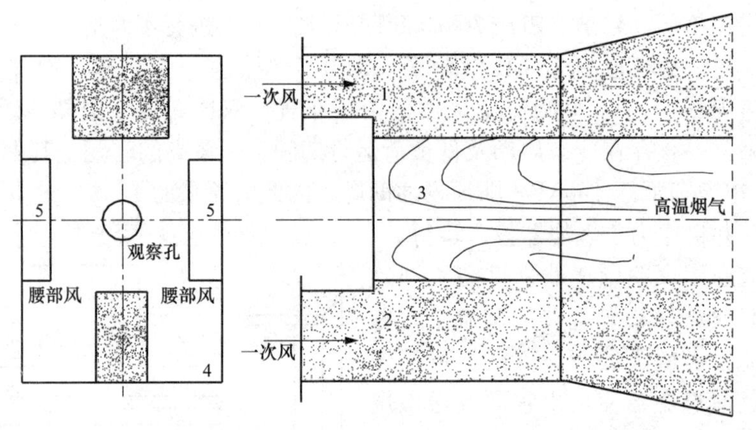

图1-27　双一次风通道通用煤粉主燃烧器示意图

（1）它有两个一次风通道，简称双通道。即在同一燃烧器的上下侧各设一个一次风口1、2，这样，高温烟气的回流是在两个一次风射流的中间回流空间进行的，它不与壁面接触，从而可使上下壁面均受到一次风的保护，不会使壁面被高温加热。而且上下一次风粉均受到提前加热、着火，因此燃烧稳定性优于单一次风通道。

（2）两股一次风以贴壁形式进入一个突扩燃烧器（即在两股一次风射流之间设计一回流空间3）。

（3）为避免回流烟气使燃烧器两侧过热与结焦，在两侧壁腰部各加了一股二次风5，称为腰部风。它不仅保护了两侧壁，而且是调节着火点位置的重要手段。当腰部风全开时，燃烧器内部温度基本等于一次风温度，此时燃烧器相当于传统燃烧器。相反，当腰部风全关时，使大量高温烟气回流入燃烧器，则燃烧器内部温度急增，煤粉在燃烧器内开始着火，达到强化燃烧状态，此工况可实现锅炉低负荷或低挥发分煤的燃烧。利用腰部风的变化可调节煤粉着火点位置，是一强化燃烧型燃烧器，可适应煤质多变及负荷变化。

这种燃烧器基本上克服了预燃室带来的结渣问题，并且可用于主燃烧器。在锅炉改造及新炉设计上已得到广泛的应用，尤其是贫煤、无烟煤燃烧器的改造。在福建无烟煤锅炉改造，提高燃烧稳定性及燃烧效率方面取得了较好的结果。由于该型燃烧器的调节性能好，煤种适用范围广，已被用在哈尔滨锅炉有限责任公司设计生产的锅炉上，如为某电厂设计的300MW燃用无烟煤与烟煤混烧的锅炉、某电厂300MW燃用贫煤的燃烧器改造、某电厂设计的200MW劣质烟煤锅炉。这些锅炉投运后，均取得了较好的效果，运行中发现的问题改进后可使其更加可靠。

(1) 华能某电厂300MW锅炉燃烧器的改造。

华能某电厂装有4台哈尔滨锅炉有限责任公司制造的300MW级锅炉，设计燃用贫煤。其中1号锅炉的主燃烧器由清华大学改造，2、3号锅炉的主燃烧器也由哈尔滨锅炉有限责任公司改造为双一次风通道燃烧器，均取得了较好的效果。下面重点分析2号炉的改造。

华能某电厂2号炉（HG-1025/18.2-PM2型）为亚临界压力一次中间再热自然循环汽包炉，采用平衡通风，四角切圆燃烧，WR型直流摆动燃烧器，配钢球磨煤机中储仓式制粉系统，热风送粉。锅炉设计煤种为晋中贫煤。

为了改善锅炉低负荷的运行性能，提高发电机组的调峰能力，节约锅炉启动和低负荷运行用油，由华能某发电厂和哈尔滨锅炉有限责任公司合作，对2号炉燃烧器进行了改造。

锅炉主要设计参数见表1-3。

表1-3　　锅炉主要设计参数

项　目	单位	数　值
过热蒸汽流量	t/h	1025
过热蒸汽压力	MPa	17.46
过热蒸汽温度	℃	540
再热蒸汽流量	t/h	851.82
再热蒸汽进口压力	MPa	3.52
再热蒸汽进口温度	℃	320
再热蒸汽出口压力	MPa	3.31
再热蒸汽出口温度	℃	540
给水温度	℃	271.9
排烟温度	℃	136
一次风温度	℃	248
二次风温度	℃	350
总燃煤量	t/h	126.8

燃烧器改造方案：原燃烧器共有5层一次风喷嘴，改造只对A、B两层实施，共计8个喷嘴，喷嘴布置如图1-28所示。改造后的燃烧器分上下两个一次风通道并加装了楔形挡块，结构如图1-29所示，楔形挡块的加入增强了气流的湍流度，也使回流区加大。2号炉改造方案的特征如下：

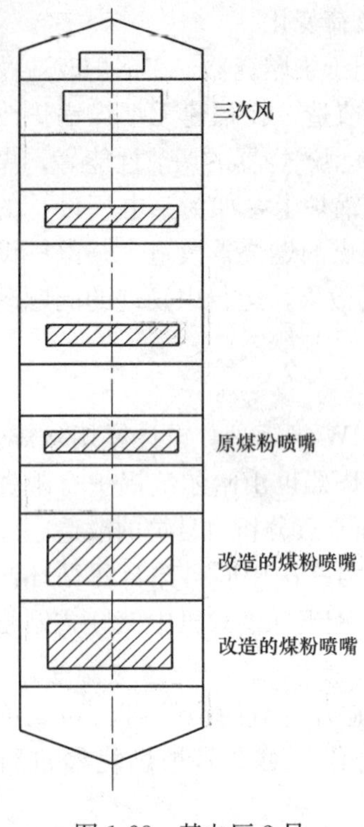

图 1-28 某电厂 2 号锅炉燃烧器改造图

1）腰部风的风源采用大风箱中的热风。

2）没有布置高速蒸汽射流。

3）A、B 两层采用相同结构。

4）燃烧器预燃室高铬铸钢材料中 Cr 含量提高到 30%，Ni 含量提高到 25%，因此具有良好的耐热性能。

5）预燃室的锥形钝体，采用高铬耐磨铸铁，具有良好的耐磨寿命。

6）预燃室设计为分体结构，损坏时可在炉内切割更换。

7）预燃室的膨胀缝处，增加了防磨板，防止一次风粉对水冷壁的冲刷磨损。

上述措施均可提高本改造方案的性能，简化系统及结构，减少制造安装工作量和降低成本。原有 WR 型燃烧器为上浓下淡结构，而改造后的燃烧器，设计时从稳定燃烧，防止高温腐蚀和实施可能性等方面考虑；将 1、3 号角燃烧器设计为水平浓淡，即浓一次风气流在向火侧，淡一次风气流在被火侧，2、4 号角不分浓淡。

改造后在燃用晋中贫煤（$Q_{net,ar}$ = 19.88MJ/kg，M_t = 11%，V_{ad}=9.33%，A_{ad}=30.52%，R_{90}=12%～16%，R_{200}=0.6%～1.0%）情况下进行了测试。当机组从 300MW 降至 106.9MW 时，锅炉可以不投油长时间运行。从实际运行情况可以看出：锅炉可以在 40%额定负荷下不投油稳定长期运行，燃烧器改造是成功的。

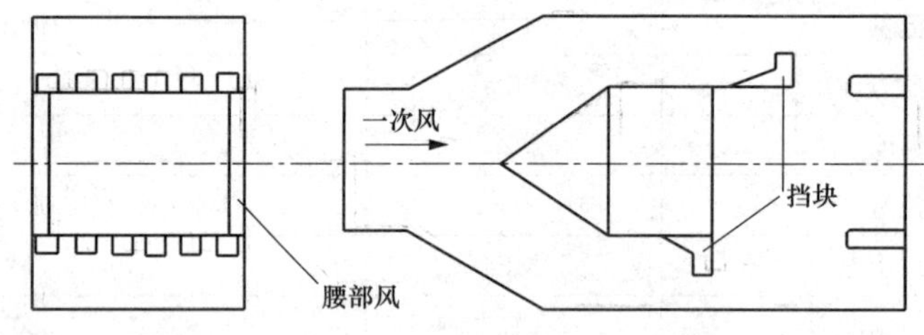

图 1-29 某电厂 2 号锅炉改造后燃烧器结构图

（2）双通道煤粉燃烧器在某电厂 6 号炉设计上的应用。

某电厂 6 号炉（HG-670/13.7-YM14 型）设计燃用劣质烟煤，其成分见表 1-4。为了提高燃烧稳定性，哈尔滨锅炉有限责任公司在设计时即将 4 层一次风中的下两层改为双通道煤粉主燃烧器。机组于 1997 年年初投入运行，1997 年 3 月由吉林省中试所会同哈尔滨锅炉有限责任公司及电厂进行了锅炉稳燃特性试验，同时对各项热力经济性指标也进行了必要的测试。试验过程及结果分析如下：

1）低负荷试验期间，机组负荷首先从 160MW 降低至 140MW，稳定 1h 确认正常后降至 130MW，两套制粉系统（1、3 号）运行。为安全起见，灭火保护一直投入运行。最上一排燃烧器全停，对应一次风阀开度为 20%，试验人员严密观察炉内燃烧情况，并进行有关测试工作（结果见表 1-4）。

表 1-4　　低负荷试验数据汇总表

项目	单位	设计值	试验值	
			160MW	130MW
一、燃料分析				
煤粉细度	R_{90}		16.2	16.0
应用基全水分	%	7.71	5.00	5.00
分析基水分	%	2.64	0.63	0.70
分析基灰分	%	42.90	46.18	45.50
分析基挥发分	%	12.06	12.50	12.09
分析基含碳量	%	45.46	40.68	41.69
应用基低位发热量	kJ/kg	16514.00	16285.00	15932.00
二、锅炉各项损失				
排烟热损失	%	6.57	5.77	6.3
化学未完全燃烧热损失	%	0	0.05	0.05
机械未完全燃烧热损失	%	2	2.81	3.37
锅炉散热损失	%	0.29	0.41	0.49
灰渣物理热损失	%	0.14	0.3	0.3
锅炉热效率	%	91.01	90.66	89.40
三、烟气中氮氧化物含量				
NO	μL/L		256	218
NO_x	μL/L		265	225
NO_2	μL/L		8	7
氮氧化物总含量	μL/L		529	450
四、蒸汽参数				
过热蒸汽压力	MPa		13.3	13.1
过热蒸汽温度	℃		536	530
再热蒸汽压力	MPa		1.5	1.5
再热蒸汽温度	℃		503	495
五、其他				
A 角下燃烧器出口截面温度	℃		810～840	750 左右
炉内火焰温度	℃			
10m 标高处	℃		1079	1030
双通道燃烧器出口			1230	1209

2）在 130MW 电负荷下，经吉林省中试所、哈尔滨锅炉研究所、电厂三方共同连续监测近 4h（后因调度急需该炉升负荷而停止试验），确认该炉在现有煤种等条件下，可不投油连续安全稳定带 130MW 电负荷运行。在最低不投油负荷试验过程中，曾降负荷至 125MW，但在该负荷下，炉内燃烧不稳定，炉膛负压摆动增大，经确认无法稳定运行，运行人员又及时增负荷至 130MW 继续试验。由此也确认 130MW 为最低不投油稳燃负荷。

3）试验结果分析。锅炉在本次试验煤质等条件下，其不投油最低稳燃负荷为 130MW（机组电负荷）；制造厂家在其技术协议中保证值为锅炉额定出力（670t/h）的 65%，因汽轮机设计工况下 200MW 时进汽量为 610t/h，试验按锅炉蒸发量考虑计算，其不投油最低稳燃负荷为 396.5t/h，为额定出力的 59.2%，即锅炉达到了这一设计指标。

a. 该双通道燃烧器有一定的烟气回流性能，这对煤粉的着火与燃烧均有利，即有自稳的功能。从其出口截面的实测温度看，基本达到煤粉着火条件，燃烧器内不结焦，投蒸汽射流对稳燃作用不大，低负荷时烟气中氮氧化物含量的降低不明显。

b. 从全炉运行来看，因双通道燃烧器布置在下层（为点火及稳燃方便），于是造成与该厂5号同型号炉相比，其燃烧器总体中心下降，由此使火焰中心下降约1.5m，而在低负荷又要停掉最上一排燃烧器，这样即造成对流换热特性的再热器出口温度更加降低。该炉在200MW负荷运行时，再热蒸汽温度为509～520℃，而130MW试验时，其温度只有490～500℃。

c. 由于低负荷运行时被迫停掉上排燃烧器，造成三次风携带的煤粉燃烧不好，此时虽然下边主燃烧器出口燃烧稳定，但炉膛上部负压波动大。建议改造三次风喷口。

4）结论。

a. 该双通道燃烧器具有烟气回流性能，在锅炉带130MW以上电负荷时，其燃烧器出口截面达到着火条件，即达到自稳功能。

b. 试验期间（含短时期的运行考察）燃烧器内不结焦。投蒸汽射流对稳燃作用不大，而腰部风阀全关时，稳燃效果最佳。

c. 锅炉在投入双通道燃烧器条件下，不投油最低稳燃负荷为130MW，以此按汽轮机设计工况计算，折算蒸汽量为396.5t/h，约为额定出力（670t/h）的60%，即达到65%额定出力的设计指标。

(3) 双通道煤粉燃烧器在某发电厂2号炉改造上的应用。

某发电厂在1991年大修期间，对该厂2号炉进行了技术改造，将下层一次风燃烧器改装成清华大学设计的双通道自稳式通用煤粉主燃烧器。其结构如图1-30所示。

根据该厂2号炉改造前后的热力试验报告可以看出：

1）机组在200MW负荷时，飞灰含碳量、大渣含碳量均有所减少，机械不完全燃烧损失减少了3.295%，燃烧效率有所提高。在50%～60%额定负荷时，虽然机械不完全燃烧损失减少，但由于低负荷时，炉内过量空气系数偏大，排烟热损失增加，故锅炉热效率会降低。燃烧器改造以后，由于q_4减少，在相同负荷下，锅炉热效率会有所提高。

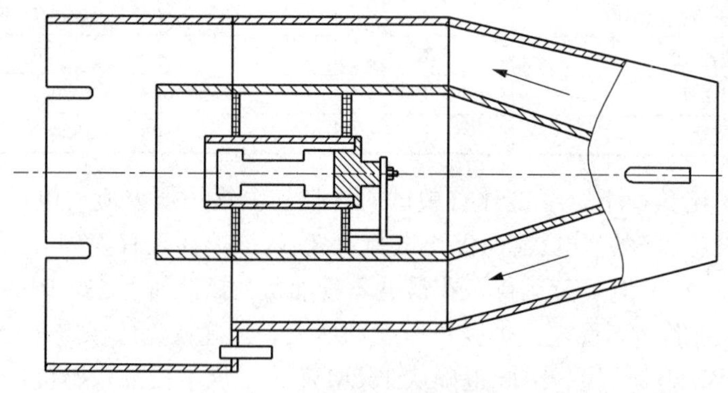

图1-30　双通道自稳式燃烧器结构图

2）燃烧器改造以后，能降低烟气中的NO_x的生成量，从而减轻了对环境的污染。

3）燃烧器改造以后，当机组负荷由200MW变化到100MW时，30.9m处炉膛温度场平均降低120～170℃，10m处炉膛温度场平均降低60～160℃，而燃烧器区域温度场变化很小。从看火孔处观察，改造后的燃烧器着火稳定。由此可以看出，改造后该锅炉基本可在50%额定负荷下无油稳定运行。

4）燃烧器的腰部风是用来调整煤粉着火时间的，当负荷140MW以上运行时，燃烧器热功率较大，温度较高，燃烧器易烧损，此时应将腰部风打开，将火焰推出稳燃室，起到保护燃烧器的作用。当负荷低于140MW时，应将腰部风关掉，煤粉提前着火，使煤粉在稳燃室内燃烧，起到稳定燃烧的作用。

5）由于腰部风调节挡板不灵活，易卡死，高负荷运行时司炉不注意关腰部风，致使喷口烧坏，目前该厂已将该燃烧器拆除。

（4）对双一次风通道煤粉主燃烧器使用效果的分析。

通过以上对锅炉改造实例的分析可以看出，这种形式的燃烧器在燃用低挥发分煤锅炉上使用，确实取得了较好的效果，如某省410t/h无烟煤锅炉、某电厂HG-670/140-5型锅炉以及某电厂300MW无烟煤锅炉，都明显改善了燃烧稳定性。其突出优点是可以作为主燃烧器使用，在锅炉改造时不用改动煤粉管道。但是在设计和改造时需要注意解决以下问题：

1）由于下层一次风距出口较远，故到出口处风速已衰减很厉害。如果没有强有力的二次风从底下脱住煤粉，则会造成大渣损失增加，在某电厂300MW运行时出现过这个问题。

2）对于燃用烟煤、褐煤锅炉的改造，其效果不如低挥发分煤炉明显，而且由于预燃筒的作用，经常会烧坏喷口，在某发电厂改造的失败，就是由于腰部风投入不当造成的。

3）在改造时不宜选择最下层一次风，特别是对带有三次风的锅炉。因为低负荷时关掉上排燃烧器会使火焰中心下移，使汽温难于保持原先的数值，另外，使三次风离火焰中心距离拉大，更不宜燃尽。

4）喷口部位的材料要采用耐高温、耐磨损材料，防止损坏。

5）不能把所有稳燃要求（包括燃尽率）都寄托到燃烧器改造上，也应注意锅炉截面热负荷、容积热负荷、是否装有卫燃带等条件。只有其他条件相同，才可以相互比较。

（三）PW-1型旋风束全内混燃烧器

图1-17所示为哈尔滨某煤燃烧技术开发中心研制出的一种新型稳燃型燃烧器，它在中、小容量锅炉上改造取得了显著的成果和经济效益，现逐步向大容量锅炉上过渡。

PW-1型燃烧器结构见图1-31。其工作原理为：带煤粉的一次风通过蜗形壳或带钝体的一次风喷嘴送入，使煤粉贴壁进入喷嘴腔，造成在喷嘴腔内端周界处煤粉浓度集中。全部二次风通过在喷嘴腔内部的喷嘴以旋风束方式分级切向送入，这样其具有更大的卷吸能力。它与其他燃烧器所不同的是把燃烧过程的组织控制在燃烧器内完成，即将很强的着火热源引入燃烧器，在燃烧器喷嘴腔内完成着火过程，同时把全部燃烧空气有效地在燃烧器喷口腔内与着火的煤粉混合，使强化着火和强化燃尽的矛盾得到统一。燃烧器喷嘴腔内温度工况见图1-32。

通过PW-1型燃烧器的热态工业性试验以及十几个改造过程的成功实践，概括出该燃烧器的特性如下：

（1）燃烧稳定性高，在不同的配风下能适应贫煤、烟煤、劣质烟煤、褐煤、无烟煤烟煤混煤的燃烧，对煤种的适应范围很广。同时，运行中煤质即使有所变化，对燃烧特性的影响也并不敏感。

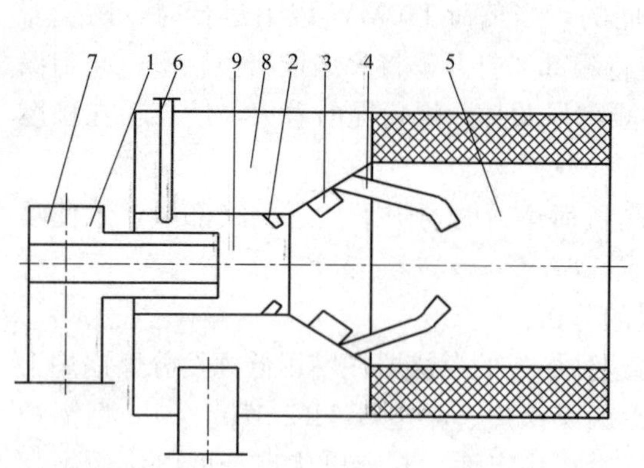

图 1-31 PW-1 型旋风束全内混燃烧器

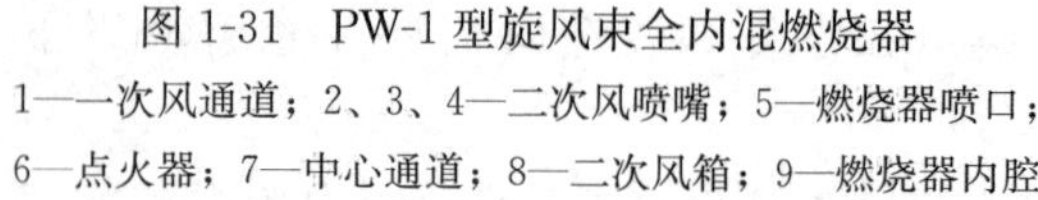
1—一次风通道；2、3、4—二次风喷嘴；5—燃烧器喷口；
6—点火器；7—中心通道；8—二次风箱；9—燃烧器内腔

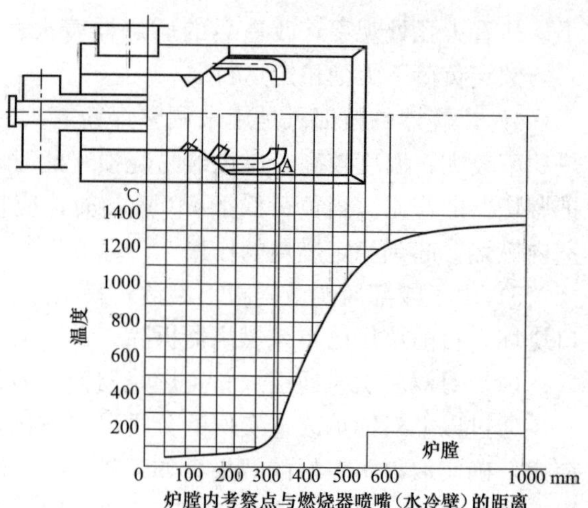

图 1-32 燃烧器喷嘴腔内温度工况

（2）燃烧效率高，除完全燃用无烟煤尚未取得经验之外，对一般煤种，燃烧效率可达94%～99%。同时即使在燃烧空气温度较低的条件下，燃烧所需过剩空气量也较低（较通常低5%），锅炉效率有所提高。

（3）低负荷燃烧特性好。根据不同煤种，锅炉无油助燃低负荷可达40%～60%。

（4）锅炉基本不结渣。

（5）燃烧可控性好，运行操作简易，便于工业锅炉房的现代化。

（6）可与各种常规制粉系统匹配，在中间储仓制粉系统中，全部乏气可以进入燃烧器，不仅充分利用其动能来组织燃烧，同时避免由三次风引起的运行弊端。

（7）单个燃烧器功率可低至1000kW（配1～2t/h锅炉），目前单台功率已应用至20MW（配220t/h锅炉），应用效果均很理想。

1. PW-1 型燃烧器应用概况及实例

PW-1 型燃烧器现已用于改造现有4～35t/h链条炉和25～230t/h煤粉锅炉，以双重燃烧的方式改造链条锅炉，以煤代油，将油炉改造成煤粉炉，也可以用于工业窑炉，应用极为广泛。在已取得实践经验和技术趋于成熟的基础上，业已应用于新锅炉的设计上，已设计的锅炉有220t/h燃贫煤锅炉和中压锅炉的换代产品如35、75、130t/h新锅炉的系列设计以及4～10t/h快（组）装煤粉工业锅炉和燃烧泥煤粉工业锅炉，这些新型锅炉都已被工程采用。

（1）PW-1 型燃烧器应用实例1。

SHS25-25/400P 型煤粉锅炉为双锅筒横置式水管锅炉。锅炉前墙水冷壁向前凸出以增加下部炉膛燃烧器区域的炉膛深度。在凸出部分燃烧室前墙，分上下布置两台PW1型煤粉燃烧器（见图1-33）。

SHS25-25/400P 型锅炉的设计参数为：蒸汽量25t/h，过热蒸汽压力2.5MPa，过热蒸汽温度400℃，给水温度105℃，可燃气体未完全燃烧热损失0.7%，未燃碳热损失7%，排烟热损失7.25%，锅炉效率83.85%，炉膛容积热强度0.136kW/m^3（117×10^{3}kcal/m^{3}h），炉膛断面热强度 0.61kW/m^2 [2.2×10^{6}kcal/(m^2·h)]。设计燃料为广州混煤，C_{ar}=49.35%，H_{ar}=2.75%，O_{ar}=6.5%，N_{ar}=0.79%，S_{ar}=0.56%，A_{ar}=36.88%，M_t=3.57%，V_{daf}=18.5%，$Q_{net,ar}$=18376kJ/kg。

普华 PW1 型多煤种煤粉燃烧器的主要设计数据为一次风率 17%、一次风速 25m/s、二次风速 60m/s。

1993 年 2 月进行了改装后测试（见表 1-5），结果如下：

1）锅炉负荷在 40%～80%的试验范围内，固体未完全燃烧热损失从设计的 20%降低到 2%～4%，在锅炉负荷高于 80%时，固体未完全燃烧热损失为 2.5%，比设计值低 5%。

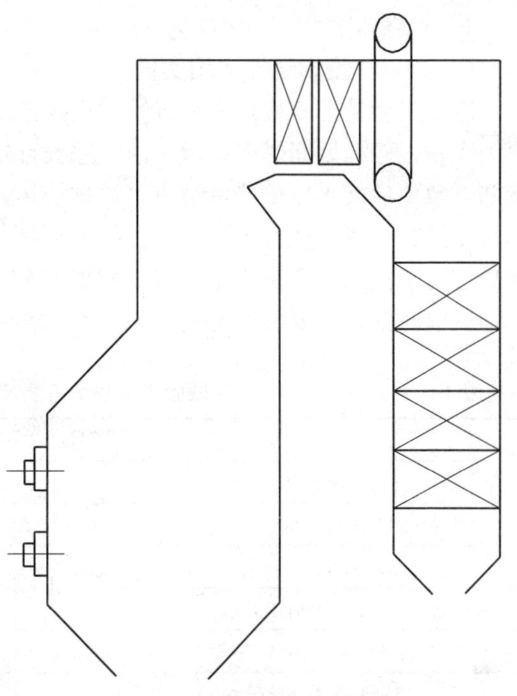

图 1-33　SHS25-25/400P 型锅炉 PW-1 燃烧器布置示意

2）测试结果表明：PW1 型多煤种燃烧器具有良好的低负荷稳燃性能，在燃用发热量低于 13000kJ/kg 的高灰分煤时，实际出力低到设计出力的 40%，一、二次风温分别为 80℃和 227℃的工况下，燃烧器配风未做任何特殊的调整，锅炉仍能稳定运行，证明燃烧器的着火稳燃功能强；若发热量为 18000kJ/kg 的设计煤种，其最低稳燃负荷可望进一步降低。测试中一次风总量几乎没有调整，一次风率大大高于设计值，若能适当地调整一次风量，其最低稳燃负荷也还可以降低。

表 1-5　　1993 年 2 月试验三次采煤样的分析数据

名　称	符号	单位	采样 1	采样 2	采样 3
全水分	M_t	%	4.0	5.0	8.0
空气干燥基水	M_{ad}	%	0.72	0.93	0.57
空气干燥基灰	A_{ad}	%	53.89	39.42	35.16
空气干燥基挥发分	V_{ad}	%	11.88	16.82	16.14
干燥无灰基挥发分	V_{daf}	%	26.17	28.2	25.11
空气干燥基固定碳	FC_{ad}	%	33.51	42.83	48.13
空气干燥基碳	C_{ad}	%	35.50	46.88	55.04
空气干燥基氢	H_{ad}	%	2.02	2.82	2.83
空气干燥基氧	O_{ad}	%	5.65	7.80	4.10
空气干燥基氮	N_{ad}	%	0.55	0.67	0.80
空气干燥基硫	S_{ad}	%	1.67	1.48	1.50
收到基低位发热量	$Q_{net,ar}$	kJ/kg	12874.53	17130.41	18996.75

3）虽然在锅炉负荷达 80%的设计负荷，炉膛最高温度达 1600℃以上，水冷壁上仍没有明显的结渣，表明这种燃烧器容易组织良好的炉内空气动力场，火焰在炉膛内充满度好，无火焰冲墙和明显的颗粒分离现象。

4）燃烧器阻力：一次风为850Pa，二次风（风室到燃烧器出口）为1400Pa。

（2）PW-1型燃烧器应用实例2。

珠海平沙糖厂6号炉为东方锅炉厂生产的蔗渣、煤粉两用锅炉，主燃料为蔗渣，辅助燃料为煤粉，停榨期间燃用煤粉。由于原设计煤粉燃烧器为直流式燃烧器，煤粉火焰冲刷后墙下部，致使后墙水冷壁严重结渣，炉排烧坏，燃煤粉时锅炉无法运行。东方锅炉实业公司采用哈尔滨普华煤燃烧技术开发中心的专利技术PW1型煤粉燃烧器替代原直流式燃烧器，对锅炉进行了技术改造，实现了锅炉燃煤安全、长期运行的目标。

试验时锅炉主要参数见表1-6，燃用煤种数据见表1-7，反平衡效率测试结果见表1-8。

表1-6　试验工况锅炉主要技术参数及运行状态参数

名　称		符号	单位	工况1	工况2	工况3
过热蒸汽压力		p_{gr}	MPa	3.81	3.83	3.84
过热蒸汽温度		T_{gr}	℃	404	438.3	439
锅炉出力		D	t/h	27.83	36.22	39.5
折算到设计参数时出力		D	t/h	26.96	35.94	39.22
锅炉负荷百分比			%	77	103	112
一次风温		t_1	℃	60	72	70
一次风压		p_1	Pa	3600	3770	4200
二次风温		t_2	℃	224	266	275
二次风压①		p_2	Pa	238	410	410
给粉机转数	左中	n	r/min	323	237	300
	左上			342	405	470
	右上			340	410	350
	右中			352	242	300

① 为燃烧器二次风箱静压。

表1-7　试验用燃料数据

序号	名称	符号	单位	77%负荷	103%负荷	112%负荷
1	应用基碳	C_{ar}	%	51.08	53.55	55.75
2	应用基氢	H_{ar}	%	3.03	2.99	2.9
3	应用基氧	O_{ar}	%	7.36	7.19	5.96
4	应用基硫	S_{ar}	%	1.6	1.6	2.12
5	应用基氮	N_{ar}	%	0.71	0.71	0.77
6	应用基灰分	A_{ar}	%	29.51	25.16	24.5
7	应用基全水分	W_t	%	6.7	8.8	8
8	干燥无灰基挥发分	V_{daf}	%	30.64	31.88	28.96
9	收到基低位发热量	$Q_{net,ar}$	kJ/kg	19585.69	20168.69	20990.71
10	煤粉细度	R_{90}/R_{200}	%	27.2/1.2		

表 1-8　　反平衡试验效率

试验次数	锅炉出力（t/h）	反平衡效率（%）	灰渣可燃物含量 C_{lz}（%）	飞灰可燃物含量 C_{fh}（%）	未燃碳损失 q_4（%）
1	26.96	87.61	0.21	2.24	0.83
2	35.94	82.31	0.47	12.72	4.24
3	39.22	80.78	0.29	12.92	3.85

试验结论如下：

1）锅炉采用 PW-1 型燃烧器改造后运行情况良好，燃烧效率分别为 99.14%、95.72%、96.12%，均超过设计值。

2）火焰稳定，火焰中心温度达 1600℃以上。

3）锅炉可超负荷到 112%，效率为 80.78%，锅炉在 77%负荷运行时效率最高，达 87.61%。

4）运行时无结渣现象。

（3）PW-1 型燃烧器应用实例 3。

1995 年 1 月对某厂 3 号炉（DG-35/39-1 型）进行了 PW-1 燃烧器改造，取得了满意效果。由于改造成功，后该厂又相继对 1、2、4 号炉均进行了改造。改造目标为：

1）提高锅炉出力至额定出力。根据工厂目前的生产用汽需要，未经改造的锅炉必须运行 3 台才能满足，改造后应运行两台便能满足。

2）提高锅炉燃烧效率，降低飞灰、大渣可燃物含量。

3）变开式制粉系统为闭式制粉系统，提高燃料利用率、减轻对大气的污染。

主要改造内容如下：

1）采用 PW-1 型煤粉燃烧器及其燃烧技术，将原有四角布置直流式燃烧器燃烧方式，改为两侧墙布置 4 台 PW-1 型燃烧器的燃烧方式。

2）将一次风系统改为温风、干燥剂切换送粉系统，制粉时采用干燥剂送粉，取消干燥剂对外排空；不制粉时采用温风送粉。

试验煤质见表 1-9。

表 1-9　　某厂燃烧器改造试验煤质

名　称	符号	单位	参数
空气干燥基水分	M_{ad}	%	0.47
空气干燥基挥发分	V_{ad}	%	18.02
空气干燥基灰分	A_{ad}	%	41.27
空气干燥基固定碳	FC_{ad}	%	40.24
空气干燥基碳	C_{ad}	%	49.85
空气干燥基氢	H_{ad}	%	3.16
空气干燥基氮	N_{ad}	%	0.82
空气干燥基硫	S_{ad}	%	0.38
空气干燥基氧	O_{ad}	%	4.05
全水分	M_t	%	8.2
干燥无灰基挥发分	V_{daf}	%	30.93

续表

名　称	符号	单位	参数
收到基灰分	A_{ar}	%	38.06
收到基碳	C_{ar}	%	45.98
收到基氢	H_{ar}	%	2.91
收到基氮	N_{ar}	%	0.76
收到基硫	S_{ar}	%	0.35
收到基氧	O_{ar}	%	3.74
低位发热量	$Q_{net,ar}$	kJ/kg	17674

试验结论如下：

1）改造后运行两台已能满足生产用汽（改前需3台炉运行），锅炉出力均能达到和超过设计值（35t/h）。

2）燃烧效率高，2号炉为94.96%，4号炉为97.25%，1号炉为95.79%，平均为96%。

3）解决了乏气排空问题，全部乏气可进入锅炉，参与燃烧。

（4）对PW-1燃烧器特性的分析。

PW-1燃烧器由于其特殊的结构形式使得其具有较强的稳燃及燃尽能力，在中、小型特别是小型锅炉的改造上取得了显著的成绩，已被公认为燃烧器改造的有效形式。由于它仍有稳燃筒的特点，故燃烧稳定性无可置疑，但遇到较好的煤质且灰熔点偏低的煤种时，如操作不小心仍会产生严重的结渣、堆渣现象。如对抚顺某厂313-230/100炉的改造，该改造工程所用PW-1燃烧器筒身长达1800mm，故燃烧器出口处烟气已经白亮（燃烧器结渣现象较为明显），后将筒身长缩短到500mm，解决了结渣问题。在用这种燃烧器改造时还应注意二次风的旋流束要求较高的压头（140～200mmH_2O），必要时，需另加高压头风机。另外，对炉排炉的改造需解决煤粉的供应问题。在向大容量锅炉过渡时需解决燃烧器直径过大而带来的水冷壁开口过大的问题。

（四）可调式煤粉分配器

国内一些科研单位根据风扇磨煤机的制粉系统的特点，专门研制了一种适合风扇磨煤机的燃烧调整装置——可调式煤粉分配器，也可称为可调叶栅式煤粉分配器。

1. 可调式煤粉分配器的工作原理

在靠近调节叶片的周围，由于叶片的存在必然导致在这一区域的气流在流经叶片边缘时，产生气流折向回转。在回转气流中，煤粉颗粒速度与气流速度不仅大小不同，方向也不同。当气固两相流通过叶片间隙时，虽然气流由垂直向上运动变为回转运动，但其能量基本保持不变。

设回转气流切向速度为V_t，径向速度为V_r，回转半径为r，则回转气流一般表达式为

$$V_t r^N = C_0$$

式中　N——回转指数，还只由试验确定，一般小于或等于1；

　　C_0——常数。

煤粉颗粒在回转气流中，由于气流的突然转向而使其受到离心力、空气拽引力的作用。少量的煤粉颗粒粒径相对较大，回转半径也相应较大，此时离心力对煤粉颗粒起主导作用，

而空气的拽引力对煤粉颗粒的运动影响较少。因此，大的煤粉颗粒被抛出主流，沿垂直方向撞击叶片后改变运动方向进入上一次风道，此时煤粉颗粒运动轨迹如图 1-34 中 A 线、B 线所示。而对于粒径较小的煤粉颗粒将随着主汽流通过叶片进入下一次风道，其余动轨迹如图 1-34 中的 C 线、D 线所示。随着叶片倾角的增加，气流回转半径减小，逃逸出空气主流的粒子半径也将减小。

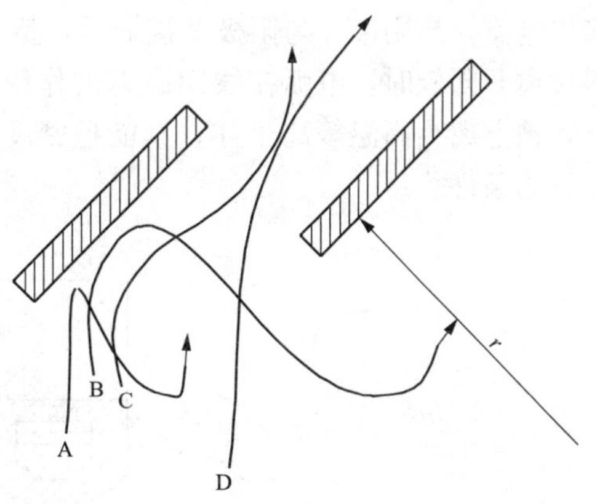

图 1-34　煤粉颗粒在回转气流中的运动轨迹

2. 可调式煤粉分配器的应用

某发电总厂在该厂 1、2 号炉上采用了国家电站燃烧工程技术研究中心研制的自动可调叶栅煤粉分配器。

该装置由煤粉浓缩装置、自动可调叶栅煤粉分配器本体两部分组成。

其中煤粉浓缩前装于各燃烧器入口的一次风水平管道中，利用煤粉气流在弯头处的离心效应，使煤粉气流实现垂直方向上的浓淡分离，从而使锅炉具有较宽的煤种适应性和较为理想的调峰能力；自动可调叶栅煤粉分配器本体安装在风扇磨煤机煤粉分离器出口，该装置通过自动检测发电机功率、给煤机转数、汽轮机调节级压力和磨煤机开关状态等参数，根据预先编制好的计算机程序自动改变煤粉分配器叶栅的角度，使磨煤机所提供的上、中、下三个一次风喷口的煤粉量发生变化。由于煤粉分配器在正向转动过程中具有一定的煤粉浓缩作用，可以加大煤粉的浓缩比，从而保证锅炉的低负荷稳燃能力，进而调整沿炉膛高度方向上的热负荷分配，改变火焰中心高度，调整炉膛出口烟温，提高锅炉燃烧效率。锅炉燃烧器改造以后，可以实现锅炉在 90MW 下无油稳定燃烧。

（五）等离子点火燃烧器

苏联等国家一直在研究煤粉锅炉煤粉直接点燃技术，其中等离子点火技术是该领域的代表。我国某电力技术有限公司对该技术进行了一系列的工业性试验，并取得了一定的成绩，现场运行情况良好。目前，国内许多老电厂以及新建电厂都采用了该项技术，某些发电厂甚至已经取消了全厂燃油系统。

1. 等离子点火器的工作原理

利用直流电流（280～350A）在介质气压 0.01～0.03MPa 的条件下接触引弧，并在强磁场下获得稳定功率的直流空气等离子体，该等离子体在燃烧器的一次燃烧筒中形成 $T>5000$K 的梯度极大的局部高温区，煤粉颗粒通过该等离子“火核”受到高温作用，并在 10～30s 内迅速释放出挥发物，并使煤粉颗粒破裂粉碎，从而迅速燃烧。由于反应是在气相中进行，使混合物组分的粒级发生了变化。因而使煤粉的燃烧速度加快，也有助于加速煤粉的燃烧，这样就大大地减少促使煤粉燃烧所需要的引燃能量。

（1）等离子发生器工作原理。

图 1-35 所示为磁稳空气载体等离子发生器，由线圈、阴极、阳极组成。其中阴极材料采用高导电率的金属材料或非金属材料制成；阳极由高导电率、高导热率及抗氧化的金属材料制成，它们均采用水冷方式，以承受电弧高温冲击；线圈在高温 250℃ 情况下具有抗 2000V 的直流电压击穿能力，电源采用全波整流并具有恒流性能。其拉弧原理为：首先设定

输出电流，当阴极 3 与阳极 2 接触后，整个系统具有抗短路的能力且电流恒定不变，当阴极缓缓离开阳极时，电弧在线圈磁力的作用下拉出喷管外部。一定压力的空气在电弧的作用下，被电离为高温等离子体，其能量密度高达 $10^5 \sim 10^6$ W/cm^2，为点燃不同的煤种创造了良好的条件。

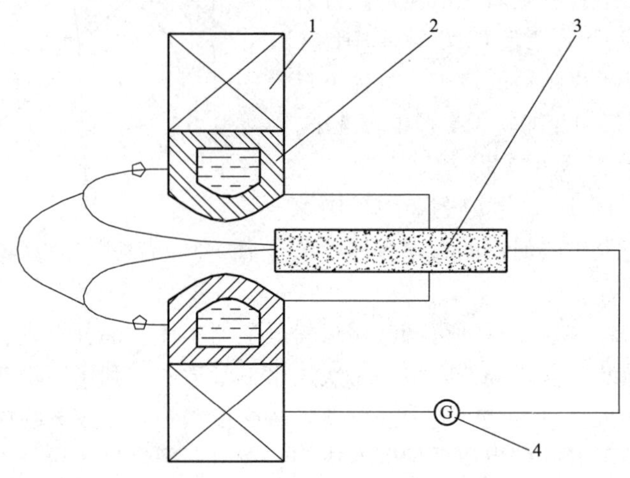

图 1-35　等离子发生器原理图

1—线圈；2—阳极；3—阴极；4—电源

(2) 等离子点火燃烧系统组成。

等离子燃烧器是借助等离子发生器的电弧来点燃煤粉的煤粉燃烧器，与以往的煤粉燃烧器相比，等离子燃烧器在煤粉进入燃烧器的初始阶段就用等离子弧将煤粉点燃，并将火焰在燃烧器内逐级放大，属内燃型燃烧器，可在炉膛内无火焰状态下直接点燃煤粉，从而实现锅炉的无油启动和无油低负荷稳燃。系统如图 1-36 所示。

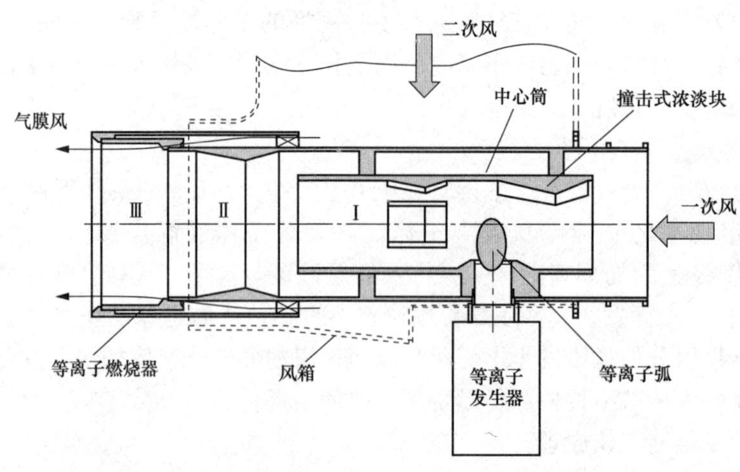

图 1-36　等离子燃烧器系统示意

该系统包括以下内容：

1) 磨煤机。对于新建机组，选定的点火用磨煤机，最低出力应能满足最低投入功率的要求，中速磨煤机宜采用可变加载型。系统布置的时候，宜选择下层煤粉燃烧器布置等离子点火燃烧器。

根据磨煤机的形式，调整其出力和细度至最佳状态，如适当调整回粉门的开度、调整分离器的开度，适当减小一次风量（但风量的调整应满足一次风管的最低流速，中速磨煤机最低风量应保证允许的风环风速），对于中速磨煤机还应适当调整碾磨压力。

2）暖风器。暖风器为等离子点火初期制粉系统干燥热源的主要来源。该组件能否稳定可靠运行，直接影响着等离子点火系统的可靠运行。主要应包括暖风器进出口风道的连接方式、支吊架的位置、整体重量、入口蒸汽管道尺寸及连接方式、出口疏水管道尺寸及连接方式、投运前是否需要对蒸汽管道进行吹扫等。

3）一次风系统。应根据锅炉燃用煤种、炉型和容量、制粉燃烧系统各自的特点，进行系统配套、结构和参数选择。中储式制粉系统 100MW 及以下机组宜选择另设等离子燃烧器的系统；直吹式制粉系统宜采用主燃烧器兼有等离子点火功能的系统。采用直吹式制粉系统的锅炉，宜采用本炉冷炉制粉的方式。

制粉用热风的来源，在有条件时宜采用邻炉热风。在邻炉来热风有困难时，宜在磨煤机入口热风道上或专设旁路风道上加装空气加热装置，将磨煤机入口风温加热至允许启磨温度。加热装置宜采用蒸汽加热器。如热风温度要求较高时，可采取串联安装风道燃烧器加热等方式。

磨煤机对应的所有煤粉输送管道，应设有进行冷态、热态输粉风（一次风）调平衡的阀门；宜加装煤粉分配器等措施，以尽可能保持各煤粉输送管道内风速一致、煤粉浓度一致、煤粉细度一致。

等离子燃烧器在锅炉点火启动初期，燃烧的煤粉浓度较好的适用范围在 0.36～0.52kg/kg，最低不得低于 0.3kg/kg。锅炉冷态启动初期，等离子燃烧器的一次风速保持在 19～22m/s 为宜。热态或低负荷稳燃时，一次风速保持 24～28m/s 为宜。

4）气膜风系统。等离子燃烧器属于内燃式燃烧器，运行时燃烧器内壁热负荷较高，为了保护燃烧器，同时提高燃尽度，需设置等离子燃烧器气膜冷却风。

气膜冷却风可以从原二次风箱取，也可从送风机出口引取。通过燃烧器气膜风入口引入燃烧器。

气膜冷却风控制，冷态一般在等离子燃烧器投入 0～30min，开度尽量小，以提高初期燃烧效率，随着炉温升高，逐渐开大风门，防止烧损燃烧器，原则是以燃烧器壁温控制在 500～600℃为宜。

5）二次风系统。对于单独设置等离子点火一次风管路（等离子燃烧器作为点火用燃烧器）的系统，除设置等离子燃烧器气膜风系统外，原则上还应设置二次风系统。其设计原则与电站锅炉常规燃烧器设计方案相同。

2. 等离子点火器系统

（1）等离子发生器。等离子发生器是用来产生高温等离子电弧的装置，其主要由阳极组件、阴极组件、线圈组件三大部分组成，还有支撑托架配合现场安装。等离子发生器设计寿命为 5～8 年。阳极组件与阴极组件包括用来形成电弧的两个金属电极阳极与阴极，在两电极间加稳定的大电流，将电极之间的空气电离形成具有高温导电特性等离子体，其中带正电的离子流向电源负极形成电弧的阴极，带负电的离子及电子流向电源的正极形成电弧的阳极。线圈通电产生强磁场，将等离子体压缩，并由压缩空气吹出阳极，形成可以利用的高温电弧。

（2）阳极组件。阳极组件由阳极、冷却水道、压缩空气通道及壳体等构成。阳极导电面为具有高导电性的金属材料铸成，采用水冷的方式冷却。为确保电弧能够尽可能多地拉出阳极以外，在阳极上加装压弧套。阳极为耗材，需定期更换。

（3）阴极组件。阴极组件由阴极头、外套管、内套管、驱动机构、进出水口、导电接头等构成，阴极为旋转结构的等离子发生器还需要加装一套旋转驱动机构。阴极头导电面为具有高导电性的金属材料铸成，采用水冷的方式冷却。阴极为耗材，需定期更换。

（4）线圈组件。线圈组件由导电管绕成的线圈、绝缘材料、进出水接头、导电接头、壳体等构成。导电管内通水冷却。

等离子点火器外形如图 1-37 所示。

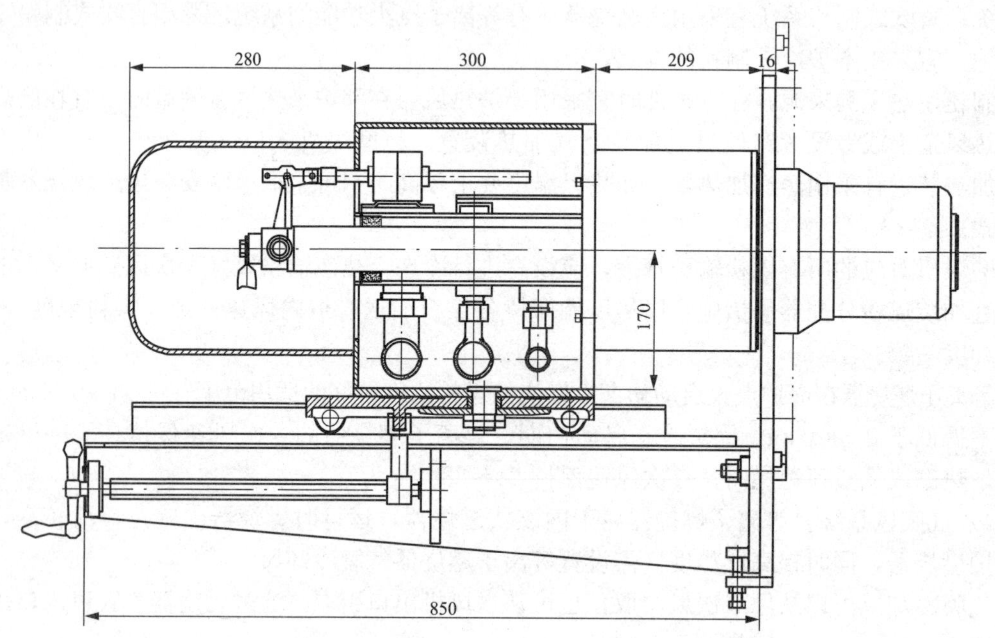

图 1-37　等离子点火器外形（单位：mm）

3. 等离子压缩空气系统

压缩空气是等离子电弧的介质，等离子电弧形成后，通过线圈形成的强磁场的作用压缩成为压缩电弧，需要压缩空气以一定的流速吹出阳极才能形成可利用的电弧。因此，等离子点火系统需要配备压缩空气系统，压缩空气的要求是洁净的而且是压力稳定的。具体要求如下：

（1）压缩空气有空压机经过滤装置储气罐出口母管的管道分别送到等离子点火装置。

（2）等离子点火装置上的压缩空气管道上设有压力表和一个压力开关，把压力满足信号送回燃烧器整流柜。

（3）等离子点火装置入口的压缩空气压力要求不大于 0.02MPa，每台等离子装置的压缩空气流量为 1.0～1.5m^3/min（标况）。

（4）压缩空气系统中同时设计有备用吹扫空气管路，吹扫空气取自图像火检探头冷却风机出口母管，用于保证在锅炉高负荷运行、等离子点火器停用时点火器不受煤粉污染。

4. 等离子冷却水系统

等离子电弧形成后，弧柱温度一般为 5000～30000K，因此对于形成电弧的等离子发生器的阴极和阳极必须通过一定的方式来进行冷却，否则很快会被烧毁。通过大量实验总结，为保证好的冷却效果，需要冷却水以高的流速冲刷阳极和阴极，因此需要保证冷却水不低于 0.3MPa 的压力。另外，冷却水温度不能高于 30℃，否则冷却效果差。为减少冷却水对阳极和阴极的腐蚀，要采用电厂的除盐化学水。具体设计要求如下：

（1）冷却水系统采用闭式循环系统，由冷却水箱、冷却水泵、换热器及阀门、压力表、管路组成，冷却水泵两台互为备用。系统材质均为不锈钢。

（2）冷却水箱、水泵安装保证不振动。换热器根据现场情况安装。

（3）冷却水经母管分别送至等离子点火器，单个等离子点火器的冷却水用量约为 10t/h，冷却水进入等离子装置后再分两路分别送入线圈和阳极，另一路进入阴极。回水采用无压回水（出口为大气压），等离子点火器回水经母管流经换热器冷却后返回冷却水箱。等离子装置来水管道上设有手动调节阀，用于调整等离子点火器冷却水流量，同时安装有冷却水压力表、过滤器及压力开关（CCS）、压力满足信号送回等离子整流柜。

（4）每台发生器来水管路装有压力开关，压力满足信号送至控制系统 PLC，保证等离子点火燃烧器投入时冷却水不间断。

（5）冷却水采用除盐化学水，通过补水管路为冷却水箱供水。

（6）对于两台炉公用冷却水系统，回水分管道加装截止阀。

5. 监控系统

（1）壁温测量。为了确保等离子燃烧器的安全运行，在燃烧器的相应位置安装了监视壁面温度的热电偶。热电偶的安装位置是根据数台等离子燃烧器的工业应用情况和燃烧器工作状态下的温度场确定的。安装位置如图 1-38 所示。热电偶的型号主要为 K 分度或铠装热电偶。

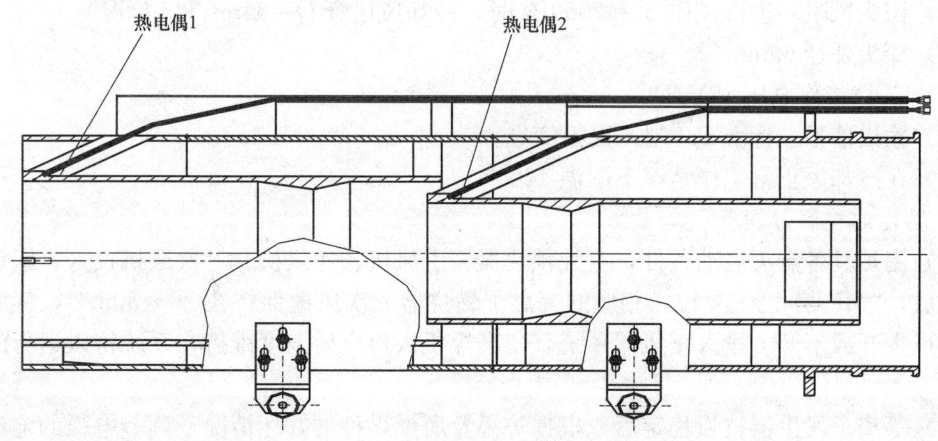

图 1-38　壁温测量

热电偶的安装在等离子燃烧器的设计图中有明确要求，其基本原则是牢固、防磨、耐用、拆卸更换方便。

(2) 风粉在线监测。为了在等离子燃烧器运行时能够监测一次风速，控制一次风速在设计范围，在一次风管加装一次风速测量系统（见图 1-39）。

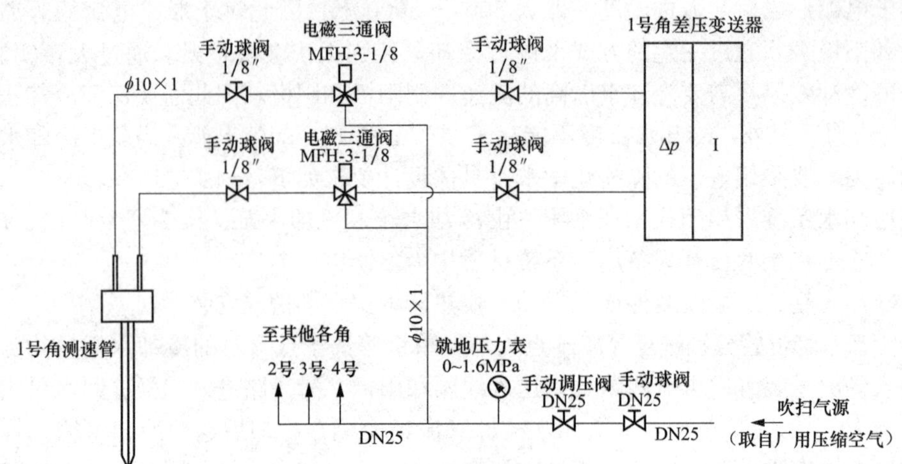

图 1-39　一次风在线测速装置

6. 图像火焰监视

将煤粉燃烧器的火焰直观地显示给运行人员，对锅炉的安全运行及燃烧调整有极大的帮助。一般情况下，等离子点火系统中为每个等离子点火燃烧器配置了一支高清晰图像火检探头。该探头采用军用 CCD 直接摄取煤粉燃烧的火焰图像，图像清晰，不失真。为使 CCD 避开炉内高温，每支探头均采用长工作距监测镜头。探头外层加装隔热机构，可有效阻断二次风传导热及炉膛辐射热。探头前部采用特种耐温玻璃，能抗 1500℃熔融灰渣对镜面的冲刷，镜面长期光滑无损。每支探头均需通入冷却风，一方面冷却 CCD 和镜头，另一方面冷却风通过探头前端 3 通道风 3 组合弧形冷却风喷射机构，可避免飞灰、焦块污染镜头。

技术参数：

(1) 探头风阻：进口风质 p_1＝2000Pa 时，冷却风风管 Q＝64m^3/h（标况）。

(2) 探头外径 69mm。

(3) CCD 工作电压 12V/DC。

(4) 输出信号：标准 Pal 制式视频信号。

(5) 在冷却风正常工作情况下耐温 1200℃。

7. 运行的控制与调节

(1) 锅炉具备点火启动条件，空气预热器、引风机、送风机、一次风机投入，锅炉冷态吹扫完成，“MFT”已经复位。相应的等离子燃烧器一次风速保持在 25～30m/s，气膜或周界冷却风少开或不开。投入暖风器系统，使磨煤机入口介质温度维持在系统得以运行的下限以上。

(2) 等离子发生器拉弧稳定后，根据炉温及所燃煤种的好坏情况，调节电弧的电流及电压，使电弧功率稳定在 90～110kW。

(3) 根据实际情况，将点火状态切换到“点火”或“助燃”状态，启动相应的给粉机（中储式制粉系统），迅速调节给粉机的转速，使给粉浓度为 0.35～0.55kg/kg，调节一次风速 18～22m/s（冷态）或 24～28m/s（热态），等离子燃烧器开始燃烧。

（4）对于直吹式制粉系统，磨煤机对应的所有煤粉输送管道，应进行冷态输粉风（一次风）调平，煤粉分配器进行初步调整。尽可能保持各煤粉输送管道内风速一致、煤粉浓度一致、煤粉细度一致。根据磨煤机的型式，调整其出力和细度至最佳状态，如适当调整回粉门的开度、调整分离器开度，适当减小一次风量（但风量的调整应满足一次风管的最低流速，中速磨煤机最低风量应保证允许的风环风速），对于中速磨煤机还应适当调整碾磨压力。在等离子点火装置投运期间，磨煤机受最低煤量限制，投入的燃料量可能较大，要注意观察锅炉蒸汽压力升高的速度以及过热器、再热器的温升情况，根据锅炉升压、升温曲线，通过调整机组旁路系统阀门的开度，控制锅炉升压、升温速度。

（5）投入等离子燃烧器后，为防止可燃气体沉积在未投燃烧器的邻角，产生爆燃，应适当开启邻角下二次风，使可燃气体及时排出炉膛。

（6）加强炉内燃烧状况监视，实地观察炉膛燃烧，火焰应明亮，燃烧充分，火炬长，火焰监视器显示燃烧正常，如发现炉内燃烧恶劣，炉膛负压波动大，应迅速调节一次风速及给粉机转速（给煤机出力），调整燃烧，若炉膛燃烧仍不好，应立即停止相应的给粉机（给煤机），必要时停止等离子发生器，经充分通风，查明原因后重新再投。

（7）调整等离子燃烧器燃烧的原则为：既要保证着火稳定，减少不完全燃烧损失，提高燃尽率，又要随炉温和风温的升高尽可能开大气膜或周界冷却风，提高一次风速，控制燃烧器壁温测点不超温，燃烧器不结焦，在满足升温、升压曲线的前提下，应尽早投入其他等离子燃烧器，尽快提高炉膛温度，有利于提高燃烧效率。

（8）等离子燃烧器都投入后，还需投入其他主燃烧器时，应以先投入等离子燃烧器相邻上部主燃烧器为原则，并原地观察实际燃烧情况，合理配风组织燃烧。

（9）机组并网带负荷后，根据燃烧情况及锅炉运行规程规定，将“点火”状态及时切换到“助燃”状态，一般到锅炉额定负荷的50%以上时（具体应参照使用厂的锅炉规程规定），可逐步退出等离子助燃。

8. 运行主要参数

（1）电源。三相电源380×(1－5%)～380×(1＋10%)V，频率50×(1±2%)Hz，最大消耗功率250kVA，负荷电流工作范围（200～375)×(1±2%)A。

（2）电弧电压调节范围（250～400)×(1±5)%V。

（3）压缩空气。最低气压0.1MPa，最高气压0.4MPa，空气压力调节范围0.12～0.3MPa，最小消耗量60m^3/h，最大消耗量100m^3/h。

（4）冷却水。最小压力0.15MPa，正常压力0.20MPa，最大压力0.4MPa，最大流量10t/h，水质要求，除盐水，温度不大于40℃。

（5）输粉管内风速（一次风)。最低风速18m/s，最高风速26m/s，最低风温60℃。

（6）气膜冷却风风速45～60m/s。

（7）等离子发生器功率范围，正常运行80～120kW。

（8）阴极寿命，设计工况下不低于50h（易更换)。

（9）阳极寿命，设计工况下不低于1000h。

（10）等离子燃烧器出力。设计最低出力的100%～200%。

（11）投粉后的着火时间。中储式系统，投粉后不大于30s；直吹式系统，投粉后不大于180s。

(12) 燃烧器壁温控制温度600℃。

(13) 煤粉浓度0.36～0.52kg/kg，最低不得低于0.3kg/kg。

9. 汽包锅炉启动使用等离子点火系统操作流程

机组启动前准备工作

(1) 等离子点火装置冷、热态试验已全部调试合格。

(2) 锅炉检修作业已全部结束，工作票收回。

(3) 按集控运行规程规定进行系统检查，符合机组启动前检查规定。

(4) 锅炉汽包已上至正常水位，投入蒸汽推动。汽包壁温达到80～90℃以上，停止蒸汽推动。

(5) 开启过热器、再热器疏水阀、空气阀。开启热工仪表、化学取样一次阀。

(6) 投入锅炉压缩空气系统，保证空气罐压力在0.55～0.8MPa。等离子点火器前压缩空气大于0.02MPa。

(7) 投入冷却风机及火检装置。

(8) 投入锅炉大保护及各类辅机保护连锁、热工仪表。一次风机投入运行。

(9) 投入等离子点火装置冷却水，等离子点火器前水压保持在0.4MPa。

(10) 投入等离子点火装置载体风，等离子点火器前风压大于2kPa。

(11) 投入一次风测速装置。

(12) 煤仓煤位已上至正常，煤质符合设计要求。

(13) 磨煤机已具备启动条件。

(14) 除尘器投入运行、捞渣机投入运行、启动工业泵，投入磨煤机、引送风机冷却水。

(15) 投入锅炉预吹扫。

(16) 投入磨煤机暖风器，对磨煤机进行通风、暖磨。磨煤机暖磨操作过程中，要加强对暖风器、磨煤机的巡视。

(17) 待磨煤机分离器出口温度达到80～90℃，将磨煤机切换到等离子模式。将给定点流设定为300A，稳定5min。

(18) 启动等离子点火程序，调节电弧功率80～120kW。

(19) 开启磨煤机、给煤机。

(20) 等离子点火发生器投入后，就地应有人监视煤粉着火情况，并用对讲机与控制室内保持联系。等离子点火发生器投入50s，煤粉未着火，立即停止等离子点火程序。

(21) 等离子点火发生器投入后，若煤粉着火正常，应进行如下操作与调整。

1) 开启燃烧器气膜冷却风门。初期少开，随着炉温升高，逐渐开大气膜冷却风阀，控制燃烧器壁温在500～600℃。

2) 逐渐减少磨煤机给煤量，适当控制一次风量，保证一次风速在19～22m/s，最低不得低于19m/s，煤粉浓度在0.36～0.525kg/kg，最低不得低于0.3kg/kg。同时调整液压油压，防止磨煤机振动或下煤。直至将给煤量降至磨煤机最低允许给煤量。

3) 煤粉燃烧正常后，在满足规程规定升温升压要求的前提下，逐渐增加给煤量。

4) 对于受热较弱、膨胀迟缓的水冷壁下联箱进行放水。

5) 等离子燃烧器运行过程中，若前屏超温，可开启其上层燃烧器冷风，降低火焰中心。

(22) 锅炉启压后，关闭空气阀，冲洗水面计。

（23）汽包压力0.2～0.3MPa，开启蒸汽、炉水取样门。根据化学人员通知开启连续排污阀、加药阀。关闭过热器联箱疏水。根据化学人员要求进行定期排污。

（24）汽包压力0.5MPa，高温段省煤器出口烟温70℃，通知汽轮机投旁路，得到汽轮机通知后，开启再热器对空排汽。

（25）调整烟风系统运行参数，对相邻磨煤机进行暖磨。

（26）汽包压力1.0MPa，对减温系统反冲洗，记录汽包壁温。

（27）根据点火时间及汽包水位变化情况，对给水系统进行相应操作、调整。

（28）本炉热风温度达到170℃，可停止磨煤机入口暖风器的运行。运行人员监视一次风压，逐渐切换热风风源。要重点监视炉内燃烧情况，发现灭火，应立即停止等离子点火装置运行。

（29）热风风源切换正常后，根据升温升压要求，继续加大磨煤机给煤量至最大。

（30）机侧主蒸汽压力1.7～2.0MPa，主蒸汽温度235～245℃，再热器温120℃以上，汽轮机冲转。冲转前记录汽包壁温一次。冲转期间，要加强锅炉热负荷调整，防止升压速度过快。

（31）汽轮机冲转后，关闭再热器疏水。

（32）汽包压力1.8～2.5MPa，汽温300℃，汽轮机定速，关旁路。

（33）发电机并列，加负荷20MW，锅炉设备全面检查，记录汽包壁温及锅炉各部膨胀指示。

（34）保持汽温汽压，按汽轮机要求，暖机60min。

（35）暖机结束，根据升温升压要求，按规程启动第二台磨。

（六）气化微油（小油枪）点火装置

近年来，随着我国电力工业的迅速发展以及大量可再生能源的并网发电，使得火力发电厂锅炉点火及低负荷稳燃用油量巨大。巨大的燃油耗量增加了发电成本。同时，电网峰谷差随着电网容量的增加而不断扩大。在低谷运行期间，大容量机组的低负荷助燃会消耗大量燃油。因此，传统的大油枪点火助燃方式已经不能适应发展的需要。针对火力发电机组的启停以及低负荷助燃稳燃耗油量巨大的这一现实问题，研发了气化微油（小油枪）点火技术，气化微油点火技术以其安全可靠、成本低、改造量小、适应煤质范围宽等特点，开始被广泛应用。该技术可以通过少量的燃油直接点燃煤粉，是各耗油行业实现大幅度节油的重大技术措施之一。

气化微油点火技术以最大限度地利用和保持原有设计，最小的改造量、最低的投资、最简化的系统为原则，以保证系统的安全可靠、运行维护方便等为目的，集各种节能点火措施的技术优点，成功点燃各种煤质，包括烟煤、无烟煤及劣质贫煤，是未来火力发电厂点火和稳燃的首选设备。气化微油点火装置与其他点火设备相比有以下几大优点：

（1）燃料适用范围宽。针对具体煤种设计的气化微油点火燃烧器，以煤代油，煤油混烧，能可靠点燃包括贫煤、无烟煤在内的各类煤种，满足点火及稳燃要求。

（2）节油效果显著。特殊设计的微量油枪，可用于煤粉锅炉、冶金炉、回转窑等燃烧设备，节油率70%以上。

（3）投资少，回收周期短，一次性投资相对比较低。

（4）稳燃能力高。油枪采用气化燃烧技术，燃烧强度高，具有超低负荷稳燃能力。

(5) 高可靠性、安全性。特殊设计的微量油枪，其喷嘴油孔不易阻塞，对油质要求较低。燃烧器壁温实时监控，有效防止烧损和结焦，从而可大幅度延长燃烧器本体的使用年限。

(6) 操作方便、维护量小。对风速、煤粉浓度、煤质变化适应能力强。系统相对简单，维护量小，运行维护方便。

(7) 有利于环境保护。启动过程耗油量极小，且燃烧完全，所以锅炉冷炉启动时即可投入电除尘，满足环保要求。

(8) 改造方便。设备改动较小，涉及点火燃烧的原有系统、设备大部分可以利用。

气化微油点火技术具有经济、高效、简单、安全、环保等诸多的技术优势，是目前燃油系统改造的最佳替代产品，是燃煤锅炉首选的节能降耗点火设备。

1. 小油枪的工作原理

利用压缩空气的高速射流将燃料油直接击碎，雾化成超细油滴，使之进行燃烧。同时用燃烧产生的热量对燃料进行初期加热、扩容，后期加热，在极短的时间内完成油滴的气化、燃烧。实际上，在此过程中燃料油转变成气态物质直接燃烧，从而大大提高燃烧效率及火焰温度。气化后的火焰刚性强，火焰呈完全透明状，根部为蓝色高温火焰，中间及尾部为透明白色火焰。火焰温度高达1500～2000℃，可作为高温火核在煤粉燃烧器内直接点燃煤粉燃烧，实现电站锅炉启动、滑停及低负荷稳燃。气化燃烧高温火核使混合物发生一系列物理和化学反应，进而使煤粉的燃烧速度加快，达到点火并加速使煤粉燃烧的目的。

压缩空气主要用于点火时实现燃油雾化、正常燃烧时加速燃油气化及补充前期燃烧需要的氧量；强化助燃风主要用于强化燃油前期燃烧所需的氧量。

单支油枪出力范围为150～360kg/h，根据煤质不同可通过更换相应型号的油枪雾化叶片进行调整。油枪为气化油枪，燃油压力为2.0～3.5MPa，压缩空气压力为0.5～0.7MPa。

气化微油点火器主要由雾化风罩、气化小油枪、点火枪、可见光火检探头等组成，详细结构见图1-40。气化微油点火器的设计和配风方式可使燃油充分、均匀地与空气混合，实现了燃油在理论配风下的完全燃烧，为引燃煤粉提供了保证。油枪采用固定方式，点火枪采用推进装置，进一步简化了系统，便于控制操作。

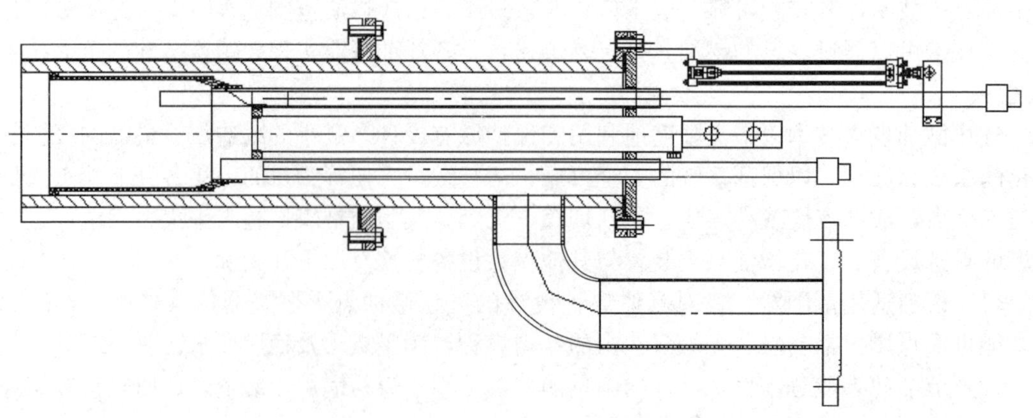

图1-40　气化微油点火器结构图

燃烧器入口管段加装径向浓淡分离装置，使一次风粉成浓淡两股气流，浓相先进一级燃烧室，经小油量气化油枪燃烧形成的高温火焰引燃后温度急剧升高、煤粉颗粒破裂粉碎，并释放出大量的挥发分迅速着火燃烧后进入二级燃烧室；淡相一次风粉先进入一级燃烧室的外侧，对一级燃烧室壁面冷却，经过一级燃烧室外侧后分为两路，一路进入二级燃烧室与着火燃烧的浓相煤粉混合并被引燃，另一路进入二级燃烧器外侧，对二级燃烧器壁面进行冷却；浓淡两相煤粉在三级燃烧室充分混燃后喷入炉膛。由此实现了煤粉分级点燃，逐级放大，达到点火并加速煤粉燃烧的目的，大大减少煤粉燃烧所需引燃能量，以微量的燃油消耗点燃大量的煤粉，以煤代油，煤油混然，满足锅炉启、停及低负荷稳燃的要求。具体结构如图 1-41 所示。周界冷却风主要用于保护控制燃烧器喷嘴壁温不超温，防止结焦、烧损及保护喷口安全，并补充后期燃烧所需的氧量。

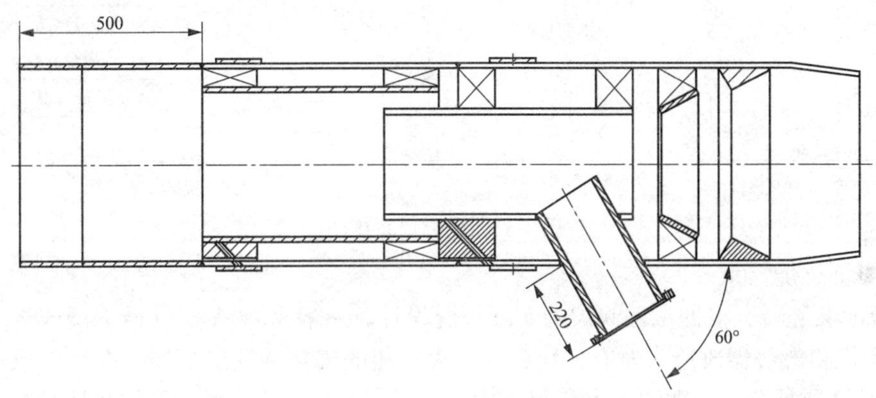

图 1-41　微油点火燃烧器结构示意（单位：mm）

2. 气化微油点火燃烧器的构成

典型的气化微油点火系统由油气系统、助燃风系统、微油燃烧器本体、电气及控制系统、火检系统、燃烧器壁温监测系统等构成。

（1）油气系统。油气系统由燃油系统、压缩空气系统组成，具体如图 1-42 所示。

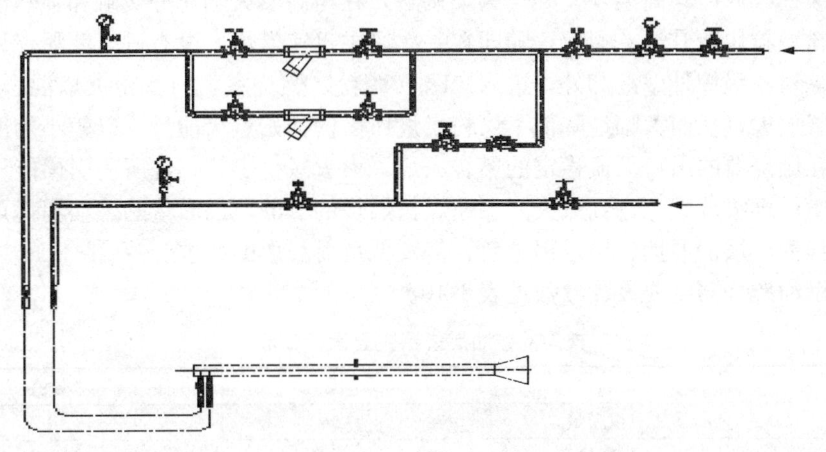

图 1-42　油气系统图

燃油系统由电厂炉前燃油母管供油，压缩空气系统由电厂仪用压缩空气炉前母管供气。

燃油系统包括燃油支路手动总门、流量计、燃油支路气动快关阀、A 过滤器及进出口手动门、B过滤器及进出口手动门、燃油支路压力表等。

压缩空气包括雾化压缩空气支路和吹扫压缩空气支路，雾化压缩空气支路由雾化支路手动总阀、雾化支路气动快关阀、雾化支路压力表组成；吹扫压缩空气支路由吹扫支路气动快关阀及止回阀组成。

（2）燃风系统。助燃风系统直接从两侧一次风机出口接出，由管道、金属软管及手动蝶阀组成。助燃风主要用于强化气化油枪的燃烧效果，补充后期加速燃烧所需的氧量。如图1-43所示。

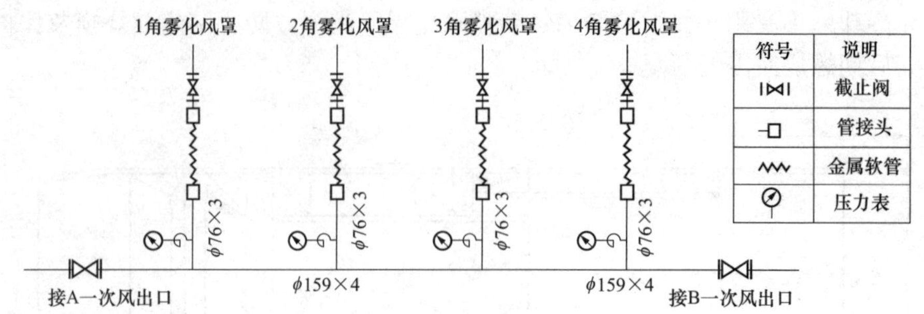

图1-43　助燃风系统图

（3）微油燃烧器系统。

1）微油燃烧器。根据工程锅炉的实际情况设计，一般是将A层（最下层或者是倒数第二层）4个煤粉燃烧器改造为兼有气化微油点火功能的气化微油燃烧器。在锅炉点火和稳燃期间，该燃烧器具有气化微油点火和稳燃功能；在锅炉正常运行时，该燃烧器具有主燃烧器功能，且出力及燃烧工况与原燃烧器保持一致。气化微油燃烧器的各项外形尺寸按照锅炉原有的煤粉燃烧器接口尺寸设计。

燃烧器侧面（径向）装有4个气化微油点火器，燃烧器内部设计为多级燃烧。

燃烧器入口管段加装径向浓淡分离装置，使一次风粉成浓淡两股气流，浓相进一级室，淡相进二级室。油枪火焰沿切向并以旋流状态进入一级（浓粉）燃烧室，经过浓缩分离后的煤粉先在一级中心筒内与高温气化燃烧火焰接触，在与高温火焰充分接触和强烈混合中，一次风中的煤粉颗粒快速升温、裂解，随即在一次风中迅速燃烧，没有进入浓粉燃烧室的一次风含粉气流除对一级筒外壁冷却外，进入二级（淡粉）燃烧室，与浓粉火焰混合后被点燃，燃烧能量逐级放大，从而大幅地降低了煤粉燃烧所需的初始点火能量，以较小的能量点燃大量的煤粉，在燃烧器的出口形成稳定的燃烧火焰，大大减少煤粉燃烧所需引燃能量，实现了煤粉分级点燃，逐级放大，达到点火并加速煤粉燃烧的目的，以微量的燃油消耗点燃大量的煤粉，以煤代油，煤油混然，满足锅炉启、停及低负荷稳燃的要求。

典型的微油燃烧器主要设计参数见表1-10。

表1-10　典型的微油燃烧器主要设计参数

序号	名称	单位	数值
1	供粉量	t/h	3～9
2	一次风速	m/s	18～25
3	燃烧器壁温度	℃	≤500
4	燃烧器材料		耐热、耐磨合金钢
5	燃烧器阻力	Pa	≤500

微油燃烧器结构见图 1-44。

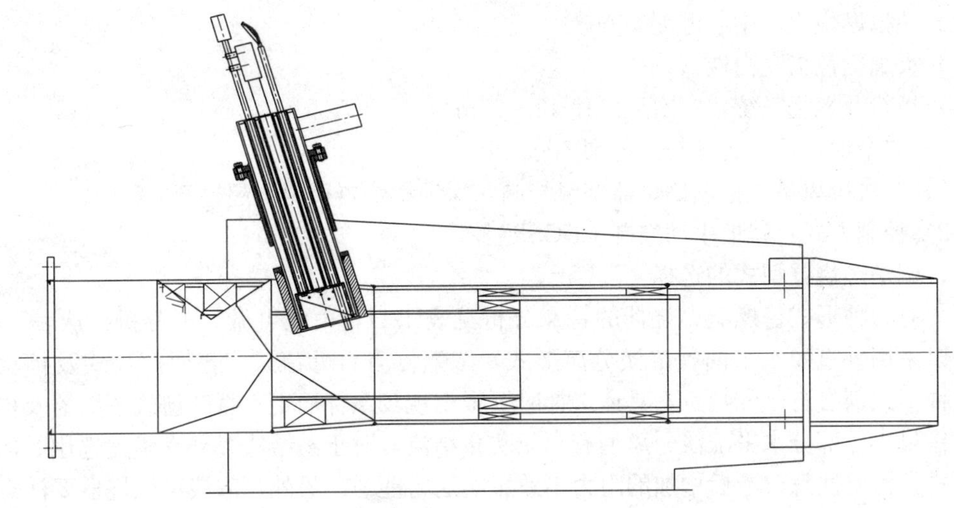

图 1-44　微油燃烧器结构图

3. 气化微油电气及控制系统

（1）图像火检系统。将煤粉燃烧器的火焰直观地显示给运行人员对锅炉的安全运行及燃烧调整有极大的帮助。在气化微油点火系统中为每个气化微油点火燃烧器配置了一支高清晰图像火检探头。该探头直接摄取煤粉燃烧的火焰图像，图像清晰，不失真。每支探头均需通入冷却风。系统布置如图 1-45 所示。

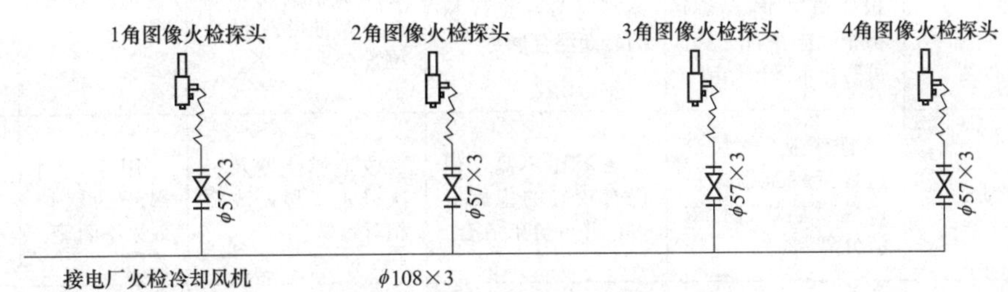

图 1-45　图像火检冷却风系统图

（2）燃烧器壁温监测系统。在气化微油燃烧器中心筒和内筒外壁上装有测温热电偶，组成壁温监测系统，在线监测燃烧器壁温，以防止燃烧器超温。超温时，在保证燃烧工况和燃烧特性的情况下，可通过降低点火器功率、提高一次风速等手段降温。热电偶安装如图 1-38 所示。

4. 气化燃油系统主要技术性能

（1）小油枪单只出力 150～360kg/h。

（2）小油枪供油压力 2.5～3.5MPa。

（3）气化小油枪供气压力 0.5～0.7MPa。

（4）压缩空气流量 0.14m^3/min（标况）。

(5) 油枪助燃风压力 3～4kPa。

(6) 油枪助燃风实际用量为每个油枪 400m^3/h。

(7) 油枪燃烧火焰中心温度 2000℃。

(8) 火焰颜色为亮白淡蓝。

(9) 送粉及燃烧系统，一次风风速 18～25m/s。

(10) 单个油枪可点燃煤粉量范围 3～9t/h。

(11) 二次风风量，根据燃烧器壁温控制，保证燃烧器壁温不超过 500℃。

(12) 控制方式：就地手动控制＋DCS 远控。

二、锅炉燃烧器型式的选择

(1) 对各种形式稳燃型燃烧器的特点分析见表 1-11，由此可做如下分析：从表 1-11 看到，可以采用垂直及水平两种浓淡分离形式，浓缩器有百叶窗式、普通弯头式及挡块式三种，各种形式都有自己的特点，具体选择时要根据现场条件而定。百叶窗式浓缩器及挡块式改造工作量小，部分水平浓淡分离型有利于防止结渣，对于易结渣煤种宜优先选用。但不论哪种形式，都要注意改造后增加的阻力不致影响送粉能力。另外，浓淡型燃烧器要注意后期的混合及燃尽问题，防止煤粉离析增加大渣损失。

表 1-11　　不同燃烧器性能对比

序号	名称	燃烧机理	燃烧器性能	制造安装难易程度	运行中可能出现的问题	使用对象
1	哈工大型水平浓淡燃烧器	通过百叶窗浓缩器进行浓淡分离，减少浓相着火热，加速煤粉着火。浓相气流在向火侧，稀相气流在背火侧，可防止水冷壁结渣	浓淡比可调，稳燃能力强，可防止水冷壁结渣，浓淡比高时应注意煤粉的后期混合燃尽	只需改造一次风喷口，不许改造煤粉管道。百叶窗需要特殊耐磨材料制造，保证叶片设计位置	百叶窗及燃烧器喷口等部位的磨损	各种容量锅炉、直流燃烧器
2	浙大型水平浓淡燃烧器	通过在一次风管道靠近燃烧器入口段装设挡块进行浓淡分离	浓淡比不高，但仍有较好的稳燃能力，并可防止结渣	改造燃烧器及一次风进口段，改造相对容易	用于让用褐煤的锅炉效果不明显	各种容量锅炉、直流燃烧器
3	浙大型垂直浓淡燃烧器	通过在进入燃烧器一次风前的煤粉管道拐弯离心力进行浓淡分离，并将浓相气流引向上部，稀相气流引向下部	浓淡比不高，但仍有较好的稳燃能力	煤粉管道改造工作量大，须保证四角燃烧器阻力均匀	有时由于燃烧器阻力增大，负荷带不上去，并式燃烧器喷口结渣	各种容量锅炉、直流燃烧器
4	清华型双通道自稳式燃烧器	靠双一次风通道及稳燃腔造成烟气回流，提高煤粉初温，加速着火	稳定性好，用腰部风可调节火焰长度，适用于不同煤种	须改造燃烧器，并在靠近燃烧器处将一次风分成上下两个部分	腰部风的正常调节对该型燃烧器至关重要，大负荷时，如果腰部风调节不及时，容易烧坏燃烧器喷口	各种容量锅炉、直流燃烧器

续表

序号	名称	燃烧机理	燃烧器性能	制造安装难易程度	运行中可能出现的问题	使用对象
5	哈工大型径向浓淡分离燃烧器	通过径向浓淡分离百叶窗进行浓淡分离，减少浓相气流着火热	浓淡比高，稳燃能力强，且二次风也是双通道，可调节回流烟气量，调节性能良好	须改造燃烧器，径向浓淡分离百叶窗安装难度大	煤粉气流后期燃烬问题和燃烧器磨损问题	各种容量的对冲布置旋流式燃烧器
6	清华型双通道通用煤粉燃烧器	一次风突扩，二次风双通道	有一定的稳燃能力，二次风可调，对煤种有适应能力	只需改造燃烧器，安装容易	燃烧效果欠佳，喷口容易结渣	各种容量的对冲布置旋流式燃烧器
7	普华 PW-1 型旋风束内混式燃烧器	靠稳燃腔及二次风束造成烟气回流	稳燃剂燃尽能力很强	只需改造燃烧器，二次风阻力大，有时需要加装高压风机	当煤质较好时，可能出现稳燃腔内结渣	各种中小容量锅炉，旋流式燃烧器

双通道自稳式燃烧器改造锅炉在 200MW 和 300MW 锅炉上应用也很成功，其改造工作量也不大，调节性能好，适于煤种特性变化较大的锅炉。

（2）对于大中型对冲式电站锅炉旋流燃烧器的改造。从前文及表 1-11 中看到哈尔滨工业大学的径向分离燃烧器在电站锅炉的改造中已取得了显著的成绩，其特点是稳定性好，燃尽性也好。

（3）对于中小容量锅炉的燃烧器改造。PW-1 型燃烧器在中小容量锅炉为提高出力及燃烧稳定性改造方面取得了显著的成效。这种燃烧器具有一个稳燃腔，稳燃能力很强，特别适用于中小容量锅炉，尤其对改造原型燃烧器更为有利，它要求的条件为：

1）二次风风机压头要高一些。

2）改造炉炉排要有煤粉来源，或用中心制粉厂共粉或者建立制粉系统。

三、煤粉直接点燃技术的应用

燃煤机组的启停以及低负荷稳燃需要消耗大量的燃油，特别在当前越来越多可再生能源并网运行，传统的火力发电机组参与深度调峰稳燃是大势所趋，如果不采取相应的节油措施，燃油的消耗量会进一步加大。发电企业对燃油的消耗主要是以燃烧的形式，只为了获取热量，这使石油这一高品位资源做了低附加值消耗。因此，开发相关节油技术，节油降耗，对我国国民经济可持续发展具有重大意义。毋庸置疑，煤粉直接点燃技术的推广应用，为企业、社会节约了大量宝贵的燃油做出了巨大的贡献。

目前，被广泛采用的煤粉直接点燃技术主要有等离子煤粉直接点燃技术和小油枪煤粉直接点燃技术。通过近 20 年的发展，煤粉直接点燃技术已经成功应用于设计燃用褐煤、烟煤、贫煤、无烟煤等不同煤种的锅炉中，取得了大量宝贵的经验。但是在发电企业长期实践过程中，依然存在着一些问题，如炉膛爆炸（爆燃）、尾部再燃以及启动初期参数控制等问题，特别是不同级别的爆燃时有发生。如何规避这些风险，使这项技术更好地服务企业，是我们应该思考、面对的现实问题。

（一）炉膛爆炸

炉膛爆炸分为内爆和外爆两种情况。当锅炉炉膛内负压过高（负压数据的绝对值），超过炉膛结构所承受的限度时，炉膛会向内坍塌，这种现象成为炉膛内爆。锅炉炉膛爆炸（也称为炉膛外爆）是指锅炉炉膛、转向室、烟道等内部积存的可燃物突然同时被点燃而使烟气侧压力升高所造成的炉膛结构破坏的现象。能量级别较低的可以成为“爆燃”，运行人员俗称“打炮”。下面探讨的内容均指炉膛外爆。

粉尘爆炸是指可燃性粉尘在爆炸极限范围内，遇到热源（明火或高温），火焰瞬间传播于整个混合粉尘空间，化学反应速度极快，同时释放大量的热，形成很高的温度和很大的压力，系统的能量转化为机械能以及光和热的辐射，具有很强的破坏力。

炉膛爆炸一定与燃烧有关。在炉膛内，正常运行时，炉内温度很高，燃料进入炉膛后立即着火，形成连续燃烧，不会发生爆燃。如果炉内发生灭火，燃料进入炉膛后没有及时着火，形成燃料积存，如果此时有火源，则会发生爆燃。因为火焰传播速度非常快，在极短的时间内燃料全部燃尽，相当于积存的燃料被同时点燃，烟气容积突然迅速增大，因来不及泄压而使炉膛压力陡增，导致发生爆炸。炉膛煤粉爆炸的热力过程接近绝热燃烧，也就是燃料的燃烧热来不及被炉膛受热面吸收而完全用于加热燃烧产物，使其温度急剧升高、体积急剧膨胀。忽略炉膛出口的因素，其基本上可以认为是一个封闭空间，发生爆炸时，炉膛出口不能将瞬时产生的大量气体排出。所以，炉膛爆炸时的热力过程又接近于定容过程。相关资料介绍，煤粉的爆炸压力可达 0.3MPa（绝对压力）以上，同时，煤粉的爆炸过程较长，有一种连环性，所以煤粉爆炸的能量相当大，足以对炉膛等设备造成损坏。

应用能量守恒和理想气体状态方程可以推导出爆炸后炉膛的压力，即

$$p_2 = p_1 \times \left(1 + \frac{V_r Q_r}{V C_v T_1}\right) \tag{1-40}$$

式中 p_2——爆炸后炉膛内介质压力，MPa；

p_1——爆炸前炉膛内介质压力，MPa；

T_1——爆炸前炉膛内介质温度，℃；

V_r——炉膛内积存的可燃物容积，m^3；

V——炉膛容积，m^3；

Q_r——积存于炉膛内可燃物热值，kJ/kg；

C_v——积存于炉膛内可燃物定容比热容，kJ/(kg·℃)。

由式（1-40）可知：导致炉膛爆炸后压力 p_2 升高的因素是：

（1）炉膛容积 V 为常数，当 V_r 增加，p_2 随之增大。即炉内积存的可燃物体积越大，炉膛爆炸所产生的压力越大。

（2）炉内积存的可燃物热值 Q_r 越大，p_2 随之增大。即炉内积存的可燃物热值越高，发生爆炸的危险性也越大。因此，燃用气体、液体燃料的炉膛一旦发生爆炸，对锅炉炉膛的破坏性较燃煤锅炉更大。

（3）爆炸前炉膛内介质的初始温度 t_1 越低，p_2 随之增大。即锅炉在冷态启动时发生的炉膛爆炸具有更大的危害。这是因为在一定的容积和压力下，温度低的介质密度大。

不是只要有可燃物（如气体、液体、固体）就会爆炸，还要达到其爆炸极限。如果可燃混合物中的可燃气体低于某一浓度，即使着火，由于热量少，即发热量低于散热量，就维持

不了燃烧所需要的温度，火焰不能传播，也就不能形成爆炸，这种最低浓度称为爆炸下限。反之，如果浓度超过某一值，因氧气不足，也无法延续燃烧，该最高浓度成为爆炸上限。爆炸上下限间的范围称为爆炸极限。对于气体燃料，爆炸极限是以燃气在可燃混合物中的容积百分比来表示。天然气的爆炸极限为5%～15%，焦炉煤气的爆炸极限为5%～36%，液化石油气的爆炸极限是1.6%～11.1%。对于液体燃料，爆炸极限是以其蒸汽在可燃混合物中的容积百分比来表示。如轻柴油的爆炸极限为0.6%～5.0%，重油的爆炸极限为1.2%～6.0%。对于固体燃料的煤粉，则以煤粉在单位气粉混合物中的质量来表示，典型煤种的爆炸性能参数见表1-12。煤的挥发分越高，煤粉越细，越容易爆炸。

表1-12　　煤粉爆炸性能

煤种	最低煤粉浓度（kg/m³）	最高煤粉浓度（kg/m³）	最易爆炸浓度（kg/m³）
烟煤	0.32～0.47	3～4	1.2～2
褐煤	0.21～0.25	5～6	1.7～2
泥煤	0.16～0.18	13～16	1.0～2

（二）防止锅炉炉膛爆炸事故措施

锅炉运行过程中以热空气作为载体，将大量的可燃物送入炉膛，并燃烧。理论上存在着爆燃（爆炸）的可能。在实际运行过程中，火力发电厂发生的炉膛爆燃（爆炸）事故屡见不鲜。

1. 防止锅炉灭火主要措施

（1）锅炉炉膛安全监控系统的设计、选型、安装、调试等各个阶段应严格执行《火力发电厂锅炉炉膛安全监控系统技术规程》（DL/T 1091—2008）。

（2）根据《电站煤粉锅炉炉膛防爆规程》（DL/T 435—2004）中直炉膛灭火放炮的规定以及设备的实际状况，制定防止锅炉灭火放炮的措施，应包括煤质监督、混配煤、燃烧调整、低负荷运行等内容，并严格执行。

（3）加强燃煤的监督管理，完善混煤设施。加强配煤管理和煤质分析，并及时将煤质情况通知运行人员，做好调整燃烧的应变措施，防止发生锅炉灭火。

（4）新炉投产、锅炉改进性大修后或入炉燃料与设计燃料有较大差异时，应进行燃烧调整，以确定一/二次风量、风速、合理的过剩空气量、风煤比、煤粉细度、燃烧器倾角或旋流强度及不投油最低稳燃负荷等。

（5）当炉膛已经灭火或已局部灭火并濒临全部灭火时，严禁投助燃油枪、等离子等稳燃设备。当锅炉灭火后，要立即停止燃料（含煤、油、燃气、制粉乏气风）供给，严禁用爆燃法恢复燃烧。重新点火前必须对锅炉进行充分通风吹扫，以排除炉膛和烟道内的可燃物质。

（6）100MW及以上等级机组的锅炉应装设锅炉灭火保护装置。该装置应包括但不限于炉膛吹扫、锅炉点火、主燃料跳闸、全炉膛火焰监视和灭火保护功能、主燃料跳闸首出等功能。

（7）锅炉灭火保护装置和就地控制设备电源可靠，电源应采用两路交流220V供电电源，其中一路应为交流不间断电源，另一路电源引自厂用事故保安电源。当设置冗余不间断电源系统时，也可两路均采用不间断电源，但两路进线应分别取自不同的供电目前上，防止因瞬间失电造成失去锅炉灭火保护功能。

(8) 炉膛负压等参与灭火保护的热工测点应单独设置并冗余配置。必须保证炉膛压力信号取样部位的设计、安装合理，取样管相互独立，系统工作可靠。应配备4个炉膛压力变送器，其中3个为调节用，另一个作监视用，其量程应大于炉膛压力保护定值。

(9) 炉膛压力保护定值应合理，要综合考虑炉膛防爆能力、炉底密封承受能力和锅炉正常燃烧要求；新机组启动或机组检修后启动时必须进行炉膛压力保护带工质传动试验。

(10) 加强锅炉灭火保护装置的维护与管理，确保锅炉灭火保护装置可靠投用。防止发生火焰探头烧毁、污染失灵、炉膛负压管堵塞等问题。

(11) 每个煤、油、气燃烧器都应单独设置火焰检测装置。火焰检测装置应当精细调整，保证锅炉在高、低负荷以及适用煤种下都能正确检测到火焰。火焰检测装置冷却用气源应稳定可靠。

(12) 锅炉运行中严禁随意退出锅炉灭火保护。因设备缺陷需退出部分锅炉主保护时，应严格履行审批手续，并事先做好安全措施。严禁在锅炉灭火保护装置退出情况下进行锅炉启动。

(13) 加强设备检修管理，重点解决炉膛严重漏风、一次风管不畅、送风不正常脉动、直吹式制粉系统磨煤机堵煤断煤和粉管堵粉、中储式制粉系统给粉机下粉不均或煤粉自流、热控设备失灵等。

(14) 加强点火油、气系统的维护管理，消除泄漏，防止燃油、燃气漏入炉膛发生爆燃。对燃油、燃气速断阀要定期试验，确保动作正确、密闭严密。

(15) 锅炉点火系统应能可靠备用。定期对油枪进行清理和投入试验，确保油枪动作可靠、雾化良好，能在锅炉低负荷或燃烧不稳定时及时投入助燃。

(16) 在停炉检修或备用期间，运行人员必须检查确认燃油或燃气系统阀门关闭严密。锅炉点火前应进行燃油、燃气系统泄漏试验，合格后方可点火启动。

(17) 对于装有等离子无油点火装置或小油枪微油点火装置的锅炉点火时，严禁解除全炉膛灭火保护；当采用中速磨煤机直吹式制粉系统时，任一角在180s内未点燃时，应立即停止相应磨煤机的运行；对于中储式制粉系统任一角在30s内未点燃时，应立即停止相应给粉机的运行，经充分通风吹扫、查明原因后再重新投入。

(18) 加强热工控制系统的维护与管理，防止因控制系统死机导致的锅炉炉膛灭火放炮事故。

(19) 锅炉低于最低稳燃负荷运行时应投入稳燃系统。煤质变差影响到燃烧稳定性时，应及时投入稳燃系统稳燃，并加强入炉煤煤质管理。

(20) 防止锅炉严重结焦。

(21) 锅炉炉膛的设计、选型要参照《大容量煤粉锅炉炉膛选型导则》(DL/T 831—2002) 的有关规定进行。

(22) 重视锅炉燃烧器的安装、检修和维护，保留必要的安装记录，确保安装角度正确，避免一次风射流偏斜产生贴壁气流。燃烧器改造后的锅炉投运前应进行冷态空气动力场试验，以检查燃烧器安装角度是否正确，确定炉内空气动力场符合设计要求。

(23) 加强氧量计、一氧化碳测量装置、风量测量装置以及二次风门等锅炉燃烧监视调整重要设备的管理与维护，形成定期校验制度，以确保其指示正确，动作正确，避免在炉内形成整体或局部还原性气氛，从而加剧炉膛结焦。

（24）采用与锅炉相匹配的煤种，是防止炉膛结焦的重要措施，当煤种改变时，要进行变煤种燃烧调整试验。

（25）应加强电厂入厂煤、入炉煤的管理及煤质分析，发现易结焦煤质时，应及时通知运行人员。

（26）加强运行培训和考核，使运行人员了解防止炉膛结焦的要素，熟悉燃烧调整的手段，避免锅炉高负荷工况下缺氧燃烧。

（27）运行人员应经常从看火孔监视炉膛结焦情况，一旦发现结焦，应及时处理。

（28）大容量锅炉吹灰器系统应正常投入运行，防止炉膛沾污结渣造成超温。

2. 防止锅炉内爆主要措施

（1）新建机组引风机和脱硫增压风机的最大压头设计必须与炉膛及尾部烟道防内爆能力相匹配，设计炉膛及尾部烟道防内爆强度应大于引风机及脱硫增压风机压头之和。

（2）对于老机组进行脱硫、脱硝改造时，应高度重视改造方案的技术论证工作，要求改造方案应重新核算机组尾部烟道的负压承受能力，应及时对强度不足部分进行重新加固。

（3）单机容量600MW及以上机组或采用脱硫、脱硝装置的机组，应特别重视防止机组高负荷灭火或设备故障瞬间产生过大炉膛负压对锅炉炉膛及尾部烟道造成的内爆危害，在锅炉主保护和烟风系统连锁保护功能上应考虑炉膛负压低调锅炉和负压低跳引风机的连锁保护；机组快速减负荷（RB）功能应可靠投用。

（4）加强引风机、脱硫增压风机等设备的检修和维护工作，定期对入口调节装置进行试验，确保动作灵活可靠和炉膛负压自动调节特性良好，防止机组运行中设备故障时或锅炉灭火后产生过大负压。

（5）运行过程中必须有防止炉膛内爆的条款和事故处理预案。

3. 循环流化床锅炉防爆主要措施

（1）锅炉启动前或主燃料跳闸后应根据床温情况严格进行炉膛冷态或热态吹扫层序，禁止采用降低一次风量至临界流化风量以下的方式点火。

（2）精心调整燃烧，确保床上、床下油枪雾化良好、燃烧完全。油枪投用时应严密监视油枪雾化和燃烧情况，发现油枪雾化不良应立即停用，并及时进行清理检修。

（3）对于循环流化床锅炉，应根据实际燃用煤质着火点情况进行间断投煤操作，禁止床温未达到投煤运行条件连续大量投煤。

（4）循环流化床锅炉压火应先停止给煤机，切断所有燃料，并严格执行炉膛吹扫程序，待床温开始下降、氧量回升时再按正确顺序停风机；禁止通过锅炉跳闸直接跳闸风机连跳主燃料跳闸的方式压火。压货后的热启动应严格执行热态吹扫程序，并根据床温情况进行投油升温或投煤启动。

（5）循环流化床锅炉水冷壁泄漏后，应尽快停炉，并保留一台引风机运行，防止闷炉；冷渣器泄漏后，应立即切断炉渣进料，并隔绝冷却水。

4. 防止锅炉尾部再燃主要措施

引起锅炉尾部二次再燃的主要原因是可燃物质堆积在锅炉水平烟道及尾部低温受热面上，在合适的条件下发生的可燃物再次燃烧的事故。特别是采用煤粉直接点燃技术的锅炉，在冷态启动初期，煤粉的燃尽率极低，导致大量煤粉沉积在尾部烟道、回转式空气预热器蓄热元件上，发生尾部再次燃烧事故的概率较高。

防止锅炉尾部再次燃烧事故的主要措施如下：

(1) 防止锅炉尾部再次燃烧事故，除了防止回转式空气预热器转子蓄热元件发生再次燃烧事故外，还要防止脱硝装置的催化元件部位、除尘器及其干除灰系统以及锅炉底部干除渣系统的再次燃烧事故。

(2) 在锅炉机组设计选型阶段，必须保证回转式空气预热器本身及其辅助系统设计合理、配套齐全，必须保证回转式空气预热器在运行中有完善的监控和防止再次燃烧事故的手段。

1) 回转式空气预热器应设有独立的主辅电机、盘车装置、火灾报警装置、入口风气挡板、出入口风挡板及相应的连锁保护。

2) 回转式空气预热器应设有可靠的停转报警装置，停转报警信号应取自空气预热器的主轴信号，而不能取自空气预热器的马达信号。

3) 回转式空气预热器应有相配套的水冲洗系统，不论是采用固定式或者移动式水冲洗系统，设备性能都必须满足冲洗工艺要求，电厂必须配套制订出具体的水冲洗制度和水冲洗措施，并严格执行。

4) 回转式空气预热器应设有完善的消防系统，在空气及烟气侧应装设消防水喷淋水管，喷淋面积应覆盖整个受热面。如采用蒸汽消防系统，其汽源必须与公共汽源相连，以保证启停及正常运行时随时可投入蒸汽进行隔绝空气式消防。

(3) 回转式空气预热器应设计配套有完善合理的吹灰系统，冷热端均应设有吹灰器。如采用蒸汽吹灰，其汽源应合理选择，且必须与公共汽源相连，疏水设计合理，以满足机组启动和低负荷运行期间的吹灰需要。

(4) 锅炉设计和改造时，必须高度重视油枪、小油枪、等离子燃烧器等锅炉点火、助燃系统和设备的适应性与完善性。

1) 在锅炉设计与改造中，加强选型等前期工作，保证油燃烧器的出力、雾化质量和配风相匹配。

2) 无论是煤粉锅炉的油燃烧器还是循环流化床锅炉的风道燃烧器，都必须配有配风器，以保证油枪点火可靠、着火稳定、燃烧完全。

3) 对于循环流化床锅炉，油燃烧器出口必须设计足够的油燃烧空间，保证油进入炉膛前能够完全燃烧。

4) 锅炉采用少油/无油点火技术进行设计和改造时，必须充分把握燃用煤质特性，保证小油枪设备可靠、出力合理，保证等离子发生装置功率与燃用煤质、等离子燃烧器和炉内整体空气动力场的匹配性，以保证锅炉少油/无油点火的可靠性和锅炉启动初期的燃尽率以及整体性能。

5) 所有燃烧器均应设计有完善可靠地火焰监测保护系统。

(5) 回转式空气预热器在制造等阶段必须采用正确保管方式，应进行监造。

1) 锅炉空气预热器的传热元件在出厂和安装保管期间不得采用浸油防腐方式。

2) 在设备制造过程中，应重视回转式空气预热器着火报警系统测点元件的检查和验收。

3) 必须重视回转式空气预热器辅助设备及系统的可靠性和可用性。新机组基建调试和机组检修期间必须按照要求完成相关系统与设备的传动检查和试运工作，以保证设备与系统可用，连锁保护正确。

4）机组基建调试阶段和检修期间应重视空气预热器的全面检查和资料审查，重点包括空气预热器的热控逻辑、吹灰系统、水冲洗系统、消防系统和停转保护、报警系统及隔离挡板。

5）机组基建调试前期和启动前，必须做好吹灰系统、冲洗系统、消防系统的调试、消缺和维护工作，应检查吹灰、冲洗、消防系统和喷头有无死角，有无堵塞问题并及时处理。有关空气预热器的所有系统都必须在锅炉点火前达到投运状态。

6）基建机组首次点火前或空气预热器检修后应逐项检查传动火灾报警测点和系统，确保火灾报警系统正常投用。

7）基建调试或机组检修期间应进入烟道内部就地检查、调试空气预热器各烟风挡板，确保DCS显示、就地刻度和挡板实际位置一致，且动作灵活，关闭严密，能起到隔绝作用。

8）机组启动前要严格执行验收和检查工作，保证空气预热器和烟风系统干净无杂物。

9）空气预热器在安装后第一次投运时，应将杂物彻底清理干净，蓄热元件必须进行全面的通透性检查，经制造、施工、建设、生产等各方验收合格后方可投入运行。

10）基建或检修期间，无论在炉膛或者烟风道内进行工作后，必须彻底检查清理炉膛、风道和烟道，并经过验收，防止风机启动后杂物集聚在空气预热器换热元件表面上或缝隙中。

（6）重视锅炉冷态点火前的系统准备和调试工作，保证锅炉冷态启动燃烧良好，特别要防止出现由于设备故障导致的燃烧不良。

1）新建机组或改造过的锅炉燃油系统必须经过蒸汽吹扫，并按要求进行油循环，首次投运前必须经过燃油泄漏试验，确保各油阀的严密性。

2）油枪、少油/无油点火系统必须保证安装正确，新设备和系统在投运前必须进行正确整定和冷态调试。

3）锅炉启动点火或锅炉灭火后重新点火前必须对炉膛及烟道进行充分吹扫，防止未燃尽物质聚集在尾部烟道造成再燃烧。

（7）精心做好锅炉启动后的运行调整工作，保证燃烧系统各参数合理，加强运行分析，以保证燃料燃烧完全，传热合理。

1）油燃烧器运行时，必须保证油枪根部燃烧所需用氧量，以保证燃油燃烧稳定完全。

2）锅炉燃用渣油或重油时，应保证燃油温度和油压在规定值内，雾化蒸汽参数在设计之内，以保证油枪雾化良好，燃烧完全。锅炉点火时应严格监视油枪雾化情况，一旦发现油枪雾化不好应立即停用，并进行清理检查。

3）采用少油/无油点火方式启动锅炉，应保证入炉煤质，调整煤粉细度和磨煤机通风量在合理范围，控制磨煤机出力和风、粉浓度，使着火稳定和燃烧充分。

4）煤油混烧情况下应防止燃烧器超出力。

5）采用少油/无油点火方式启动时，应注意检查和分析燃烧情况和锅炉沿程温度、阻力变化情况。

（8）要重视空气预热器的吹灰，必须精心组织机组冷态启动和低负荷运行情况下的吹灰工作，做到合理吹灰。

1）投入蒸汽吹灰器前应进行充分疏水，确保吹会要求的蒸汽过热度。

2）采用等离子及微油点火方式启动的锅炉，在启动初期，空气预热器必须连续吹灰。

3）机组启动期间，锅炉负荷低于25%额定负荷时，空气预热器应连续吹灰；锅炉负荷大于25%额定负荷时至少8h吹灰一次；当回转式空气预热器烟气侧压差增加时，应增加吹灰次数；当低负荷煤油混烧时，应连续吹灰。

(9) 要加强对空气预热器的检查，重视发挥水冲洗的作用，及时精心组织，对回转式空气预热器正确地进行水冲洗。

1）锅炉停炉一周以上时，必须对回转式空气预热器受热面进行检查，若有存挂油垢或积灰堵塞现象，应及时清理并进行通风干燥。

2）若锅炉较长时间低负荷燃油或煤油混烧，可根据具体情况利用停炉对回转式空气预热器受热面进行检查，重点是检查中层和下层传热元件，若发现有残留积存，应及时组织进行水冲洗。

3）机组运行中，如果回转式空气预热器阻力超过对应工况下设计阻力的150%，应及时安排水冲洗；机组每次大小修均应对空气预热器受热面进行检查，若发现受热元件有残留物积存，必要时可以进行水冲洗。

4）对空气预热器不论选择哪种冲洗方式，都必须事先制定全面的冲洗措施并经过审批，整个冲洗工作严格按措施执行，必须要严格达到冲洗工艺要求，一次性彻底冲洗干净，验收合格。

5）回转式空气预热器冲洗后必须进行干燥，并保证彻底干燥。不能立即启动引送风机进行强制通风干燥，防止锅炉内积灰被空气预热器金属表面水膜吸附造成二次污染。

(10) 应重视加强对锅炉尾部再次燃烧事故风险点的监控。

1）运行规程应明确省煤器、脱硝装置、空气预热器等部位烟道在不同工况下的烟气温度限制值。运行中应当加强监视回转式空气预热器出口烟风温度变化情况，当烟气温度超过规定值、有再燃前兆时，应立即停炉，并及时采取消防措施。

2）机组停运后和稳态启动时，是回转式空气预热器受热和冷却条件发生巨大变化的时候，容易产生热量集聚引发着火，应重视运行监控和检查，如有再燃前兆，必须及时处理。

3）停炉后，严格按照运行规程和厂家要求停运空气预热器，应加强停炉后的回转式空气预热器运行监控，防止异常发生。

(11) 回转式空气预热器跳闸后需要正确处理，防止发生再燃及空气预热器故障事故。

1）若发现回转式空气预热器停转，应立即将其隔绝，投入消防蒸汽和盘车装置。若挡板隔绝不严或转子盘不动，应立即停炉。

2）若回转式空气预热器未设出入口烟风挡板，发现其停转，应立即停炉。

3）加强空气预热器外的其他特殊设备和部位再次燃烧事故工作。

4）锅炉安装脱硝系统，在低负荷煤油混烧、等离子点火期间，脱硝反应器必须加强吹灰，监控反应器前后阻力及烟气温度，防止反应器内催化剂区域有未燃尽物质燃烧，反应器灰斗需要及时排灰，防止沉积。

5）干排渣系统在低负荷燃油、等离子点火或煤油混烧期间，防止干排渣系统的钢带由于锅炉未燃尽的物质落入钢带二次燃烧，损坏钢带。需要加强监控。

6）新建燃煤机组尾部烟道下部省煤器灰斗应设输灰系统，以保证未燃物可以及时的输送出去。

7）如果在低负荷燃油、等离子点火或煤油混烧期间电除尘器投入运行，电除尘器应降低二次电压电流运行，防止在集尘极和放电极之间燃烧，除灰系统在此期间连续输送。

5. 煤粉直接点燃技术应用的思考

如前所述，煤粉直接点燃技术在我国取得了巨大成功，为企业、社会节约了巨大的燃油，大幅度降低了企业的运行成本。然而，成功的背后也带来了诸如炉膛爆炸、尾部再燃以及点火初期蒸汽参数难以控制等问题，需要我们认真对待。

煤粉直接点燃技术由于在点火初期立即投入煤，从煤粉着火稳燃的角度，初期加入的煤量都很大，因此锅炉输入的热量很大。这些过度输入的热量很少的一部分用于蒸汽的产生和工质参数的提高，其余大部分的热量用来增加锅炉金属的蓄热。而启动初期，锅炉的产汽量又很少。

锅炉蓄热过程是指锅炉变工况运行时能量的存储/释放过程。以锅炉释放蓄热过程为例说明。当锅炉压力下降，锅炉内汽水工质体积膨胀，增加部分的体积推挤过热器中的蒸汽去汽轮机做功，这部分蒸汽所携带的热量即为汽水蓄热。压力下降引起金属温度降低，导致锅炉金属中热量的释放，这部分热量就是金属蓄热。汽水蓄热与金属蓄热相加后乘以机组热效率得到锅炉蓄热系数。在不同负荷下的锅炉蓄热系数不是一个常数。为方便描述汽水工质的蓄热，参考容积蓄热系数的概念，即单位体积的介质在单位压力变化时，变化体积部分排挤的锅炉汽水系统末段过热蒸汽中携带的热量能够转化为电能的部分，单位 $MJ/(MPa \cdot m^3)$。下面通过图 1-46 来说明容积蓄热系数的含义。

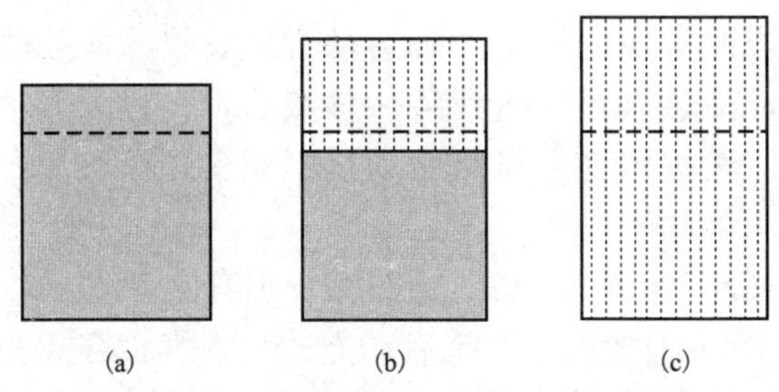

图 1-46　压力降低后单位容积介质的体积变化

(a) 过冷水；(b) 饱和水；(c) 过热蒸汽

图 1-46（a）中虚线下的部分灰色矩形为初始状态下单位体积的过冷水。压力降低后，过冷水从锅炉中吸收的热量不变，因此过冷水温度下降，体积增加为整个矩形。图 1-46（b）中虚线下的矩形为初始状态下单位体积的饱和水，压力降低后，一部分（中间虚线下实线以上矩形）饱和水转化为饱和蒸汽，单位体积的饱和水膨胀为饱和水、饱和蒸汽构成的整个矩形。图 1-46（c）中虚线下的矩形为初始状态下单位体积的过热蒸汽。压力降低后如果过热蒸汽从锅炉中吸收的热量不变，则蒸汽温度下降，体积增加为整个矩形；如果过热蒸汽受到汽温控制系统调节，可以认为蒸汽温度保持不变，这是蒸汽的比焓降低，体积增加。

单位容积的不同介质增加的体积（对应图1-46中虚线以上部分的矩形）将推挤锅炉末段携带热量的过热蒸汽到汽轮机做功。这些热量能够转化为电能的部分就是汽水蓄热。

对于金属介质，压力变化导致金属管道内汽水温度变化，进而导致金属温度变化，表现为金属内热量的存储或者释放，蒸汽携带这部分能量做功即金属蓄热。由于压力变化引起的过冷水温度变化很小，而且过热器高温段的蒸汽温度受控制基本保持不变，所以金属蓄热主要集中在水冷壁和低温过热器。锅炉在启动初期经常发生蒸汽参数难以控制、水冷壁以及蒸汽的温升速度超标的现象，进而导致水冷壁发生拉裂、一级减温水管道振动导致恒力弹簧吊架损坏等事故频发。每一次锅炉冷态启动，剧烈的温度变化都是对锅炉厚壁原件产生一次疲劳损伤。从长远的角度看，这些疲劳损伤的叠加，对锅炉寿命的影响是不容忽视的。

此外，在现有的锅炉启动方式下，锅炉点火前过热器、再热器内部充满空气，氧气浓度21%，相当于管内每1m^3空间有0.27kg的氧气，比锅炉正常运行时高数万倍，处于富氧状态。锅炉启动点火后，若受热面超温且管内有一定分压力的水蒸气，则此时受热面内壁氧化速率急剧上升，会快速形成一定厚度的氧化皮，而这些氧化皮的脱落会给锅炉以及汽轮机的安全运行带来巨大的威胁。

由此可见，煤粉直接点燃技术虽然节油，但也为发电企业带来了一个很大的危险因素，特别是越来越多的超临界、超超临界直流锅炉。那么，应该如何去面对、去解决这个矛盾呢，煤粉直接点燃技术是一个非常好的技术，由此而带来的节油量也是巨大的，巨大的节油量必然伴随着大的风险。在风险与节油量之间有一个平衡点，这需要企业的管理者去决策。我们能不能把锅炉原设计的大出力油枪更换为小出力油枪，在使用煤粉直接点燃技术之前，先按照常规的锅炉冷态启动方式，投入小出力油枪，对锅炉烟风系统、汽水系统进行加热，待热风温度达到某一参数后，再投入等离子或者小油枪，即可做到事半功倍的效果。虽然按照这个思路启动，不能实现节油量的最大化，但是却可以将风险降为最低。

近年来，国内一些科技工作者为了弥补直流锅炉现有的启动方式和点火方式的不足而给锅炉带来的一系列问题，在原有的汽水系统启动方式（大气扩容式和带炉水泵式）情况下，采用新型启动方式——临炉蒸汽加热启动，即利用蒸汽替代燃油或燃煤加热锅炉给水，提高锅炉给水温度来缩短锅炉的启动时间、减少点火用油（煤），从而降低电厂启动能耗，提高锅炉启动的经济性和安全性。

临炉蒸汽可以用来自临近机组。国内大多数火力发电厂都建有两台或两台以上的机组，一般的回热机组都有不同等级的抽汽系统，如6MPa/275℃等级的抽汽，利用此段抽汽，通过启动机组的某一级高压加热器将给水加热到250℃左右，间接将锅炉金属壁温提高到250℃范围内而无需额外的燃油或燃煤，大幅度降低锅炉的点火能耗。蒸汽加热给水可以是独立的启动方式（水质合格的疏水由疏水扩容器排入凝汽器和除氧器，用来回收工质和部分热量），也可以与现存的启动方式（大气扩容器式和带炉水循环泵式）相结合，而转变成以蒸汽加热启动为主，在可靠性、安全性、经济性上更为突出的组合式启动方式。事实上，独立的蒸汽加热启动方式与组合式启动方式的不同之处在于如何回收锅炉启动过程中的工质和热量。单独蒸汽加热的回收方式是扩容器的疏水排入凝汽器和除氧器，优点是系统简单、投资少，适合于新建机组直接采用。组合式的回收方式主要以带炉水循环泵式为主，优点是回收工质和热量比独立蒸汽加热启动的效果好，但系统复杂，初投资高，在目前现有的机组启动方式下进行改造是最佳选择。

下面以独立式的蒸汽加热启动方式为例进行说明。

当机组冷态或温态启动时，在完成锅炉上水和冷态冲洗后，由常规辅助蒸汽通入除氧器加热给水至初定的温度值后，打开抽汽管道上的阀门；当机组热态启动时，由常规辅助蒸汽通入除氧器加热给水的同时，打开抽汽管道上的阀门；当机组极热态启动时，在锅炉进行炉膛吹扫、锅炉受热面降温的同时，锅炉适当给水，打开抽汽管道上的阀门，通过调节阀开度调节进入高压加热器的抽汽流量来加热给水，以满足锅炉金属壁温温升速率（一般控制在4.5℃/min内）。由汽水分离器分离出来的疏水依次经过疏水箱、扩容器、扩容器疏水箱、疏水泵再排入地沟，直至水质合格。水质合格的疏水可以回收至凝汽器，形成闭式回路。在不断循环的过程中，当锅炉壁温升温速率逐渐减慢、接近极限温度时，启动烟风系统，锅炉点火，按照常规方式进行后续的启动工作。

蒸汽加热启动方式在机组冷态、温态、热态和极热态启动状态下都有独特的优势。

（1）机组冷态、温态、热态启动时，利用阀门调节蒸汽管道中蒸汽的压力和流量来满足锅炉的升温速率。在调节锅炉给水升温期间关闭风机和风门挡板，消除散热损失，使炉膛受热面均匀升温，当给水接近所对应的饱和温度时，按照常规的启动方式启动。此时炉膛受热面金属温度较高，进入炉膛的燃料的燃尽率要远高于冷炉启动时的燃尽率。且省煤器此时已经成为一个巨大的“暖风器”，因此风温能够在短时间内达到投粉条件，缩短了启动时间，减少了启动燃料的消耗。

（2）机组极热态启动时，仅通过除氧器加热的给水温度大大低于水冷壁出口壁温，因而不能直接进入锅炉。通常在此情况下，大气扩容式的启动方法是通过调节进水流量来控制锅炉水冷壁出口壁温缓慢下降，温差小于规定值后开始点火。带炉水循环泵式的启动办法是通过炉水循环回收热量和工质，给水温度逐渐上升，同时控制炉膛出口壁温下降，两者温度小于限定后锅炉点火。较低的给水温度在点火初期逐渐冷却炉膛受热面，降低炉内温度，此时省煤器转变为巨大的冷却器。

（3）蒸汽加热启动方式中用的抽汽如果取自临近机组，也就是相邻汽轮机的乏汽或排汽。被抽汽的临机有一部分相当于热电联供机组，热效率为100%，增加了临机的内效率。并且临机被抽汽后，高压缸进汽增多，再热系统压降减小，末级叶片余速损失减小，提高了临近机组的经济性。邻炉加热系统见图1-47。

（4）加热锅炉给水所需的蒸汽量有限，成本很低，并且主要辅机不必运行，节约厂用电。

（5）锅炉冷态启动采用蒸汽加热技术后，启动阶段炉膛温度较高、一二次风温度较高，无论是采用煤粉直接点燃技术，还是采用传统的大油枪点火方式，炉内燃烧条件大为改善。极大地提高了煤粉的燃尽率，同时，由于锅炉处于相对较“热”的状态，排烟温度相对较高，从根本上避免了尾部受热面发生低温结露现象的发生，延长了脱硝系统催化剂的使用时间，减少了空气预热器冷端低温腐蚀和堵灰问题。

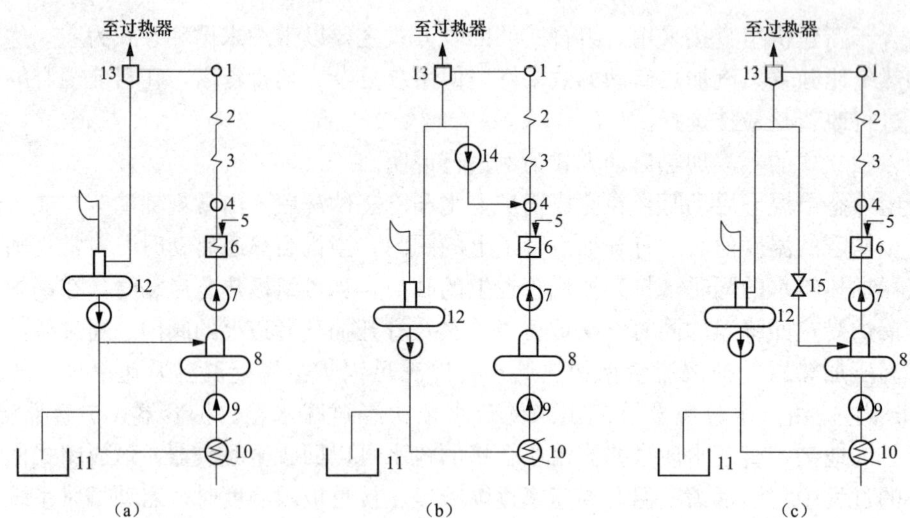

图 1-47 邻炉加热系统

(a) 单独式；(b) 带炉水循环泵式；(c) 大气扩容式

1—水冷壁出口联箱；2—水冷壁；3—省煤器；4—省煤器进口联箱；5—来自邻炉蒸汽；6—高压加热器；7—给水泵；8—除氧器；9—凝结水泵；10—凝汽器；11—虹吸井；12—大气扩容器；13—汽水分离器；14—炉水循环泵；15—高压阀门

第二章 锅炉燃烧性能分析

第一节 煤的燃尽机理

煤的燃尽过程是属于异相化学反应，即固体碳与气体氧的化学反应。气体中的氧等扩散到固体表面与之化合，化合形成的反应产物（CO_2 或其他）再离开固体表面扩散逸入远处。

如图 2-1 所示，氧从远处扩散到固体表面的流量为

$$m = K_d(C_\infty - C_b) \tag{2-1}$$

式中　K_d——空气的扩散交换系数；

C_∞——远处的氧气浓度；

C_b——固体表面的氧气浓度。

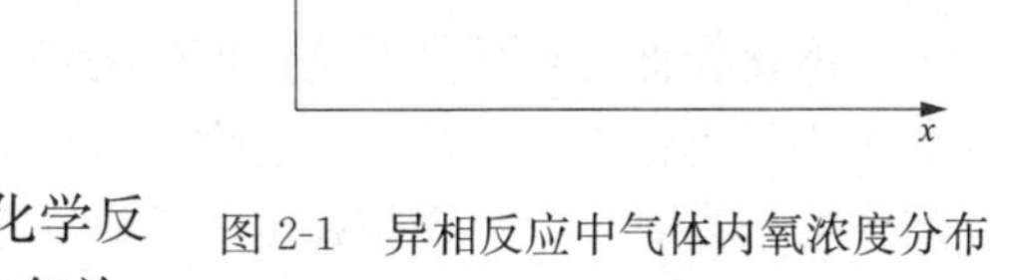

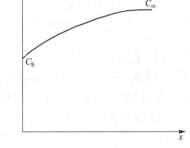

图 2-1　异相反应中气体内氧浓度分布

这些氧扩散到了固体燃料表面就与其发生化学反应，这个化学反应速度与表面上的氧浓度 C_b 有关；通常认为它与 C_b 的某一分数幂呈比例。这里为简便起见，姑且认为与 C_b 呈比例。化学反应速度可以用消耗掉的氧量来表示

$$m = K_b^{O_2} = k_s C_b \tag{2-2}$$

其中

$$k_s = k_0 \exp\left(-\frac{E}{RT}\right) \tag{2-3}$$

式中　$K_b^{O_2}$——每秒每平方厘米固体表面上烧掉的氧量；

k_s——化学反应常数，也服从于阿累尼乌斯定律。

远处的氧浓度 C_∞ 已知，固体表面的氧浓度 C_b 随化学反应速度不同而变化的关系不必知道，应该从式（2-1）和式（2-2）中将其消去，消去的步骤为

$$K_b^{O_2} = \frac{C_\infty - C_b}{\frac{1}{K_d}} = \frac{C_b}{\frac{1}{k_s}} = \frac{C_\infty - C_b + C_b}{\frac{1}{K_d} + \frac{1}{k_s}} = \frac{C_\infty}{\frac{1}{K_d} + \frac{1}{k_s}} \tag{2-4}$$

k_s 服从于阿累尼乌斯定律，当温度上升时，k_s 急剧增大。另外，K_d 与温度 T 的关系十分微弱，可以近似认为与温度无关。因此如果把式（2-4）画在 $K_b^{O_2}-T$ 坐标上，就得到图 2-2。

图 2-2 中曲线 $k_s C_\infty$ 的形状是一直上升的，水平直线 $K_d C_\infty$ 则是扩散环节所限制的反应速度。整个反应速度曲线可分成三个区域。

1. 动力区（化学动力控制或简称化学控制）

当温度 T 较低时，k_s 很小（俗称化学反应速度很低，准确地说，应是反应速度常数很

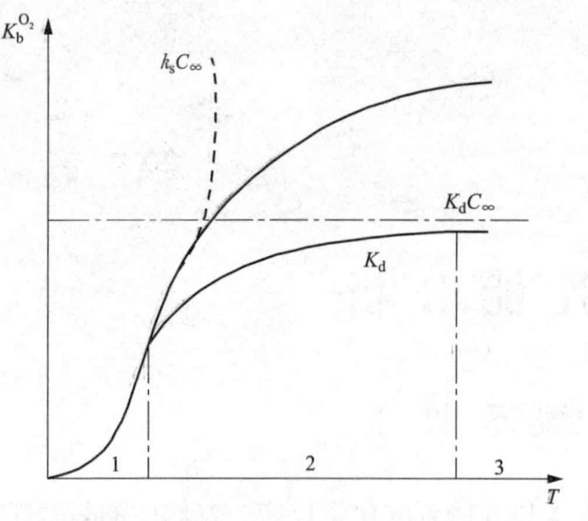

图 2-2　扩散动力燃烧的分区
1—动力区（化学动力控制）；2—过渡区；
3—扩散区（扩散控制）

小），$1/k_s$ 很大，$1/k_s \gg 1/K_d$。式（2-4）中可忽略 $1/K_d$，因而

$$K_b^{O_2} = k_s C_\infty \tag{2-5}$$

此时燃烧速度取决于化学反应，因而称为动力燃烧区或动力区。固体表面上的化学反应很慢（实质上是反应速度常数很小），氧从远处扩散到固体表面后消耗不了多少，所以固体表面上的氧浓度 C_b 等于远处的氧浓度 C_∞。

2. 扩散区（扩散控制）

当温度 T 很高时，k_s 很大（俗称化学反应速度很高，准确地说，应是反应速度常数很大），氧从远处扩散来到固体表面后一下子就几乎全部消耗掉，所以固体表面上的氧浓度 C_b 十分低，几乎为零。

3. 过渡区

K_d 与 k_s 大小差不多，不可偏从于哪一个，因而不能做任何忽略，需用式（2-4）。

当温度比较低时，提高燃烧速度的关键在于提高温度。例如，家用煤炉在生火点炉时，当火床刚用引火物点燃时，也不能大量鼓风。

当温度很高时，提高燃烧速度的关键在于提高固体表面的质量交换系数 K_d。

氧的消耗速率 $K_b^{O_2}$，也可用碳的消耗速率 K_b^c 来取代，$K_b^{O_2} = \frac{K_b^c}{\beta}$，式中 β 为由耗氧换算到耗碳的比例，代入式（2-4）后，可得

$$K_b^c = \frac{\beta C_\infty}{\frac{1}{K_d} + \frac{1}{K_s}} \tag{2-6}$$

碳的消耗速率 K_b^c 表示每秒中每单位碳表面上消耗掉碳的质量 g，单位为 g/(cm² · s)。现假定碳的燃烧是一层一层由外面向碳球内部进行的，即所谓等密度缩核机理，则 K_b^c 可以表示为

$$K_b^c = \frac{1}{\tau}\int_0^B \left(\frac{1}{s}\right) \mathrm{d}B = \frac{3(1-u^{1/3})}{s_0 \tau} \tag{2-7}$$

其中

$$B = 1 - \frac{A_0 C_f}{A_f C_{gd}} \tag{2-8}$$

$$C_{gd} = 1 - A_0$$

$$u = 1 - B$$

式中　B——燃尽率；

A_0——原始灰分；

A_f——飞灰中灰分；

C_f——飞灰可燃物；

u——未燃尽率；

s——煤粉的表面积；

s_0——煤粉的原始表面积；

τ——煤在炉膛中的停留时间。

式（2-5）中的分子 βC_∞ 也可用氧的分压 p_g 来表示，即

$$K_b^c = \frac{p_g}{\frac{1}{K_d} + \frac{1}{K_s}} \tag{2-9}$$

令式（2-7）与式（2-8）相等，则可得

$$u = \left[1 - \frac{s_0 \tau p_g}{3\left(\frac{1}{K_d} + \frac{1}{K_s}\right)}\right] \tag{2-10}$$

其中

$$K_s = A\exp\left(-\frac{E}{RT}\right)$$

$$K_d = \frac{DN_u}{d}$$

$$p_g = p_0\left(1 - \frac{1-u}{a}\right)$$

$$p_0 = \frac{0.21}{1 + 0.0124W_t}$$

式中　E——煤中碳的活化能；

A——煤中碳的频率因子；

R——通用气体常数；

D——扩散系数；

d——碳粒直径；

N_u——努谢尔达数；

p_0——燃烧器入口平均氧分压。

在锅炉设计及运行中，通用的概念是机械未完全燃烧热损失 q_4，将未燃尽率 u 改为 q_4，则

$$q_4 = \frac{78.5 \cdot u \cdot FC_{ar}}{Q_{net,ar}} \tag{2-11}$$

式中　$Q_{net,ar}$——煤的低位应用基发热量，kJ/kg；

FC_{ar}——煤的收到基固定碳，%。

式（2-10）及式（2-11）即性能分析中采用的燃尽率公式。

第二节　影响燃尽的因素及提高燃尽的措施

从式（2-10）和式（2-11）可以看出，影响燃尽率 u 的主要因素是煤粉的表面积 S_0 或直径 d、氧的分压 p_g 或炉膛的过量空气系数 α、燃料在炉内的停留时间 τ，煤的特性值包括活化能 E 及频率因子 A、煤粒的表面温度 T。

一、煤粉表面积影响

煤粉表面积取决于煤粉的直径 d 或煤粉细度 R_{90}。R_{90} 值越低，煤粉越细，煤粉表面积

S_0 越大，则燃尽率 u 越高。煤粉中的颗粒直径是不等的，细颗粒燃尽得早，而粗颗粒则燃尽很慢，甚至落入灰斗造成大渣未完全燃烧损失，因此要求煤粉的颗粒越均匀越好。煤粉的均匀性由 n 值来表示，n 越大均匀性越好。n 值由 R_{90} 及 R_{200} 来决定

$$n=\frac{\lg\ln\frac{100}{R_{200}}-\lg\ln\frac{100}{R_{90}}}{\lg\left(\frac{200}{90}\right)} \tag{2-12}$$

煤粉的均匀性直接影响锅炉燃烧情况，因此，在制粉系统运行中应力求得到具有最大可能均匀性指数 n 的煤粉。均匀性指数与磨煤机和分离器的形式以及运行工况有关。一般中速磨煤机的均匀性优于钢球磨煤机。煤粉均匀性系数 n 的统计值见表 2-1。

表 2-1　　煤粉均匀性系数 n 的统计值

磨煤机	粗粉分离器	均匀性系数 n	苏联数据
		统计值	
钢球磨煤机	离心式	0.80～1.20	0.7～1.0
	回转式	0.95～1.10	
中速磨煤机	离心式		1.1～1.3
	回转式	1.20～1.40	
	惯性式	0.70～0.80	
风扇磨煤机	离心式	0.80～1.30	0.6
	回转式	0.80～1.0	

磨煤机出口一般配有粗粉分离器，就是将磨煤机磨出的较粗的煤粉分离出来，再回到磨煤机中继续研磨。合格的煤粉和过细的煤粉则通过分离器进入炉膛燃烧。分离器是磨煤机上一个非常重要的组件，按原理可分为离心式和旋转式两种。目前国内采用较多的中速磨煤机所配备的大多都是静态挡板式离心分离器。由于挡板式分离器调整煤粉细度较为麻烦，除非电厂燃用煤质发生很大的变化，一般运行人员不采用调整分离器挡板的办法来调整煤粉细度。

动态旋转分离器与静态挡板式分离器的煤粉分离机理不同。动态旋转分离器主要依靠离心力将煤粉粗粒子分离，而静态挡板式分离器则依靠煤粉粒子对挡板的撞击作用分离，虽然它也存在离心分离，但其切向速度较低，基本上和轴向速度相当，所产生的离心加速度小于 $1g$。此外，动态旋转式分离器通过动叶轮的转动，使带粉气流旋转，在正常运行时产生的离心加速度约为 $8\sim10g$，最大转速时可达 $23g$。因此它的分离作用主要是煤粉粒子的离心分离，而撞击分离作用相对要小很多。煤粉粒子在旋转分离器转子分离区内主要受携带气流的引力作用。该作用力和气流径向速度的平方以及煤粉粒子直径的平方呈正比。同时，带粉气流在转子叶轮的作用下产生旋转，煤粉受到离心力的作用，所受到的离心力与粒子切向速度的平方呈正比，与煤粉粒子直径的三次方呈正比，与粒子的表面密度呈正比。当煤粉粒子受到的离心力大于气流的拽引力时，粒子就被分离。同样，当动叶轮转子转速增高时，粒子受到的离心力也增大，这样直径较小的粒子也能被分离出来。

动态旋转分离器由于结合了静态离心分离器和旋转分离器的特性，因而具有分离效率高、煤粉细度调节方便且调节范围大、煤粉均匀性好、煤种适应性好等优点。

煤粉细度是一项经济性指标，煤粉太粗增加 q_4 损失；煤粉太细，则制粉电耗增加，金属的磨损量也要增大。我国电力用煤在燃烧前基本上不经过选矿、洗煤等处理过程。电站锅

炉经常处于来什么煤烧什么煤的状况，煤质波动很大。在这种情况下，如果煤粉细度不及时调整，出现没分过粗，会引起着火推迟、火焰稳定性较差，燃烧时间延长，引起飞灰、大渣含碳量增加，炉膛出口烟温升高、减温水增大等影响锅炉安全经济运行的问题。而当出现煤粉过细时，增加了制粉单耗等问题。因此锅炉运行时，应根据不同煤种的燃烧特性选择适当的煤粉细度，使不完全燃烧损失与制粉单耗之和最小。这时的煤粉细度称为经济细度或最佳煤粉细度。表 2-2 所示为经济推荐值。

对于无烟煤、贫煤和烟煤，在具有离心式粗粉分离器的钢球磨煤机、中速磨煤机、高速垂击式磨煤机磨制的情况下，经济细度计算式为

$$R_{90} = 0.5V^{r} + 4\% \tag{2-13}$$

表 2-2　　经济细度的经验推荐值

煤　种		R_{90}(%)
无烟煤	$V_r \leqslant 5\%$	5～6
	$V_r = 6\% \sim 10\%$	$\approx V_r$
贫煤	$V_r = 10\% \sim 20\%$	12～14
烟煤	优质烟煤	25～35
	劣质烟煤	15～20
褐煤、油页岩		40～60

磨煤机和分离器性能的影响：不同形式的磨煤机磨制煤粉的均匀性不同。一般情况下，煤粉颗粒度均匀的，即使煤粉粗一些也可能燃烧的比较完全，所以煤粉细度 R_{90} 可以大一点。在各种磨煤机中，竖井磨煤机以及带回转式粗粉分离器的中速磨煤机磨制的煤粉细度比钢球磨煤机的均匀。因此应考虑煤粉颗粒均匀度（用系数 n 表示）对经济细度的影响，可用如下经验公式

$$R_{90} = (0.5nV^{r} + 4)\% \tag{2-14}$$

下面讨论煤粉细度对机械未完全燃烧损失 q_4 的影响数值。现取一台 300MW 燃烟煤的锅炉为例，其主要设计参数如表 2-3 所示。

表 2-3　　一台 300MW 锅炉设计数据

序号	名称	符号	单位	数据
1	燃煤挥发分	V_{daf}	%	30.1
2	燃煤低位发热量	$Q_{net,ar}$	kJ/kg	23668
3	煤粉细度	R_{90}	%	20.0
4	煤粉均匀性系数	n		1.0
5	燃料耗量	B_j	t/h	121.8
6	炉膛截面热负荷	q_F	MW/m^2	4.83
7	炉膛出口过量空气系数	α		1.25
8	上排一次风至屏下缘距离	L	m	18.3
9	炉膛烟气上升速度	W_y	m/s	10.24
10	煤粉在炉内的停留时间	τ	s	1.787
11	机械未完全燃烧热损失	q_4	%	0.94

现假定其他条件不变，只改变煤粉细度，则 q_4 的变化见表 2-4。

表 2-4　　q_4 与 R_{90} 关系

R_{90}	q_4
20	0.94
25	1.23
28	1.46

由表 2-4 可以看出：煤粉细度对 q_4 的影响是很显著的。

二、氧的分压影响

氧的分压 p_g 取决于燃烧器入口平均氧分压 p_0 及炉膛过量空气系数 α，后者是主要影响因素。提高 α 则 p_g 升高，燃尽率升高，但是过高的 α 会使排烟热损失 q_2 增加，故 α 应当适量。一般燃用烟煤、褐煤时，取炉膛出口 α 为 1.2，而当燃用贫煤、无烟煤时，取值为 1.25。在最近引进技术的 300MW 以上机组燃用烟煤时，也取 $\alpha=1.25$，这样可以减少 q_4 损失，同时由于排烟温度取得较低，则总体上仍是有利的。

随着机组容量的增大，炉膛设计得也越来越大。有组织的二次风供给方式的优劣，决定氧能否及时有效地与煤粉发生反应。从燃烧的角度看：①供氧要及时、适量，过多不利于稳定着火，过迟不利于碳的燃尽；②要能与煤粉有序、强烈湍流扰动。炉膛中上部漏风及冷灰斗漏风，由于不能与煤粉有效混合，故起不到助燃的作用，只会增加锅炉排烟热损失。四角切向布置的炉膛由于煤粉气流在整个炉膛内旋流扰动，混合效果好，减弱旋流，势必在一定程度上推迟燃尽。

电厂运行中可根据在转向室处安装的氧量计来控制炉膛出口处要求的过量空气系数 α。α 近似地可以按式（2-15）求出

$$\alpha=\frac{21}{21-O_2}\cdot K_{q4}-\Delta\alpha \tag{2-15}$$

其中

$$K_{q4}=\frac{100-q_4}{100}$$

式中　O_2——干烟气中氧的体积百分数，由氧量计测出；

K_{q4}——考虑机械未完全燃烧的修正系数；

$\Delta\alpha$——从炉膛出口到转向室处的漏风量，对于 200MW 及以下锅炉，$\Delta\alpha=0.04\sim0.05$；对于 300MW 及以上锅炉，$\Delta\alpha\approx0$。

由式（2-15）可知，当 $q_4=2$，$\Delta\alpha=0.05$ 时，为保持炉膛出口 $\alpha=1.2$，则 $O_2=4.536$，其计算公式为

$$O_2=21-\frac{21K_{q4}}{\alpha+\Delta\alpha} \tag{2-16}$$

对于 300MW 锅炉，如果取 $\alpha=1.2$，$q_4=1.5$，$\Delta\alpha=0$，则 $O_2=3.76$。就是说，当锅炉容量增大时，控制的氧量应该减小。氧量对于 q_4 的影响同样以表 2-2 所示锅炉为例，结果见表 2-5。

表 2-5　　q_4 与过量空气系数关系

炉膛出口过量空气系数 α	q_4
1.20	1.14
1.25	0.94
1.30	0.88

由表 2-5 可以看出，减少过量空气系数，则 q_4 增加；增加过量空气系数，则 q_4 减少。当然要考虑增加 α 的同时，q_2 也增加，因此 α 的选择要适量。如果能合理控制炉内空气动力场，强化混合，则在不改变 α 条件下仍可减少 q_4 损失。

三、停留时间的影响

煤粉在炉内的停留时间是一个非常复杂的问题。一方面，取决于煤粉颗粒的运动速度和运动轨迹且受制于炉内的燃烧、传热；另一方面，煤粉锅炉炉膛中的气固两相流处于强烈的湍流状态，使煤粉的运动速度和轨迹存在着明显的不确定性。因此，人们试图采用数值计算的方法，跟踪颗粒运动的轨迹，计算煤粉的停留时间，这固然相对准确，但计算量非常大而且滞后。

正是由于煤粉停留时间的复杂性和对煤粉燃尽的影响，人们试图找到一种快速的停留时间估算办法。

燃料在炉内的停留时间与炉膛容积热负荷 q_v 有关。q_v 越高，停留时间越短，燃尽性能越差。

$$q_v = \frac{B_j \cdot Q_{net,ar}}{V} \tag{2-17}$$

式中 B_j——煤耗量，kg/h；

$Q_{net,ar}$——煤的低位应用基发热量，kJ/kg；

V——炉膛容积，m^3。

在 B_j、$Q_{net,ar}$一定时，V 越小，q_v 越高，则停留时间 τ 越小。

如果把炉膛容积分成几个部分，则可以进一步认为在高温区的停留时间长，对燃烧更为有利。在下排一次风中心以下至灰斗区域，屏区的大小对燃尽影响较小。故现在设计上更关心的是上一次风中心至屏下缘这一段容积中的停留时间，要求有足够的停留时间。因为进入屏区（300MW 以上锅炉的分隔屏区）后，则烟温较低，氧量较少，故继续燃烧的可能性较少。从中间一次风到下一次风出来的煤粉较上一次风出来的煤粉有更多的停留时间。上一次风至屏下缘的停留时间 τ 按式（2-18）计算

$$\tau = \frac{L}{W_y} \tag{2-18}$$

其中

$$W_y = \frac{B_j \cdot V_y}{a \cdot b} \cdot \frac{273 + \vartheta_p}{273} \cdot \frac{101.325}{p_1} \cdot \frac{1}{3600} \tag{2-19}$$

$$\vartheta_p = \sqrt{T_1 \cdot T_2}$$

$$T_1 = 0.925\sqrt{T_a \cdot T_L}$$

$$T_2 = 1144 + 249\ln q_{Fz}$$

$$q_{Fz} = \frac{Q_{net,ar} \cdot B_j}{\sqrt{a \cdot b \cdot 2(a+b) \cdot n \cdot c}} \tag{2-20}$$

式中 L——上一次风中心至屏下缘的距离，m；

W_y——烟气在炉内的平均上升速度，m/s；

V_y——烟气体积，m^3/kg（标况）；

a、b——炉膛截面的长和宽，m；

ϑ_p——炉膛平均温度，℃；

n——一次风层数；

c——一次风口之间平均间距，m；

T_a——理论燃烧温度,℃；

T_L——炉膛出口温度,℃；

q_{Fz}——炉膛折算热负荷，kJ/(m^2·h)。

在计算停留时间时应注意，良好的空气动力场有助于增加火焰行程或停留时间。当烟气在炉膛内充满度不好时，停留时间要相对减少。另外，有三次风从主燃烧器上方送入时，其携带的细粉停留时间也小于主燃烧器本来的煤粉停留时间，因而可能导致飞灰可燃物升高。

在燃用高挥发分煤种时，由于燃煤比较容易点燃和完全燃烧，可以考虑把炉膛设计得略小，停留时间可以短一些。当燃煤中水分、灰分略高时，由于着火略慢，同时燃烧产生的烟气体积也有所增大，此时为了燃烧完全，用户希望设计的炉膛容积大些为好，其目的也是为了有更多的停留时间，以防煤种变化或工况不好时有足够的时间达到较好的燃尽程度。当然，要注意炉膛过大可能导致炉膛出口温度偏低，而使一次汽温或再热汽温达不到设计值。

停留时间 τ 对燃尽度的影响仍以表 2-2 所示锅炉为例，在不改变其他条件而仅改变停留时间 τ，结果见表 2-6。

表 2-6　　q_4 与烟气在炉内停留时间关系

烟气在炉内停留时间	q_4
1.787	0.94
1.95	0.89
2.15	0.84

由表 2-6 可见，合理组织炉内空气动力场，达到较好的炉膛充满度，可有效提高燃烧效率。

四、煤特性的影响

在一般的锅炉设计、运行过程中，人们对来源于燃煤特性的影响主要是根据其可燃基挥发分 V_{daf} 和发热量 $Q_{net,ar}$ 来分析判断。V_{daf} 高，则易着火、易燃尽。在挥发分高的同时，$Q_{net,ar}$ 也高，则更好，因为这意味着煤中的灰分、水分相对较少。一般无烟煤、贫煤挥发分低，即使发热量高也不易着火和燃尽。

在理论上计算煤的着火、燃烧和燃尽时，利用另一种概念，即煤中挥发分和固定碳的活化能 E 和频率因子 k_0，由化学反应常数 k_s 来表现

$$k_s = k_0 \exp\left(-\frac{E}{RT}\right) \tag{2-21}$$

k_s 越高，越易着火和燃尽，从式（2-21）可以看出 E 越小，k_s 越大，k_0 越大，k_s 越大。

这里研究的主要是固定碳的燃尽。一般来说，V_{daf} 越低，活化能 E 越高，如无烟煤的活化能高而褐煤的活化能低。

频率因子一般是与活化能 E 呈正比，即无烟煤的 k_0 高，褐煤的 k_0 低。E、k_0 主要用热天平或沉降炉测定。这两个数值也是未来将广泛利用的数值计算中所必需的。

根据国内外学者所做的大量试验数据回归可得

$$E = 134810 \cdot V_{daf}^{-0.382} \tag{2-22}$$

$$k_0 = 10^{(0.2\cdot10^{-4}\cdot E+2)} \tag{2-23}$$

式（2-22）、式（2-23）给出了 E 与 k_0 与可燃基挥发分关系的一般概念，说明 E 与 k_0 主要与 V_{daf} 有关，但又不完全取决于 V_{daf}，因此回归的点较为分散。

由于实际 E、k_0 的测量不太方便，而根据式（2-22）和式（2-23）又不太准确，清华大学傅维标教授经过大量试验给出了通用的计算方法，免去了测试，只根据工业分析数据即可得出。

傅维标认为煤焦的活化能 E 是一个常数（E=180kJ/mol），而 k_0 则与煤种不同而变化，即

$$\begin{aligned} k_0 = {} & 4.018(F_z+27)^{18.98}\times10^{-22}\times[1-(0.8363+0.7082F_b+0.2150F_b^2 \\ & +0.0267F_b^3+0.001070F_b^4)\times\exp(-F_b)] \\ & (F_b \geqslant -2) \end{aligned} \tag{2-24}$$

$$k_0 = 4.018(F_z+27)^{18.98}\times10^{-22}\times\left[0.1637+0.86\times\exp\left(\frac{0.51}{F_b+1.59}\right)\right] \quad (F_b < -2) \tag{2-25}$$

为求 k_0，需先计算 F_z 和 F_b，F_z 称为傅张指数，而 F_b 与燃烧工况有关，即

$$F_z = (V_{ad}+W_{ad})^2\cdot C_{ad}\cdot100 \tag{2-26}$$

$$F_b = \ln\left[\frac{k_0 d_p}{D_s Nu}\bar{Y}_{0,\infty}\cdot\exp\left(-\frac{E_b}{RT_p}\right)\right] \tag{2-27}$$

其中

$$\bar{Y}_{0,\infty}=2.75Y_{0,\infty}$$

式中 d_p——煤焦的直径；

D_s——煤焦表面的气体扩散系数；

Nu——奴谢尔特数，当 Re 不大时，取 2；

$Y_{0,\infty}$——V_{ad}的函数；

T_p——燃烧区的温度。

式（2-26）、式（2-27）看来较复杂，但目前已逐渐为国内学者所采用，因为它解决了数值计算中的一个难题。

五、煤粉表面温度 *T* 的影响

温度对煤粉燃烧及燃尽的影响是非常主要的，除非是有强结渣倾向的煤，一般都希望炉膛中心具有较高温度水平，特别是对于贫煤和无烟煤，要求更高的燃烧温度，以提高燃尽度。

炉膛的温度首先取决于理论燃烧温度 T_a（或称为绝热温度），T_a 的高低主要取决于煤的发热量 $Q_{net,ar}$和热风温度 t_{rk}，简化计算公式为

$$T_a = \frac{0.993Q_{net,ar}+0.338V_0t_{rk}+1.493V_0}{0.57V_{RO_2}+0.456[V^0_{H_2O}+0.0161(\alpha-1)V_0]+0.346V^0_{N_2}+0.0028A_{ar}+(\alpha-1)\times0.361V_0} \tag{2-28}$$

式中 V_0——理论空气量，m^3/kg；

t_{rk}——热空气温度，℃；

V_{RO_2}——三原子气体体积，m^3/kg；

$V_{H_2O}^0$——理论 H_2O 容积，m^3/kg；

$V_{N_2}^0$——理论 N_2 容积，m^3/kg；

A_{ar}——燃料中应用基灰分，%；

α——炉膛出口过量空气系数。

T_a 是保持绝热状态下的温度，实际炉膛不是绝热的、是向四周散热的，因此不可能有那么高的温度。苏联有一个简单计算炉膛平均温度的方法，即 $T_1=0.925\sqrt{T_a \cdot T_L}$。

炉膛的温度水平除受燃料特性影响外，还与炉膛结构尺寸有关，一般情况下，炉膛截面热负荷 q_F 越高，炉膛温度越高；同样，燃烧区域壁面热负荷 q_{HR} 越高，炉膛温度越高。因此，美国CE公司给出一个折算热负荷 q_{FZ} 的概念，q_{FZ} 越高，则炉膛温度越高。根据该资料推导出炉膛平均温度 T_2 与 q_{FZ} 的关系，即

$$T_2 = 1144 + 249\ln q_{Fz}$$

在既考虑燃料影响，又考虑结构尺寸影响，则按 $\vartheta_p=\sqrt{T_1 \cdot T_2}$ 计算炉膛的平均温度 ϑ_p。

应该说明，这个平均温度是粗略的，零维模型，但是它已给出一个定量的概念，由此可分析燃烧性能。要想确切知道炉温，只有进行数值计算。

第三节　排烟热损失的影响因素

锅炉排烟热损失是锅炉各项损失中所占份额最大的一项，一般为5%～12%，占锅炉热损失的60%～70%。影响排烟热损失的主要因素是排烟温度。一般情况下，排烟温度每增加10℃，排烟热损失增加0.6%～1.0%，相应多耗煤1.2%～2.4%。

目前很多在役机组大多存在排烟温度偏高的现象，特别是一些燃用褐煤的机组。所以，降低排烟温度对于节约燃料、降低污染有重要的意义。

一、排烟热损失的计算

排烟热损失 q_2 是锅炉热损失中重要的一项，因此减少 q_2 和 q_4 一样对提高运行经济性有重要影响。排烟热损失 q_2 的计算式为

$$q_2 = \frac{Q_2}{Q_r} \times 100 \tag{2-29}$$

其中

$$Q_2 = Q_2^{gy} + Q_2^{H_2O} \tag{2-30}$$

式中　Q_2^{gy}——干烟气带走的热量，kJ/kg；

$Q_2^{H_2O}$——烟气所含水蒸气的显热，kJ/kg。

干烟气带走的热量为

$$Q_2^{gy} = V_{gy} c_{p\cdot gy} (\upsilon_{Py} - t_0) \tag{2-31}$$

式中　υ_{Py}——排烟温度，℃；

$c_{p\cdot gy}$——干烟气从 t_0 至 υ_{Py} 的平均定压比热容，一般情况下，可代之以干烟气从0℃至 υ_{Py} 的平均定压比热容，$kJ/(m^3 \cdot K)$。

当已知烟气成分时，$c_{p\cdot gy}$ 计算式为

$$c_{p\cdot gy} = c_{p\cdot CO_2} \frac{RO_2}{100} + c_{p\cdot N_2} \frac{N_2}{100} + c_{p\cdot O_2} \frac{O_2}{100} + c_{p\cdot CO} \frac{CO}{100} \tag{2-32}$$

简化计算时，可取干烟气比热容 $c_{p\cdot gy}=1.38kJ/(m^3 \cdot K)$。

式中　t_0——实测基准温度,℃;

$c_{p \cdot H_2O}$——水蒸气比热容，1.51kJ/(m³·K);

V_{gy}——每千克（标准立方米）燃料燃烧生成的干烟气体积，kJ/m³。

对固体和液体燃料

$$V_{gy} = (V_{gy}^0)^c + (\alpha_{Py}^s - 1)(V_{gk}^0)^c \tag{2-33}$$

其中

$$(V_{gy}^0)^c = 1.866\frac{C_{ar}^r + 0.375S_{ar}}{100} + 0.79(V_{gk}^0)^c + 0.8\frac{N_{ar}}{100} \tag{2-34}$$

$$C_{ar}^r = C_{ar} - \frac{A_{ar} \cdot \bar{C}}{100 - \bar{C}} \tag{2-35}$$

$$\bar{C} = \frac{a_{lz} \cdot C_{lz}^c}{100 - C_{lz}^c} + \frac{a_{fh} \cdot C_{fh}^c}{100 - C_{fh}^c} + \frac{a_{cjh} \cdot C_{cjh}^c}{100 - C_{cjh}^c} \tag{2-36}$$

$$(V_{gk}^0)^c = 0.089(C_{ar}^r + 0.375S_{ar}) + 0.265H_{ar} - 0.0333O_{ar} \tag{2-37}$$

式中　$(V_{gy}^0)^c$——按应用基燃料成分，由实际燃烧掉的碳计算的理论燃烧干烟气量，m³/kg;

C_{ar}^r——燃料应用基实际烧掉的碳质量含量百分率，%;

$\bar{C}$——灰渣平均含碳量，%;

a_{lz}、a_{fh}、a_{cjh}——炉渣、飞灰、沉降灰中灰含量占燃煤总灰量的质量含量百分率，%;

C_{lz}^c、C_{fh}^c、C_{cjh}^c——炉渣、飞灰、沉降灰中含碳量，%;

$(V_{gk}^0)^c$——按应用基燃料成分，由实际燃烧掉的碳计算的理论燃烧所需干空气量，m³/kg。

烟气中含水蒸气的显热为

$$Q_2^{H_2O} = V_{H_2O}c_{p \cdot H_2O}(\vartheta_{py} - t_0) \tag{2-38}$$

其中

$$V_{H_2O} = 1.24\left[\frac{9H_{ar} + W_t}{100} + 1.293\alpha_{py}^s\ (V_{gk}^0)^c + \left(\frac{d_k}{1000}\right) + \frac{D_{wh}}{B}\right] \tag{2-39}$$

$$d_k = 0.622\frac{\frac{\varphi}{100}(p_b)_0}{p_{act} - \frac{\varphi}{100}(p_b)_0} \tag{2-40}$$

$$(p_b)_0 = 611.7927 + 42.7809t_0 + 1.6883t_0^2 + 1.2079 \times 10^{-2}t_0^3 + 6.1637 \times 10^{-4}t_0^4 \quad (0℃ \leqslant t_0 \leqslant 50℃) \tag{2-41}$$

式中　V_{H_2O}——烟气中所含水蒸气容积，m³/m³;

d_k——空气的绝对湿度，可由湿空气线图直接查得，也可计算求得，kg/kg;

φ——按干、湿球温度查得的空气相对湿度,%;

p_{act}——就地大气压，Pa;

$(p_b)_0$——在 t_0 温度下的水蒸气饱和压力，Pa;

$c_{p \cdot H_2O}$——水蒸气从 0℃到 ϑ_{py} 的平均定压比热容，一般情况下可代之以水蒸气从 0℃至 ϑ_{py} 的平均定压比热容，kJ/(m³·K);

D_{wh}——雾化用蒸汽量，kg/h;

B——锅炉燃料消耗量，kg/h。

其中 V_{H_2O}包含燃料中的氢燃烧产生的水蒸气、燃料中的水分蒸发形成的水蒸气、空气中的湿分带入的水蒸气、燃油雾化等带入的水蒸气。

由式（2-29）～式（2-31）和式（2-38）看，影响 q_2 的主要因素是烟气量 V_{gy}、V_{H_2O}和 ϑ_{py}。降低烟气量和排烟温度就可降低排烟热损失。

二、影响排烟热损失的各项因素

烟气量与过量空气系数有关，降低过多会影响燃烧效果。因此过量空气系数应选取适量，以满足燃烧需要为准，不能超过规定的范围。要特别注意的是一定要减少沿途中的漏风量，比如炉膛漏风、炉底漏风、制粉系统漏风、空气预热器漏风等。

排烟温度的升高主要与制粉系统的漏风和炉膛漏风有关。当漏风或掺冷风过多时，使通过空气预热器的风量减少，热容量减少，导致排烟温度升高。

由式（2-42）可见烟气、空气的热容量与烟气、空气进出口温度之间的关系，即

$$\frac{W_k}{W_y}=\frac{\left(\alpha''_{ky}+\frac{\Delta\alpha_{ky}}{2}\right)V_0\cdot C_x}{V_rC_r}=\frac{\vartheta'-\vartheta_{py}}{t_{rk}-t_{lk}} \tag{2-42}$$

式中 W_k——空气平均热容量，kJ/kg；

W_y——烟气平均热容量，kJ/kg；

V_0——理论空气量，m^3/h（标况）；

V_r——烟气体积流量，m^3/h（标况）；

α''_{ky}——预热器空气侧出口过量空气系数；

$\Delta\alpha_{ky}$——预热器漏风系数；

C_x——空气平均比热容，kJ/(m^3·℃)（标况）；

C_r——烟气平均比热容，kJ/(m^3·℃)（标况）；

t_{rk}——预热器出口风温，℃；

t_{lk}——预热器进口风温，℃；

ϑ'——预热器进口烟温，℃；

ϑ_{py}——预热器出口烟温，即排烟温度，℃。

根据热平衡（忽略外部冷却损失）可将式（2-42）改写为

$$W_y(\vartheta'-\vartheta_{py})=W_k(t_{rk}-t_{lk}) \tag{2-43}$$

$$\vartheta'=t_{rk}+\Delta t^x_{ky} \tag{2-44}$$

由式（2-43）和式（2-44）可得到排烟温度的关系式

$$\vartheta_{py}=t_{rk}\left(1-\frac{W_k}{W_y}\right)+t_{lk}\frac{W_k}{W_y}+\Delta t^x_{ky} \tag{2-45}$$

式中 Δt^x_{ky}——预热器热端温差。

实际排烟温度 υ_{py2}与设计排烟温度 υ_{py1}之差 $\Delta\upsilon_{py}$，在假定热风温度 t_{rk}不变的条件下（实际在排烟温度升高时 t_{rk}应略有升高）可表述如下

$$\Delta\upsilon_{py}=\upsilon_{py2}-\upsilon_{py1}=\frac{t_{rk1}}{W_{y1}}(W_{k1}-W_{k2})-\frac{t_{lk1}}{W_{y1}}(W_{k1}-W_{k2}) \tag{2-46}$$

由式（2-46）可见，当实际锅炉制粉系统及炉膛漏风增大情况下，通过空气预热器的风量减少，则热容量 $W_{k2}<W_{k1}$，因而式（2-46）右边第一项为正值，第二项为负值。但在一般情况下，由于冷空气温度比热空气温度小 15 倍以上，所以第二项的作用不大，故结果

$\Delta\upsilon_{py}$升高，即实现排烟温度（$\upsilon_{py2}=\upsilon_{py1}+\Delta\upsilon_{py}$）升高。

空气热容量降低的原因如下：

1. 锅炉本体大量漏风

对于新投产的锅炉，炉膛及炉顶的漏风是可控的。但一些平时运行维护不到位的老旧锅炉，炉膛及炉底的漏风很大。有的电厂看火孔、检查孔等门孔敞开，燃烧器滑板密封不严，同时使烟气热容量 W_y 上升，造成 υ_{py1} 升高。

2. 制粉系统漏风及掺冷风

对于采用负压运行的制粉系统而言，制粉系统的漏风是客观存在的。制粉系统漏风或掺进的冷风都不通过空气预热器，都会使 W_k 降低。掺冷风是为了保证磨煤机出口温度在规定值范围内，正常情况下掺入的冷风量不多。下述情况下在制粉系统再循环又不能正常投入时需要掺冷风，调节磨煤器入口介质温度，以保证磨煤机出口介质温度：

（1）停运一台或几台磨煤机，需用热风送粉时；

（2）燃料水分较设计值为低时；

（3）要求的磨煤机通风量远大于一次风量时。

3. 回转式空气预热器漏风

回转式空气预热器漏风，造成 υ_{py} 升高，原因如下：

（1）预热器轴向间隙过大，造成 υ_{py1} 过高，而热风温度 t_{rk} 偏低。按理此时 W_k 降低，热风温度 t_{rk} 应升高，而实际未升高，原因是烟气通过轴向间隙短路未加热空气而排出使排烟温度升高。同样，部分空气通过轴间隙未被加热而通过，故使热风温度降低。

（2）高温侧热风漏向预热器进口侧烟气中，使排烟温度偏高。

以上对排烟温度升高进行了一定程度的理论分析，在实际工作中我们也对该问题进行了总结，归纳如下：

对于热风送粉的锅炉，有时为了控制风粉混合物的温度，通常要在一次风中掺冷风，一次风率升高必然是掺入的冷风增加。为了控制磨煤机出口温度，使用的干燥剂为热空气加冷空气。对于乏气送粉的制粉系统，当一次风率增加，虽然磨煤机的出力有所增加，但每千克磨煤量的干燥剂量也相对增多，这时的冷风掺入量增多。总之，一次风率的增加，必然会使冷风量增大，使流过空气预热器的空气减少，最终导致排烟温度升高。适当降低一次风率，可以减少冷风掺入量，但是必须要考虑到一次风速的问题，否则容易造成煤粉管道积粉，也会影响炉内的燃烧。

对于乏气送粉的制粉系统，再循环不投入使用必然会导致一次风率升高。再循环不能投入主要是因为制粉系统的漏风量大，影响磨煤机的干燥出力，使得再循环无法投入，或是由于其开度不大，运行人员担心再循环管道积粉而导致发生事故不愿意投入。因此，必须首先解决制粉系统漏风的问题，在理论计算的基础上选择合理的再循环管道尺寸，消除积粉的因素，恢复再循环的使用。

煤的成分也会对排烟温度造成一定程度的影响。如应用基水分和应用基低位发热量对排烟温度影响很大。

三、排烟温度的修正

（一）送风温度变更对排烟温度的修正

空气预热器入口送风温度 t_{lf} 变更时，会直接影响空气预热器的传热工况，因而排烟温度

ϑ_{py}会随之改变。因此需对排烟温度进行修正。特别是轴流一次风机、二次风机出口的温升会很大，对排烟温度的影响不可忽略。

送风温度变更后的排烟温度为

$$\vartheta_{py}^{b}=\frac{t_{lf}^{b}(\theta'-\theta_{py})+\theta'(\theta_{py}-t_{lf})}{\theta'-t_{lf}} \tag{2-47}$$

式中 ϑ_{py}^{b}——送风温度变更后的排烟温度，℃；

θ_{py}——设计排烟温度，℃；

θ'——一级空气预热器入口烟温，℃；

t_{lf}——设计送风温度，℃；

t_{lf}^{b}——变更后的送风温度，℃。

（二）给水温度变更对排烟温度的修正

如果给水温度的变动范围不大，对排烟温度的影响可以忽略不计，但是当实际运行给水温度与设计值有较大偏差时，如高压加热器解列，为与设计保证参数相比较，需要考虑排烟温度的修正问题。

假定在双级布置的省煤器和空气预热器系统中，给水温度的变化只明显影响一级省煤器和一级空气预热器的换热工况。对于一级省煤器和一级空气预热器可以分别写出传热方程式及热平衡方程式。

假定：

（1）空气量及空气预热器入口风温不变；

（2）烟气量及其组成成分不变，即 α 与燃煤量不变；

（3）省煤器及空气预热器的传热系数基本不变（给水量及温度的变动对传热系数的影响可以忽略）；

（4）假定一级省煤器的入口烟温不变。

根据以上的假定及事实，可以推导出排烟温度随给水温度的变化关系式

$$\vartheta_{py}^{b}=\vartheta_{py}+\left(\frac{\theta'_{sm}-\theta''_{sm}}{\theta'_{sm}-t_{gs}}\right)\left(\frac{\theta_{py}-t'_{ky}}{\theta'_{ky}-t'_{ky}}\right)(t_{gs}^{b}-t_{gs}) \tag{2-48}$$

式中 ϑ_{py}^{b}——给水温度变更后的排烟温度，℃；

θ_{py}——设计排烟温度，℃；

θ'_{sm}——设计一级省煤器入口烟温，℃；

θ''_{sm}——设计一级省煤器出口烟温，℃；

θ'_{ky}——设计一级空气预热器入口烟温，℃；

t_{gs}——设计给水温度，℃；

t'_{ky}——一级空气预热器入口风温，℃；

t_{gs}^{b}——变更后的给水温度，℃。

（三）空气预热器漏风对排烟温度的修正

空气预热器是利用锅炉尾部烟气所含的热量来加热煤粉（或其他燃料）燃烧所需空气，以提高锅炉效率的一种热交换装置。空气预热器大体上分为管式空气预热器和回转式空气预热器两种形式。由于设计、制造和安装的原因，两种形式的空气预热器在运行过程中都存在不同程度的漏风。

近年来，随着高参数、大容量锅炉的相继投入，回转式空气预热器越来越多地被采用。回转式空气预热器具有体积小、质量轻、便于布置等优点，但漏风较大。空气预热器的漏风除了增加风机电耗、降低锅炉排烟温度以外，没有起到任何好的作用。

根据《电站锅炉性能试验规程》（GB 10184—2015）中的定义可知：锅炉排烟热损失为末级热交换器（一般为空气预热器）后排出烟气带走的物理显热占输入热量的百分比。由此可见，空气预热器运行的好坏（实际漏风的大小），直接影响到锅炉效率的高低。

在实际工作中，由于空气预热器漏风较大，往往导致锅炉排烟温度（网格法测量）维持在较低的水平；而同时由于排烟氧量的增加必然又要增加一定量的干烟气损失，使得根据现行的国家标准计算得到的排烟热损失不能真实反映锅炉当前的运行状况。

本书尝试找到一种合理的方法，使由于空气预热器漏风导致的锅炉排烟温度的变化得以修正，使得锅炉测试的结果能够真实地反映锅炉当前的运行状态。

设空气预热器漏风为 A_{leak}，推导过程中不区分空气预热器漏风的具体位置（实际也无法判断），空气预热器漏风只是表明空气侧向烟气侧存在漏风。

A_{leak}表达式为

$$A_{leak}=\frac{O_2''-O_2'}{21-O_2''}\times 90\% \tag{2-49}$$

式中　O_2'——空气预热器入口烟气中氧气含量，%；

O_2''——空气预热器出口烟气氧气含量，%。

漏入烟气侧的空气所吸收的热量由式（2-50）表示，“−”表示为吸热过程

$$Q_1=-c_{p,air}\times A_{leak}W_{gas,in}\times(\theta_{py}-t'_{ky}) \tag{2-50}$$

式中　Q_1——漏入的空气所吸收的热量，kJ/m³；

$c_{p,air}$——空气的平均定压比热容，kJ/(m³·K)；

$W_{gas,in}$——空气预热器入口烟气流量，m³；

θ_{py}——锅炉排烟温度（试验过程中实测值），℃；

t'_{ky}——空气预热器入口风温（试验过程中实测值），℃。

式（2-50）可以理解为：吸收的热量使得漏入烟侧的空气温度由 t'_{ky}增加到 θ_{py}。

烟气侧放热量由式（2-51）表示，为放热过程

$$Q_2=c_{p,gas}\times W_{gas,in}\times(\theta_{py}-\theta'_{py}) \tag{2-51}$$

式中　Q_2——烟气放出的热量，kJ/m³；

$c_{p,gas}$——烟气的平均定压比热容，kJ/(m³·K)；

θ'_{py}——修正空气预热器漏风影响的锅炉排烟温度，℃。

式（2-51）可以理解为：由于漏风的存在，使得烟气侧温度由真实的 θ'_{py}降低为试验过程中测量的 θ_{py}。

由热平衡可知 $Q_1=Q_2$，最终推导可得

$$\theta'_{py}=\theta_{py}+A_{leak}\times\frac{c_{p,air}}{c_{p,gas}}\times(\theta_{py}-t'_{ky}) \tag{2-52}$$

从式（2-52）可以看出：当理想状态下，即空气预热器漏风为 0 时，试验测量的温度与修正后的温度相同，此时锅炉排烟温度不需要进行修正；当存在空气预热器漏风的时候，修正后的锅炉排烟温度将高于实测值（$\theta_{py}>t'_{ky}$），并且 θ'_{py}随着空气预热器漏风率的增加而

增大。

对式（2-50）～式（2-52）的几点说明：

1. 漏风率的计算选取

通常情况下，烟气中含氧量由大多烟气分析仪测得，而烟气中的CO_2（三原子气体RO_2）大多为计算值。考虑到测量误差的传导，在进行空气预热器漏风计算时可以采用氧公式。

2. 比热容的计算选取

考虑到与现行国家标准相统一或者良好的延续性，公式中的比热容指干烟气平均定压比热容和干空气平均定压比热容。比热容的计算可参照 GB 10184—2015 中的相关公式。需要特别指出的是：由于无法实时知道θ'_{py}，考虑到一般情况下θ'_{py}与θ_{py}相差不会太大，由此产生的比热容计算误差不大，因此在计算干烟气、干空气平均定压比热容时，可以取θ_{py}进行计算。

3. 空气预热器入口风温的计算选取

在试验过程中，空气预热器入口风温应根据一、二次风的份额，取加权平均值。

笔者采用某台锅炉的实际测量数据，对修正公式［即式（2-52）］进行了工业化测试，具体结果如下（对比计算只考虑空气预热器漏风对排烟温度的影响，实际上由于漏风的存在一方面降低了排烟温度对热损失的影响，另一方面由于烟气量的增加，必然在某种程度上会增加排烟热损失的影响）：空气预热器出口实测（网格法）排烟温度 145.32℃，空气预热器平均漏风率 13.21%，修正排烟温度前锅炉效率 92.41%。

采用本文所述方法对排烟温度进行修正，则修正空气预热器漏风后的排烟温度为 158.58℃（可以看出，剔除空气预热器漏风的影响，锅炉修正后的排烟升高约 13℃），以该温度进行锅炉效率计算，结果为 91.51%。

由此可以看出：空气预热器的漏风对锅炉排烟温度的影响很大，在实际工作中不应该忽略。

近年来，随着生产实践的增多，火力发电厂空气预热器漏风所产生的一系列问题逐渐显现出来。空气预热器漏风除了降低锅炉排烟温度、增加机组（风机）电耗以外，没有起到任何好的作用。在实际工作过程中，经常会遇到空气预热器经过大小修以后，排烟温度反而升高的现象（经常使维修人员处境尴尬）；GB 10184—2015 中增加了“空气预热器漏风对锅炉排烟温度的修正”相关内容，但没有进行公式推导，读者可参考本节内容对 GB 10184—2015 进行理解应用。

第四节　提高锅炉燃尽性及降低排烟热损失的措施

一、保持合理的煤粉细度，提高磨制煤粉的均匀性

表 2-2 中推荐了最佳的煤粉细度值，各电厂也可根据试验确定自己规定R_{90}数值。

对于钢球磨煤机及双进双出磨煤机，煤粉细度与钢球装载量、磨煤机系统通风量、煤粉分离器挡板开度、风煤比有关。应通过试验确定对于具体煤种的上述各参数的最佳值，并在运行中尽量给予保持。

对于风扇磨煤机，打击板的耐磨完整性对于磨煤机出力影响很大，对煤粉细度有重要影

响。因此，应采用高质量耐磨材料制造打击板，并经常维持其在最佳状态。对于风扇磨煤机，也应调整分离器挡板到最佳细度状态。

中速磨煤机磨辊使用寿命较长，调整分离器挡板到最佳状态后，也应经常监督煤粉细度。

煤粉均匀性由 R_{90} 及 R_{200} 确定，见式（2-12）。R_{200} 过高时，对煤粉的燃尽性影响较大，特别是对于挥发分较低的煤种，因而应保持煤粉有足够的均匀性。

正确的煤粉取样方法对煤粉细度的准确性判别很重要。带中间储仓制粉系统的煤粉炉有两种取样方法

（1）在旋风分离器下粉管上用活动煤粉取样管采样；

（2）在给粉机落粉管上用沉降取样器采样。

直吹制粉系统的煤粉炉缺乏上述取样条件，只能在分离器出口管道上安装可移动的抽气取样器采样。目前，许多电厂都在磨煤机出口的送粉管道安装有固定式等速取样装置，非常方便。

（一）活动取样管法

这个方法是发电厂对制粉系统日常运行监督用的采样方法。其取样点在旋风分离器至煤粉仓的下粉管段上，位于两个锁气器之间。该管段内只有煤粉向下流动，而无气体通过。用带槽的可转动的取样管定时插入取样孔手动采样。取样管的结构如图 2-3 所示。取样管在插

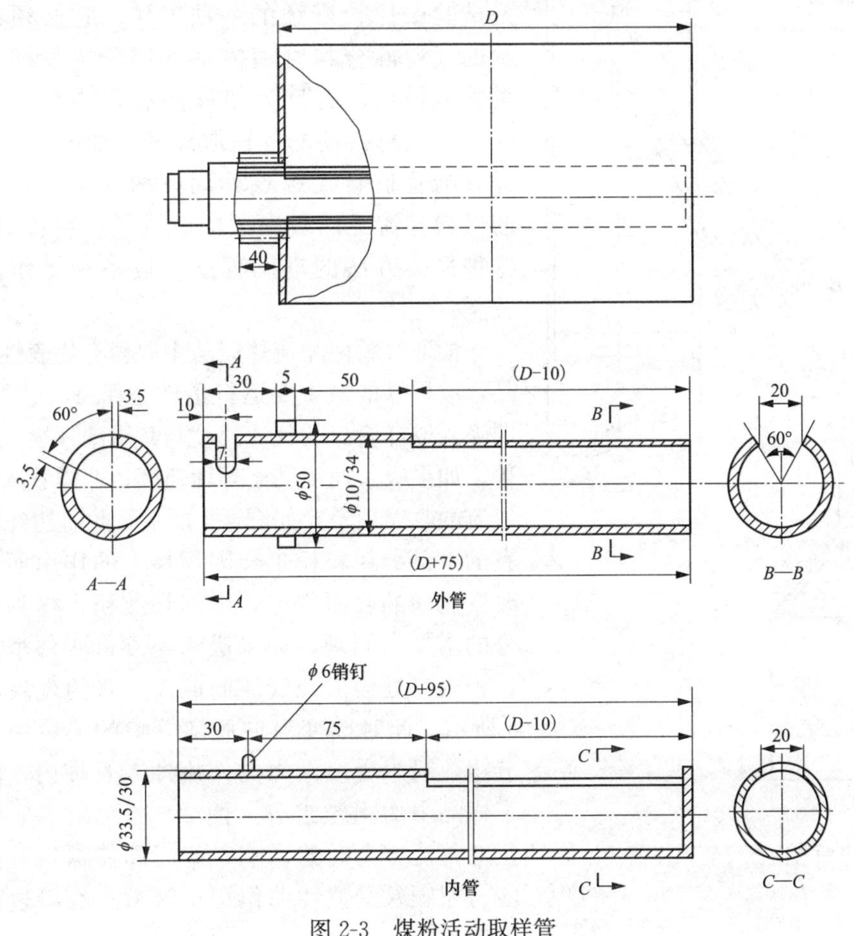

图 2-3　煤粉活动取样管

入下粉管上的取样孔之前，内外管的相对位置应令其槽型开口相互遮盖，并将内管的槽口摆在垂直向上的位置。插入取样孔之后，转动外管使其槽口也垂直向上，即可接受粉样。之后复转回原来的密闭位置，抽出取样管。为避免抽出取样管时粉样被系统内的负压吸走，应待上下锁气器动作完毕，稍积煤粉后，再抽出取样管。不采样时取样孔应装上封头。

（二）沉降取样器法

可在各给粉机出口的下粉管上安装如图 2-3 所示的结构简单的自由沉降取样器。取样管孔正对下粉管中心线，其孔径可以根据具体条件加以调整。由于煤粉在下粉管内是呈分散状态自由沉降运动的，因此原则上只要取样管系统保持密闭不漏，就可以保证粉样顺利滑落。取样管的固定装置应严密不漏，并可在必要时拆出取样管以便检查或更换。取样罐的结合面也应密封。

当下粉管非垂直布置时，取样管应由它的下侧插入，此时取样管孔在下粉管内的位置应由试验确定，原则上应在采样量最多的位置。取样管的外漏部分宜用石棉绳绕保温，以纺结露堵塞。

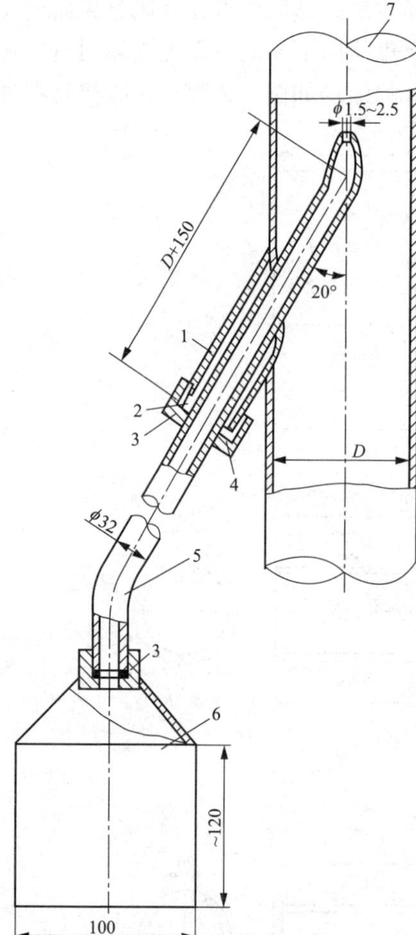

图 2-4　煤粉自由沉降管取样器的结构

1—斜管座；2—压板；3—橡皮垫；4—端盖；5—取样管；6—样品罐；7—煤粉下粉管

（三）抽气取样器法

采用直吹式制粉系统的煤粉炉，采集煤粉样品是试验中比较麻烦的一项工作。它必须从通向炉膛的气粉混合物管道内抽取部分气粉样并进行分离才能得到；而且为使样品有代表性，抽取气粉样宜使用可移动的等速取样管，如图 2-4 所示。取样管沿管道直径逐点移动以抽取平均试样。抽取的气粉样流经两级串联的旋风子将粉样分离出来。这种采样方法的准确程度与设备和操作都有很大关系。

抽取气粉两相流体以从中取得有代表性的粉尘样品，取样管的最主要运行条件是保持等速取样工况，即吸入取样管口的气流速度与其周围环境气流速度相等。如果吸入速度高于环境速度，取样管入口会造成气流的收缩现象，如图 2-5 所示。此时边缘流速中夹有的一部分粗粒粉尘会因惯性力的作用而脱离正在改变流向的收缩气流，因而导致粉尘样品中细粒组分的增加。同理，如果吸入速度低于环境速度，取样管入口处会出现气流向四周扩张的现象，如图 2-6 所示。此时改变流向脱离管嘴的流束中，会有部分粗粒粉尘受惯性力的作用冲入管嘴内，因而增加了样品中的粗粒组分。图 2-6 还示出了取样管嘴未正对气流方向时的影响，此时即使保持等速，也可能有粗颗粒受惯性力作用从管嘴边缘滑过而造成取样误差。

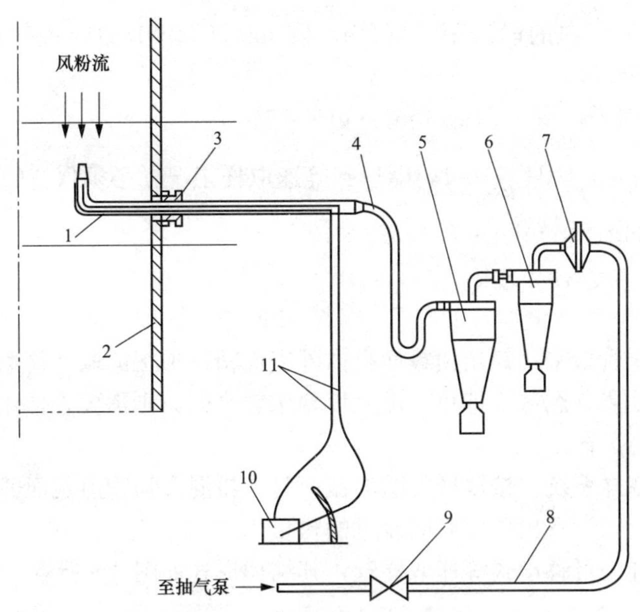

图 2-5　活动煤粉取样系统

1—取样管；2—输粉管壁；3—管座；4—软皮管；5—一级旋风子；6—二级旋风子；7—过滤器；8—帆布胶管；9—调节阀；10—微压计；11—静压传压胶管

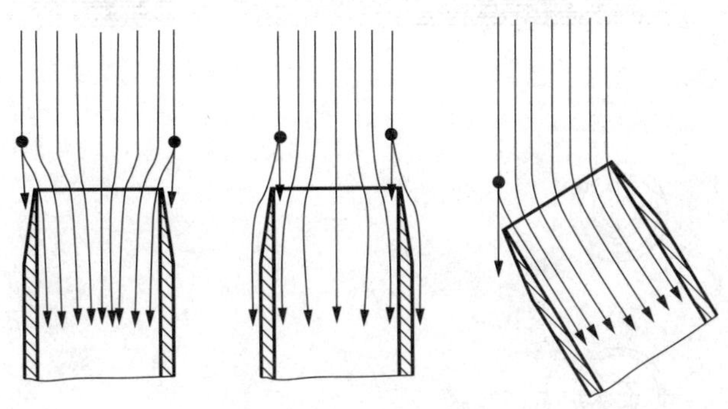

图 2-6　取样管口的气流工况

为了保持等速取样，简单的做法是监视管嘴内外的静压差值；为此需要从取样管嘴内、外壁引出两根静压管，如图 2-7 所示。根据伯努力方程式可以求得

$$\frac{w_x}{w_0}=\sqrt{\frac{1}{1+\xi_x}\left(1+\Delta p\,\frac{2g}{\rho_0 w_0^2}\right)} \quad (2\text{-}53)$$

其中

$$\Delta p = p_0 - p_x$$

式中　w_0——环境气流速度，m/s；

w_x——取样管嘴吸入速度，m/s；

ρ_0——气体密度，kg/m^3；

ξ_x——管口的局部阻力系数；

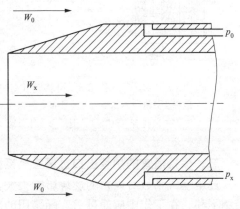

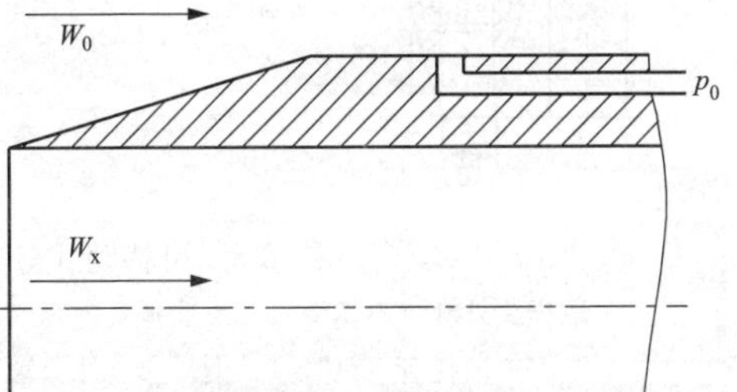

图 2-7　取样管嘴的静压测量示意

Δp——管嘴外、内的静压值，kgf/m^2 或 mmH_2O（$1kgf=9.80665N$，$1mmH_2O=9.80665Pa$）；

g——换算因子，取 $9.81kg\cdot m/(kgf\cdot s^2)$。

由式（2-53）可见，为使$\frac{w_x}{w_0}=1$，即达到等速取样工况，必须保持管嘴外、内的静压差值（kgf/m^2 或 mmHg，$1mmHg=1.33322\times10^2Pa$）为

$$\Delta p=\xi_x\frac{\rho_0 w_0^2}{2g} \tag{2-54}$$

一般来讲，对于管口采用锐角边缘而且内外表面精密加工的取样管嘴，可以近似认为 ξ_x 趋近于 0，此时只要保持 $\Delta p\approx0$ 即可。准确度要求较高时，则需要在使用的风速范围内进行标定求得更准确的 Δp 值。

使用这种等速取样系统，按取样管嘴的截面与气粉混合物管道截面的比值及逐点取样的时间、取样量，也可以计算出单位时间流过的粉量。

常用与取煤粉样的可移动式等速取样管，其结构形式如图 2-8 所示。

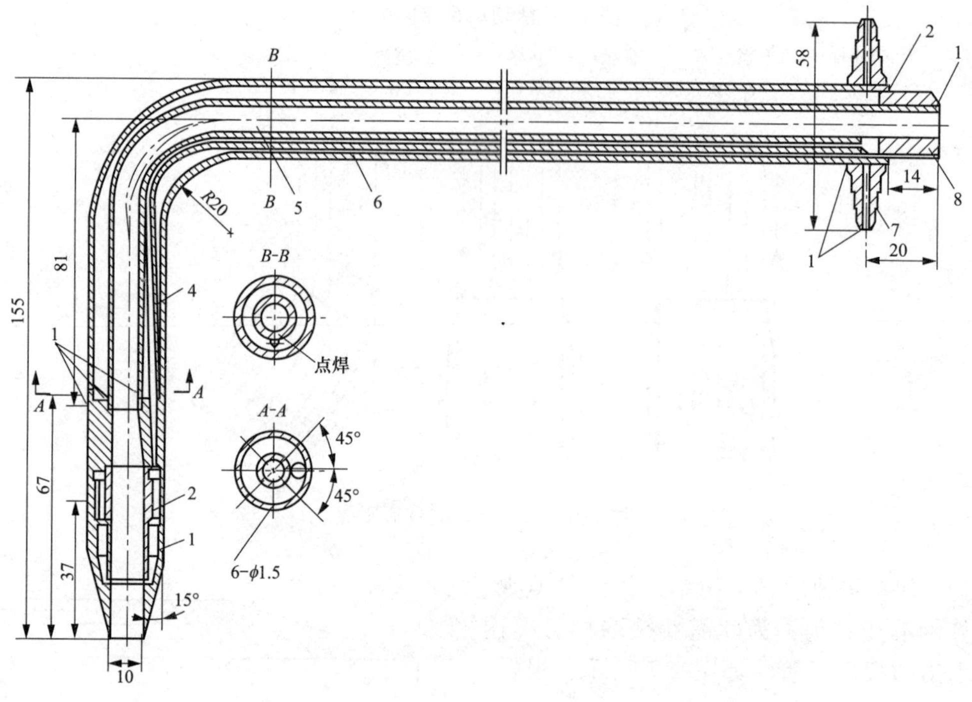

图 2-8　可移动式等速煤粉取样管示意（单位：mm）

1—取样头外套（不锈钢）；2—取样头内套（不锈钢）；3—取样头座（黄铜）；4—内静压管（$\phi3\times0.5$）；5—取样管（$\phi10\times1$，铜）；6—外套管（$\phi22\times1$）；7—接头管（黄铜）；8—连接头（黄铜）

二、保持适宜的炉膛出口过量空气系数

过量空气系数对煤粉的燃烧影响很大，过量空气系数高对燃尽有利，但对排烟热损失的控制不利。在工作中应通过对实际燃用的煤种开展燃烧调整试验，对锅炉在不同过量空气系数条件下的参数进行测试、比对，选取最佳值，并尽力维持，在电厂运行日常控制主要是根

据转向室处的 O_2 量控制。对炉膛、烟风系统以及制粉系统漏风的治理是开展精细化调整工作的前提，这一点非常重要。

三、保持煤粉在炉内有足够的停留时间及燃料空气充分的混合扰动

一般来说，煤粉在炉内的停留时间在炉膛设计时已经确定，但实际运行过程中不良的配风方式、不当的制粉系统运行方式以及频繁波动的燃用煤种，都会影响煤粉在炉内的停留时间。

一次风速偏低，往往影响充满度，特别是四角切向燃烧锅炉，它不仅减少停留时间，也会使火焰中心上移，造成过热器、再热器超温或炉膛出口处结渣。四角、六角布置的锅炉，偏角运行也会使炉内空气动力场变坏，带来不良后果，运行中应尽量避免。有一些电厂为了减小炉膛出口残余旋流而采用降低燃烧中心处的旋流强度，这对煤粉燃尽不利。如果采用三次风或上部二次风反切，即可减少残余旋流，也不会过多减少旋流强度。

四、根据煤种变化及时调整风率风速

当煤挥发分降低时，应适当降低一次风率、风速以稳定着火。二次风则应推迟与一次风的混合，煤种的变化由炉前煤的工业分析确定。

近年来，我国火力发电厂动力用煤变化很大。对于某一特定的发电厂，普遍呈现煤种来源多样性、煤质特性变化很大。严重的时候，煤质的变化波动已经超出了锅炉设计时的校核煤种，这对运行人员的操作提出了新的挑战。

五、保持火焰中心合理的位置及足够的温度水平

火焰中心温度的高低，主要是由煤种本身及炉膛结构尺寸决定的，而火焰中心的位置则与运行控制有一定的关系。

燃烧器出口的风速、风率、风温控制不好，则会推迟着火，使火焰中心上移，从而增加 q_4。另外，四角切向布置炉四角风粉量不均，则会使火焰中心偏移，同样会带来不良后果。

六、降低排烟热损失

前面已详细分析了影响排烟热损失 q_2 的因素，为降低 q_2 应该做到以下几点：

（1）加强维护管理、提高检修质量，减少各部分漏风。在运行中及时关闭那些应关闭的各种门孔，注意排渣井和捞渣机的密封。密切关注制粉系统的运行状态，特别是负压运行的制粉系统。

（2）降低一次风量。在保证管道不积粉的前提下，尽量降低一次风，以期最终达到降低冷风掺入量的目的。

（3）尽量投用乏气再循环。对于采用中储式制粉系统的锅炉，这是减少一次风量的非常有效的办法。投再循环的前提，首先要解决制粉系统的漏风问题。现在一些电厂由于制粉系统漏风过大影响干燥出力，使得再循环系统无法投用；有些电厂为了减少或者杜绝在该处积存煤粉的可能性，已经取消再循环管，这是非常不好的做法。

（4）减少预热器的漏风。采用管式空气预热器的锅炉，如果冷端腐蚀以及磨损问题解决得好，预热器的漏风是非常小的。但是，目前发电企业的锅炉大多采用回转式空气预热器，预热器漏风的治理水平差别很大。这就需要采取新工艺、新技术对热端以及轴向密封进行调整，调整间隙，减少空气预热器的漏风。

（5）减少预热器入口烟气的过量空气系数，即减少烟气量，使空气与烟气的热容量比降低。

（6）定期通过网格法对表盘排烟温度进行标定，选择有代表性的排烟温度测量点。

七、正确抽取飞灰样

正确抽取飞灰样，分析飞灰可燃物，才能准确判断锅炉的燃尽率和 q_4。飞灰取样的原理与煤粉细度取样相类似，对于日常知道运行人员操作的飞灰取样，可以采用固定于尾部烟道的撞击式取样器，方便运行人员操作。

第三章

锅炉燃烧存在的问题及治理

第一节　影响锅炉结渣的因素及防止结渣的措施

一、结渣的形成过程

炉内结渣是一个复杂的物理化学过程和流体动力学过程，是一个动态的过程。

干净的水冷壁一般不易发生结渣，因为灰渣颗粒在接近温度相对低得多的水冷壁管表面区域时，受到急剧的冷却而被完全固化，灰渣黏附性大大降低。但是锅炉投运后，受热面管子周围会形成白色、很细的薄灰沉积层，这主要是由于硫酸盐等易气化矿物质的凝结和极细飞灰沉积造成的，这一过程未必会引起结渣，但却使受热面表面温度升高。当炉膛内温度较高时，煤中的部分灰粒会呈现熔融、半熔融状态，如果这部分灰粒在达到受热面之前得不到足够的冷却，就会有较强的黏附能力，而当受热面表面温度高于一定数值时，这部分灰粒会因撞击而黏附在受热面上。

从上述分析可以看出，水冷壁结渣是由熔融或半熔融颗粒撞击到管壁上或管壁上原积有黏性灰引起的。结渣形成过程是，首先在水冷壁表面存在黏性的初始沉积物，然后通过壁温的提高和黏附捕捉以及反复的物理化学作用等，形成厚而硬的结渣。结渣包括初始沉积层形成、一次沉积层形成、二次沉积层形成三个步骤。

初始沉积层有两种性质的沉积，一是直径小于 30μm 的颗粒的沉积；二是灰渣中某些含铁和碱金属等成分的选择性沉积。前者形成的初始沉积层结构松散，特别是沉积初期，不会形成黏聚和黏附强度大的熔融成分，沉积层厚度在锅炉运行后不久会相对趋于稳定，该沉积层只影响烟气与工质的传热，而不会破坏锅炉的正常工作。后者由于是以氧化物和硫化物形式呈现的初始沉积物，会形成低共熔体混合物，沉积层结构致密，黏附强度大，且包含有直接撞击黏附在管壁上的黄铁矿，因此这种初始沉积物具有使沉积层增厚，导致受热面结渣的作用。

这种黏性强的初始沉积层形成之后，可支撑较多的随后黏附到其上的颗粒。因为熔渣能湿润金属和耐火材料，其与受热面之间的黏附强度大，惯性大的固体颗粒的撞击已不能将其除去，即使吹灰，效果也不大。

由于煤灰成分一般也都能相互湿润，因而随后沉积的颗粒与初始沉积层之间也具有较大的黏附力，使沉积层厚度进一步增加。又因为初始沉积层形成之后，水冷壁吸热量减少，炉内环境温度升高，沉积速度加快；随着时间的延长，初始沉积层和受热面之间及沉积物之间的烧结和生成低共熔体，强度增加，沉积层厚度增加，沉积层表面温度升高，烟气温度也升高。如此恶性循环，直到沉积到沉积面的熔融或半熔融态颗粒基本上不再发生凝固，即形成黏稠的捕捉表面。

捕捉表面形成后，不仅熔融颗粒，而且只要是撞击上的固体颗粒一般均会被捕捉，沉积层厚度快速增加。被捕集的固体颗粒溶解在黏稠的沉积表面上，表面灰熔点和黏度升高，发生凝固，形成新的捕捉表面。如此反复，直到沉积表面的温度达到重力作用下流动的界限黏度值（一般为 25Pa·s）时的温度时，沉积层厚度不再增加。这时撞击上的固体或熔融状态的颗粒由于重利作用，将沿管壁表面向下流动而堆于冷灰斗处。

二、影响锅炉结渣的因素

影响锅炉结渣的主要因素是煤灰成分、炉膛环境温度、气流冲刷炉壁和还原性气氛。

三、煤灰成分的影响

煤灰成分与组成是产生结渣的根源，由于结渣主要是由于煤中矿物成分发生作用的结果，如果煤中含有较多的碱性矿物质如黄铁矿等，则在加热过程中容易形成低熔点的共熔体。

由结渣形成过程可知，受热面的结渣与灰渣熔融特性和灰渣流动特性密切相关。灰熔点的高低影响到达受热面颗粒的状态及数量。灰熔点低，会有较多的颗粒在到达受热面时仍处于熔融或半熔融状态。灰渣黏度的大小影响颗粒在受热面上铺展的程度。黏度低的颗粒往往更易于湿润受热面。因此，从灰熔点、灰渣黏度与结渣的关系来看，使灰熔点降低和灰渣黏度减小的煤灰成分将易于结渣的形成。

以往进行锅炉设计时，往往以灰熔点 t 的高低来判断结渣程度，而灰熔点又取决于灰成分，所以多以灰成分来判断结渣。判断结渣的指数包括灰熔点、灰成分和灰黏度三种。美国电力研究院（EPRI）曾对 130 台 300MW 和 300MW 以上容量的锅炉调研了各种结渣指数的分辨情况，结果表明：没有任何一项单一的指数可以完全正确地预报结渣倾向，但任何一项指数又都有相当的可靠性（70%左右），其中的软化温度、硅比值分辨率最好。电力部热工研究院用美国燃烧工程公司、B&W 公司等国家的结渣指数对我国 24 个电厂入炉煤质的结渣指数与现场运行情况做了对照研究，发现灰熔点类型结渣指数分辨率为 50%～60%，而灰成分类型的结渣指数只有 20%～40%的分辨率。可见用单一的结渣指数不能准确判断煤的结渣特性。哈尔滨电站成套设备研究所在研究国内近 250 个煤种的灰渣特性资料基础上，采用最优化分割数学模型对我国动力用煤结渣特性指数进行了研究，结果见表 3-1，表中同时给出了国内过去所采用的判别范围。

哈尔滨锅炉有限责任公司根据几十台实际锅炉的运行结果综合分析，给出了新的判别结渣指数 R_z，具有较好的分辨率和可操作性，已为国内许多单位所采用。R_z 计算式如下

$$R_z = 1.24\frac{B}{A} + 0.28\frac{SiO_2}{Al_2O_3} - 0.0023ST - 0.019G + 5.4 \tag{3-1}$$

其中

$$\frac{B}{A} = \frac{Fe_2O_3 + CaO + MgO + Na_2O + K_2O}{SiO_2 + Al_2O_3 + TiO_2} \tag{3-2}$$

$$G = \frac{100 \cdot SiO_2}{SiO_2 + CaO + MgO + Fe_2O_3} \tag{3-3}$$

表 3-1　　　　　　　　**结渣判别准则对比**

哈尔滨成套所最优分割判别准则			此前国内大多数采用的判别准则		
结渣指数	判别界限	预测结渣程度	结渣指数	判别界限	预测结渣程度
t_2(℃)	＞1390	轻微	t_2(℃)		
	1260～1390	中等		＞1350	轻微
	＜1260	严重		＜1350	结渣
SiO_2/Al_2O_3	＜1.87	轻微	SiO_2/Al_2O_3	＜1.7	轻微
	2.65～1.87	中等		2.8～1.7	中等
	＞2.65	严重		＞2.8	严重
B/A	＜0.206	轻微	B/A	＜0.4	轻微
	0.206～0.4	中等		0.4～0.7	中等
	＞0.4	严重		＞0.7	严重
G	＞78.8	轻微	G	72～80	轻微
	66.1～78.8	中等		65～72	中等
	＜66.1	严重		50～65	严重

判别标准为：R_z＜1.5，轻微；R_z＝1.5～1.75，中偏轻；R_z＝1.75～2.25，中等；R_z＝2.25～2.5，中偏重；R_z＞2.5，严重。

近年来，随着国家对新疆开发力度的增加、新疆大开发对能源需求的增强，人们开始了对准东煤的关注与研究。新疆地区储藏着大量未得到开发的煤炭资源，预测总量达到2.19万亿t，占我国预测煤炭资源总量的40%，其中百亿吨储量的煤田24个，大于3000亿t的煤田3个。如此丰富的煤炭资源储量，使得新疆正成为全国能源关注的焦点。随着我国中东部一批老的能源基地资源的枯竭，新疆将成为我国重要的战略性能源储备区，准东煤田是新疆最适宜开发的煤田，该煤田发现于2005年，位于准格尔盆地以东的一条狭长地带，是新疆煤炭资源最为富集的地区，预测储量达3900亿t，目前已探明储量为2136亿t，是我国目前最大的整装煤田。根据国家发展改革委的统一规划，准东煤田被划分为大井、将军庙、五彩湾、西黑山四个矿区，区域分布如图3-1所示。

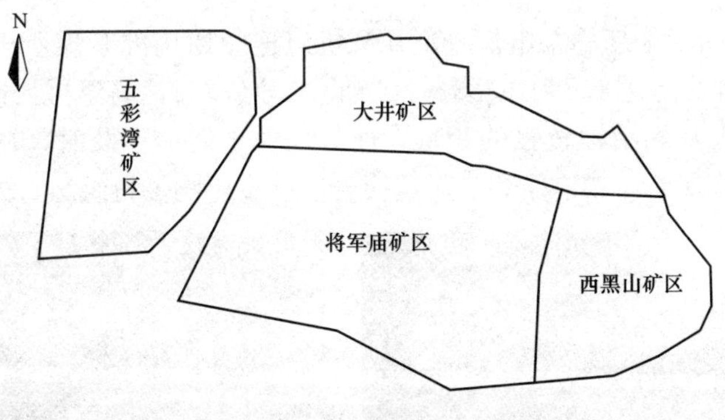

图 3-1　准东煤田分布

准东煤田是“新煤东运”“新电东送”最主要的能源基地，也是新疆地区煤电、煤化工重要的煤炭供应来源。神华集团有限责任公司等特大型企业纷纷投资准东地区，国内电力龙头企业以及众多煤炭企业也聚集准东地区进行煤炭开发。

准东煤主要含煤地层是中侏罗统西山窑组，含煤1～4层，单位面积含煤量大，煤层厚度大，煤层间距小，煤层结构简单、埋藏浅。勘探资料显示，准东地区各个煤层工业指标中灰分产率 A_d、挥发分 V_{daf}、发热量 $Q_{gr,ad}$、黏性指数 G、全硫 S_{td} 等均处于相对稳定状态。原煤中的主要有害物质含量很少，相同煤层的煤质较稳定，是特低硫、特低灰、高热值的优质天然洁净煤。但是由于准东煤是新发现煤种，相关的认知与研究很少，煤种具有较高的水分、低灰熔点、煤灰中碱金属含量较高等特点。

准东煤田为海洋性沉积型煤田，煤的原生矿物中含有大量的Na、Ca、K等碱性金属元素，其含量远高于现有已知动力用煤种中相应元素含量。高钠、高钙含量造成了准东煤的高结焦性、严重沾污性，极大地限制了其在电站锅炉中的规模应用。

表3-2所列为典型准东煤与国内其他典型煤矿煤质的分析数据。

表3-2　　典型准东煤与其他煤种对比

符号	单位	准东煤代表	神华煤	晋北煤	华亭煤	靖远混煤	霍林河	宝日希勒	扎赉诺尔	胜利
M_t	%	26	14.5	10.3	15.5	6.0	28.7	33.4	30.2	31.5
A_{ar}	%	5.66	7.7	21.94	11.16	22.31	27.49	6.39	12.42	18.36
V_{daf}	%	33.6	38.8	33.33	39.97	33.07	48.37	44.65	42.68	46.12
$S_{t,ar}$	%	0.46	0.66	0.49	0.35	0.4	0.43	0.16	0.14	0.53
$Q_{net,v,ar}$	MJ/kg	19.26	23.79	22.03	21.52	22.91	11.3	15.78	16.2	12.31
ST	℃	1150	1180	1190	1270	1290	1240	1160	1210	1250
HGI		115	58	58	56	57	60	67	47	37
SiO_2	%	21.6	20.7	49.86	44.66	58.93	41.69	46.85	62.87	56.55
Al_2O_3	%	5.99	11.07	15.84	23.78	18.15	19.94	14.58	13.92	19.89
Fe_2O_3	%	4.55	25.88	22.37	9.67	7.3	10.37	12.27	5.25	7.2
CaO	%	34.44	23.58	2.84	10.01	6.72	11.32	14.05	9.5	5.54
MgO	%	11.0	0.86	0.87	2.27	1.31	1.94	2.64	1.85	3.41
Na_2O	%	4.86	0.88	2.02	0.75	0.53	2.68	0.66	0.7	0.62
K_2O	%	0.47	0.24	2.02	1.53	2.55	2.68	1.78	1.86	1.67
SO_3	%	35.85	3.78	0.9	2.31	2.31	7.35	5.89	3.44	3.59

图3-2～图3-5所示为新疆某电厂300MW机组连续燃用准东煤所出现的结焦、结渣现象，煤灰中 Na_2O 含量高达4.86～6.83%，当量Na为0.42，高温再热器和低温过热器等区域在短期内形成了大片黏结性较强的积灰，而且，由于清理不及时，在未清除区域发生腐蚀，导致大面积爆管现象，被迫停炉清灰、换管，严重影响了机组运行的安全性与经济性。

图3-2　水冷壁结焦

图3-3　末级过热器

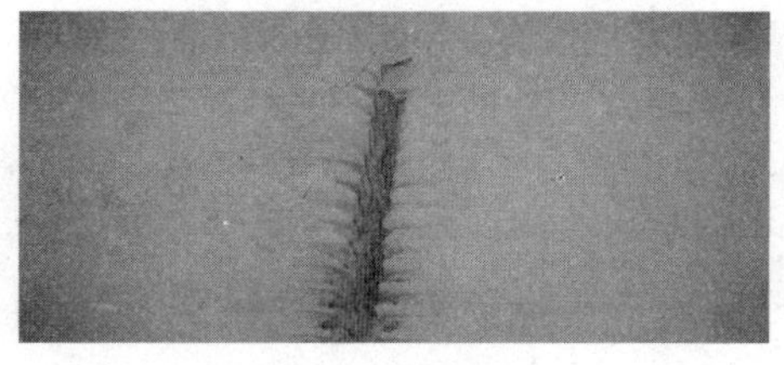

图 3-4　省煤器

图 3-5　空气预热器

由此可以看出：大比例掺烧碱金属含量高的煤种时，炉内会形成大面积黏结性较强的积灰并伴随着严重的高温腐蚀，造成大面积爆管，被迫停炉，严重影响机组的安全运行。主要危害包括：

（1）降低炉内受热面的传热能力。积灰沉积在受热面后，由于其导热系数很低，相当于在烟气和受热面之间增加了一层绝热层，热阻增加。锅炉难以高负荷运行，增加煤量会进一步引起炉膛出口烟温升高，灰渣更易黏结于受热面，形成恶性循环。

（2）炉膛出口烟温升高。

（3）引起高温腐蚀。高温条件下，黏结在受热面上的灰渣会与管壁发生复杂的化学反应，腐蚀金属表面，减薄受热面壁厚。

（4）增加了炉膛上部大渣块掉落的概率。

上述问题普遍存在于新疆地区燃用、掺烧准东煤的电厂中，准东煤的燃用比例越高，这些现象越严重。

研究表明，Na、K 等碱金属物质的存在是造成锅炉受热面积灰、腐蚀等一系列问题的主要因素，是煤燃烧利用中极为不利的一种元素。进一步的研究表明，不同燃烧设备受热面、燃气轮机叶片的高温腐蚀等问题均与其有关。当煤中的 Na 含量较高时，含钠矿物在 700～800℃的高温条件下生化，继而在受热面表面发生冷凝，再与烟气中的 SO_2、Al_2O_3、Fe_2O_3 等化合，生成硫酸盐，形成密实黏结沉淀层，导致高温沾污。黏结沉淀层可继续捕捉飞灰，在管壁上发展形成高温黏结性积灰，紧贴在金属表面上的硫酸盐具有腐蚀性，造成高温腐蚀。高温黏结性积灰的形成经历内白层、烧结内层和外部烧结层等三个过程。内白层主要由含有 Na_2SO_4 较多的挥发性灰组分的气相扩散冷凝及微小颗粒热迁移、电泳沉积的共同作用下形成的。内白层形成后，冷凝沉积在其上的挥发性灰组分形成黏性表面，较大颗粒会在惯性力的作用下撞击到上面。随着内白层的生长、变厚，积灰表面温度逐渐升高，当出现液相并具有一定黏度时，将捕获灰颗粒。温度升高到接近烟气温度时，积灰表面的迎烟气侧开始形成连续的熔融或半熔融基体，形成外部烧结层。外部烧结层继续捕获冲击到其表面上的颗粒，循环作用，使积灰继续增长。

近年来，国内的一些高校、科研院所及锅炉厂加大了对准东煤的认知与研究。相关研究成果表明，准东煤属于极易着火煤种（某项研究通过热重分析法测得准东煤的着火温度为 337℃）；在 1150、1250、1350℃温度条件下，燃尽率能够达到 98%以上。在不分级燃烧工况下，准东煤的结渣特性随着温度的升高而明显加重；在分级燃烧条件下，随着主燃区过量空气系数的减小结渣特性加重。进一步的研究结果表明，温度为 1150℃、$\alpha=0.9$ 或 1.0 以及温度为 1250℃、$\alpha=1.0$ 时出现了结渣特性较轻的现象，当温度升高到 1350℃时，无论过量空气系数为多少，都会出现严重的结渣现象。因此，在不影响燃烧的前提下，通过适当降低炉膛出口温度、增大过量空气系数，能够缓解锅炉燃用准东煤时出现的结渣现象。

（一）炉膛环境温度

炉膛环境温度由煤质及燃烧设备决定。整个炉膛内各点的温度不一样，中心温度高，壁面处的温度低，其平均温度 ϑ_p 取决于 T_1 和 T_2，而 T_1 又取决于理论燃烧温度 T_a，T_a 的高低取决于煤的发热量 $Q_{net,ar}$ 和热风温度 t_{rk}，而 T_2 则与炉膛截面热负荷 q_F 和燃烧器区域壁面热负荷 q_{HR} 有关。

对于易结渣煤种，为了防止结渣，应采用较低的 q_F 和 q_{HR}，也就是说炉膛截面要大些，燃烧器各一次风口要拉开大些，同时为了防止炉膛上部屏区结渣，上排一次风中心至屏底距离要高些。燃烧器区域敷设卫燃带对低挥发分煤稳定燃烧有利，但是由于温度升高，对防止结渣造成困难。

（二）炉内空气动力场的影响

炉内空气动力场组织的好坏，对锅炉结渣具有重要的作用。

炉内空气动力场不良，火焰偏斜，不仅燃烧不完全，而且会出现局部还原性气氛、气流刷墙、局部高温等现象，往往会引起受热面结渣。

对于直流燃烧器四角布置的切圆燃烧炉膛，炉内空气动力场不良的原因主要有：

(1) 二次风射流的动量偏小。一、二次风射流的动量决定射流的刚性，动量大，刚性大，射流不易偏斜；反之，射流易偏斜。

加大一次风速对防止气流刷墙有利。但过大的一次风速对着火燃烧不利，且由于旋流强度过大，易使大颗粒分离，而带来如黄铁矿颗粒黏附受热面上等现象；过小的一次风速除了使其易偏转外，还因为着火燃烧离喷口过近，容易使喷口烧坏，并使喷口附近受热面结渣。

(2) 假想切圆直径偏大。假想切圆直径是决定四角射流旋转动量的因素之一，如切圆直径偏大，火焰易贴壁。

(3) 燃烧器的布置及结构不合理。此时射流在其两侧的压力差作用下产生偏斜，压差越大，射流偏斜越严重，引起结渣。

(4) 一次风间距小，对易着火燃烧的煤种，将会使局部热负荷增高，容易出现结渣现象。燃烧器的结构影响射流刚性，若燃烧器高宽比（h/b）增大，则射流刚性减弱，气流易偏斜贴墙。燃烧器各层之间及一、二次风喷口之间间隔小，射流两侧的补气条件差，气流易偏斜。

(5) 炉膛截面形状设计不当。除影响火焰充满度外，还影响补气条件和使气流贴边。当炉膛宽深比（B/A）超过 1.25～1.35 时，射流两侧补气条件相差悬殊，气流偏斜严重。

(6) 燃烧器的负荷与投停方式不合理。各燃烧器配风配粉不均或缺角运行，影响相临两角射流动量的相互作用，改变气流横向推力的大小和作用点，使其偏斜，从而导致火焰中心偏斜。

(7) 炉内气氛条件不符合要求。在还原性气氛条件下，铁主要以 FeO 存在，FeO 是一种强熔剂，可使灰熔点大大降低。在氧化性气氛条件下，铁以 Fe_2O_3 存在，且很快会结晶。

(8) 对于旋流燃烧器前墙或两侧墙布置的炉膛，除具有上述四角布置切圆燃烧方式的有关影响外，如果燃烧器离临墙太近或旋流强度过大，也会引起炉壁上结渣。

(9) 上述因素引起的锅炉结渣，通常都发生在炉内火焰中心集中的燃烧器区域。但有时由于燃用较易结渣的煤种（或）锅炉设计、运行不良，如一/二次风组织不当、炉温过高、火焰过于偏上或偏下，以及结渣的恶性循环发展的特性，也会引起炉膛下部冷会斗结渣和炉顶屏式过热器结渣。

四、防止结渣的措施

（1）增加燃烧器高度，把燃烧器分成两段或三段，改善补气条件。这样既可以减少温度集中程度，又可减少气流贴壁现象的发生。

（2）减少假想切圆直径，增加一次风速，减少气流贴壁现象。一、二次风动量比应适当，二者动量差不宜过大，旋流强度也不宜过大，否则会造成火焰偏斜贴壁，烧坏燃烧器，导致结渣。

（3）调整四角的供风量，使其均等以改善炉内空气动力场。

（4）当炉膛上部结渣时，可增加下层供粉量，降低火焰中心。燃用褐煤锅炉抽烟口处结渣，在降低火焰中心时，可将抽烟口改为水冷套结构。

（5）掺烧不易结渣的煤种，以减轻结渣程度。

（6）在易结渣区加装运行可靠的吹灰器，并定期吹灰。

（7）卫燃带由于表面温度高且粗糙，容易成为焦渣的发源地。因此除燃用低挥发分煤种，如无烟煤外，一般应避免敷设卫燃带。

第二节　四角切向燃烧大容量电站锅炉炉膛出口烟温、汽温偏差及其治理

20世纪末期，我国从美国GE公司引进大容量电站锅炉的设计、制造技术，通过近20年的实践，我国的技术人员已经逐渐消化吸收了该公司的技术。总的看来，近年来已经投运的锅炉设备运行良好，各项经济指标均达到了预期的效果。但是，对于切向燃烧锅炉也存在一些共性的问题，即炉膛出口水平烟道左/右两侧存在明显的烟气温度偏差，从而导致蒸汽温度也存在一定的温度偏差，这严重地影响了锅炉设备的安全、稳定运行。现在普遍的观点是由于烟气的残余旋转导致该现象。

四角切向燃烧锅炉整个炉膛像一个大型旋流式燃烧器，故当烟气到达炉膛出口处仍存在残余旋流，使出口截面的烟温、烟速发生偏斜。当烟气流逆时针旋转时，则从前墙看右侧的烟温、烟速偏高，左侧则偏低，从而导致过热器、再热器汽温局部偏高而爆管。该现象在200MW以下容量锅炉上表现尚不突出，而对于300MW以上锅炉则表现严重。

一、烟温、汽温偏差的存在现状

根据若干台早期投运未经改造的300、600MW容量级锅炉的实际运行状况及现场试验数据反馈结果，烟温、汽温偏差的存在现状如下：

（1）上炉膛及水平烟道中，沿烟道宽度方向存在左、右侧烟气温度偏差。一般在上炉膛出口截面中、下部平均偏差为100℃左右，左、右侧对应点间最大烟温偏差为150～200℃；而带有煤粉三次风的锅炉其烟温偏差会更大些。

（2）各级受热面（包括辐射受热面和对流受热面）由于左、右侧受热面传热偏差的存在，造成其工质温升存在偏差，位于上炉膛中的辐射受热面（分隔屏过热器和壁式再热器），对逆时针旋转切圆燃烧方式的锅炉而言，沿上炉膛宽度方向受热面内工质温升均呈左高右低的分布特性，而处于上炉膛出口之后的屏式再热器和水平烟道中的对流受热面（末级再热器、末级过热器及低温过热器）均呈右高左低的特性。部分锅炉由于汽水系统布置不合理，

使各级受热面上述温升偏差相叠加，造成末级过热器或末级再热器出口侧汽温偏差过大而爆管。

二、烟温、汽温偏差的成因分析

通过大量的理论分析、试验台试验、现场工业性试验及计算机数值模拟分析等手段，最后确认：切向燃烧锅炉中存在的烟温、汽温偏差问题，主要是由炉膛出口的残余旋转造成上炉膛及水平烟道中烟气速度场及温度场偏差过大以及受热面进、出口联箱上的大口径三通产生的“三通效应”引发的各级受热面内各屏及同屏各管内流量偏差所引起的。

三、四角切向燃烧原理

四角切向燃烧锅炉通常把直流燃烧器布置在炉膛四角，其出口气流几何轴线与炉膛中心的假想切圆，导致气流在炉内强烈旋转。炉膛四周是强烈螺旋上升的气流。实验表明：当只有一股气流喷入炉膛时，射流的轴心线和喷嘴的几何中心线是重合的，其速度衰减大致服从自由射流规律；当四股气流同时喷入炉膛时，各股射流相互影响，形成一个强烈的炉内旋涡，实际切圆直径变大。实验表明炉内气流可分为两个区域：在实际切圆范围之内的为旋涡核心，其旋转运动近似于刚体旋转，称为准固体区；在实际切圆直径以外的区域，称为准等势区。在准等势区外，随着旋转半径的增大，切向速度不断减小。炉内切向速度的运动规律可表示为

$$w=k\left(\frac{d}{2}\right)^{-n} \tag{3-4}$$

式中 k——试验常数；

d——旋转直径。

在准等势区内，指数 $n=n_2$（$n_2\leqslant 1$）；在固体区内，$n=n_1$（$n_1\leqslant -1$）。忽略径向速度对气流静压力的影响，可近似得出炉内静压力的分布规律。

在准等势区内

$$p=\frac{\rho k^2}{2n_2}\left[\frac{1}{(d_y/2)^{2n_2}}-\frac{1}{(d/2)^{2n_2}}\right] \tag{3-5}$$

在准固体区内

$$p=\frac{\rho k^2}{2n_1}\left[\frac{1}{(d_y/2)^{2n_1}}-\frac{1}{(d/2)^{2n_1}}\right] \tag{3-6}$$

在准固体区内，静压会出现负值。从式（3-5）和式（3-6）可知，炉内静压力由炉膛中心向外层逐渐增加，即周边有较高的压力，气流包围着旋转的火炬，即具有一定的形状和位置，从而达到稳定燃烧的目的。

四、汽温偏差形成的原因

一般情况下，锅炉均采用平衡通风的方式运行。大量煤粉通过一次风进入炉膛并与高温二次风混合、燃烧，同时，引风机把大量烟气排出炉外，这样喷入炉膛的煤粉、气流在炉内边旋转边燃烧，同时还向上快速流动，当旋转气流上升到炉膛出口时，引风机抽吸作用及旋转气流旋转中切向速度作用叠加，结果出现炉膛出口水平烟道左右方向烟气速度右高左低的现象。同时，高温烟气进入屏后，由于残余旋转的存在及分隔屏的切割导流作用，出现烟气速度场、流量场及温度场的偏置现象。对于逆时针旋转切向燃烧方式而言，由于烟气残余惯性的作用，使锅炉上炉膛左侧区内主烟气的流向指向炉前，该侧烟气能通过整个分隔屏区，

然后再返回，流向其后的水平烟道；而锅炉上炉膛右侧区域内，由于气流的惯性，其运动方向指向炉后。因此，烟气主流只经过分隔屏下部区而直接短路流向炉后。后屏区的烟气流动情况也与之类似，在锅炉上炉膛中，左侧区域的烟气充满度远好于右侧区域，而且由于左侧区域烟气流有一个滞止和转向加速运行过程，能够形成较强的气流扰动，也强化了左侧区域气流的对流换热能力，这就是屏区受热面吸热量呈现左高右低，进而造成屏区出口烟温右高左低的定性分析原因。由此可见，因为锅炉左右侧换热条件的不同，使得烟气温度偏差和工质侧烟炉宽方向上的汽温偏差伴随着换热的进行而生成。同时，由于上炉膛左侧区域内烟气向炉后运动的阻力大于右侧，造成左侧区域内烟气流量低于右侧区域内烟气流量。当高温烟气进入水平烟道后，由于烟气在水平烟道入口右侧区域内的体积流量高于左侧区域内的体积流量，而右侧区域的烟气温度水平右高于左侧区域这一事实又强化了水平烟道内右侧区域受热面的对流换热，致使水平烟道中各级受热面出口侧对应单管内工质温升烟炉宽方向的分布呈现出右高左低的特征。国外的一些报道也表明：在水平烟道中，左右两侧烟气流量的不平衡造成的传热能量不平衡是导致末级过热器出口蒸汽温度偏差的重要原因。

五、降低水平烟道烟温、汽温偏差的措施

（一）配风调整

采用顶部过燃风（或配有中储仓式制粉系统锅炉的三次风）乃至上层辅助风反切的方案，即将过燃风及最上层辅助风气流的旋向设计成与主烟气流向相反的旋向，其目的就是削弱主烟气流的旋流强度，以减轻烟气在炉膛出口的残余旋转。这样做的好处是基本上不减少主燃烧器区的旋转强度，较少影响燃烧的强烈程度及燃尽度。如果采用把主燃烧区的二次风反切的方法，虽然也可减少旋流强度，但是也减小了燃烧强度，失去了四角切向燃烧的意义。

根据燃烧空气动力学原理，炉内旋转火焰气流的空气动力工况是由空气动力学参数旋转动量流率矩所决定的。在采用反切射流的复杂流场中，炉内气流将同时受到反切与正切两部分射流动量的综合作用。因此，可用反切与正切射流旋转动量流率矩之比（无量纲准则数）作为该复杂流场炉内燃烧空气动力工况的基本判据。经过对200～600MW机组锅炉进行的大量炉膛模化试验研究发现，准则数有普遍性的指导意义。

准则数定义如下

$$XJ=(\rho_{QW}R)_{反切}/(\rho_{QW}R)_{正切} \quad (3\text{-}7)$$

式中：动量流率ρ_{QW}和力臂R是指由正、反切风的入口射流条件所决定的动量流率和假想切圆半径。

图3-6是600MW机组锅炉炉内空气动力工况模化试验结果。横坐标是反、正切风动量流率之比，纵坐标为水平烟道中的平均及最大速度不均匀系数。可以发现，在$XJ<1.15$时，随着XJ增大，水平烟道中速度分布的均匀性逐步改善，当$XJ>1.2$时，随XJ增大，速度分布再次恶化。国内200、300MW机组锅炉的炉膛空气动力模化研究结果表明也有类似的结论。

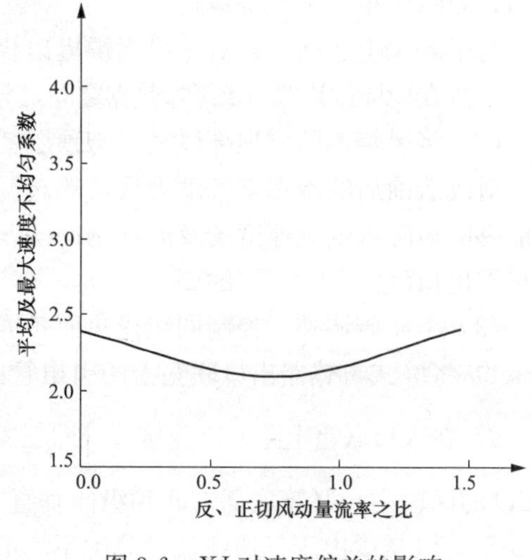

图3-6　XJ对速度偏差的影响

在锅炉炉膛内，由于反切气流的存在，反切气流与主体正旋气流间进行着强烈的动量、质量交换，从而导致流场中存在着强烈的湍流耗散，这使得主体气流旋转强度降低，炉膛出口残余旋转减弱，从而改善了水平烟道中左右侧速度分布的均匀性。随着反切风动量流率矩的增加，湍流耗散加剧，水平烟道中左右侧速度分布的均匀性进一步改善。但当反切风动量流率矩超过一定数值之后，炉内气流整体做反切向旋转运动，水平烟道中速度分布的均匀性再次恶化，但其分布与正旋时相反。

由此可认为：反切动量流率矩过小时，对水平烟道中速度不均匀性改善的效果不明显，而当反切风量流率矩过大时，炉内气流将整体上做反旋运动；根据图 3-6 的试验结果，对 300MW 及 600MW 机组锅炉，反正切风动量流率矩之比 XJ 取 0.6～1.20 为宜。

采用反切消除汽温偏斜的实例如下。

1. 改造实例 1

石横发电厂 5、6 号机组锅炉为上海锅炉厂采用引进技术生产的 1025t/h 亚临界参数控制循环锅炉，燃烧方式为四角布置切向燃烧。机组自 1989 年投运以来，水平烟道中高温再热器多次发生局部管壁超温爆管。为此，上海锅炉厂等单位对这两台锅炉进行了改造，将部分二次风及燃尽风反切布置。

首先进行的是 6 号锅炉的改造工作，将二层顶部二次风反切 25°，反、正切风动量流率矩之比为 0.45，小于前面的推荐值 0.6～1.2。实践证明，6 号锅炉二层顶部二次风反切之后有一定效果，但不明显，仍有爆管事故发生。

后来，在 5 号锅炉的改造中，进一步将顶部二次风、上部二次风、E 层燃料风及 CD 层二次风共六层喷口反切 25°，加大了反切二次风量，反、正切风动量流率矩之比达到 1.13，处于推荐数值范围之内。5 号锅炉改造之后，未再发生爆管事故，说明随着反切二次风量的增加，降低了水平烟道中烟温、汽温偏差，防止了管壁的局部超温爆管。

2. 改造实例 2

平圩电厂 2 号锅炉为 HG-2008/18.2-YM 型燃用烟煤锅炉，该炉采用 CE 公司的传统结构及布置方式，采用分隔屏前单级单点喷水，末级过热器出口采用两根汽连接管。该炉投运后，过热器两根出口管内工质汽温存在偏差，而且越来越严重，汽温偏差最大值曾达 50℃左右，影响机组安全经济运行。

为了解决上述问题，对 2 号锅炉提出相应的改进措施：

(1) 在后屏过热器与末级过热器之间，分别于左、右侧汽连接管上增设了二级喷水减温器。

(2) 将燃烧器两层顶部风喷口与顶层辅助风喷口改为反切 22°(相对于主射流中心线)。

对改造前后的冷态空气动力场及热态温度场的测试数据的对比分析，证明了上述两项措施能够明显降低烟气速度场及温度场的偏差幅度，能够消除过热器出口两侧汽温偏差，满足过热器出口汽温 540^{+5}_{-10}℃的要求。

(3) 工质侧调整。控制同级受热面各屏间工质流量分配偏差系数，避开“三通效应区”。

1) 将屏式再热器出口联箱上的引出管由两根改为三根，可使屏间流量分配更均匀。

2) 在入口联箱上距入口连接管（即三通入口管）中心线的距离 $L=\frac{D}{2}+0.6D$ 至 $L=\frac{D}{2}+1.2D$ 的区段内，联箱底部与联箱纵向垂直中分截面呈±35°的范围内不得开孔连接屏管（见图 3-7），以减少由于三通使流量分配不均的影响。

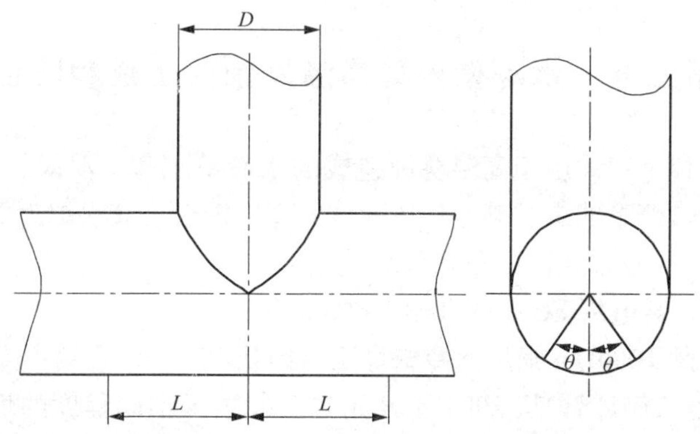

图 3-7 屏式再热器入口集箱三通管附近禁止布置屏管区域示意图

（二）在易爆管部位改用高档钢材

引进美国 CE 技术在我国发生过热器、再热器爆管，而在美国却未发生，其主要原因就是美国采用了高档钢材。

（三）拉开分隔屏与后屏过热器的距离

据西安交通大学相关研究结果表明：拉开分隔屏与后屏过热器的距离，形成一个烟气缓冲走廊，烟气在该区域可以适当进行交换，让右旋的烟气方便地流入左侧，可减少左右侧烟温偏差。

（四）改变受热面布置方式

通过前面的分析可以看出：由于布置在炉膛上部的分隔屏和后屏过热器的吸热偏差与布置在水平烟道的末级过热器的吸热偏差刚好相反，原设计中的后屏过热器与末级过热器的蒸汽连接管采用左右交叉，反而将后屏过热器左侧出口的高温介质引至末级过热器的介质温升较高的右侧，由于热偏差的累积造成末级过热器出口右侧蒸汽温度远远高于左侧蒸汽温度。

由哈尔滨锅炉有限公司、哈尔滨第三发电有限公司和黑龙江省电力科学研究院共同对哈尔滨第三发电有限公司两台锅炉的受热面进行了改造，即将后屏过热器与末级过热器之间的两根连接管由交叉连接方式改为平行连接方式，如图 3-8 所示，从试验结果可以看出，改造获得了预期的效果。

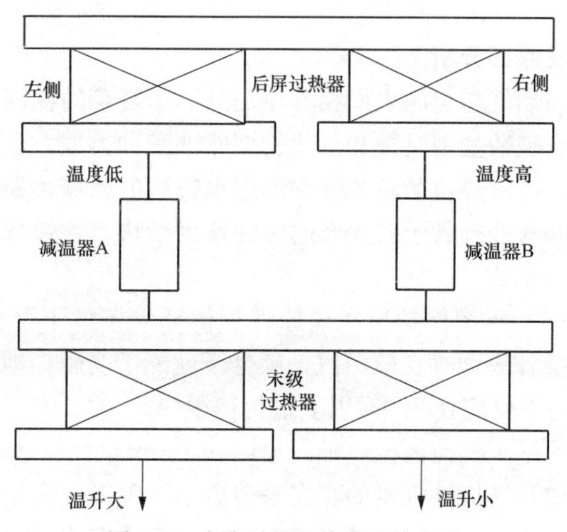

图 3-8 改造后的过热器连接方式

第三节　水冷壁外壁高温腐蚀的生成和防止

近年来，国内大容量锅炉由于高温腐蚀造成的水冷壁减薄、泄漏、爆管现象较为严重，引起了人们的重视。较严重的有：某电厂 4 台 300MW 机组，其锅炉为上海锅炉厂的 1000t/h 亚临界，单炉膛“Π”型布置，四角切圆燃烧直流炉；山东某电厂 300MW 贫煤锅炉；某电厂 300MW 贫煤炉；某电厂 SG-400-50412 超高压锅炉等。

一、某电厂 1 号炉 1000t/h 锅炉水冷壁高温腐蚀状况

该厂 4 台 1000t/h 直流锅炉从 1984 年开始先后发生了不同程度的烟气侧高温腐蚀，其中 7 号炉于 1984 年 11 月第一次发生腐蚀爆管，累计运行了 23774h，爆管部位壁厚由原 5.5mm 减薄至 1～1.5mm，概算腐蚀速度率约 0.168～0.189μm/h。1987 年 8 月，8 号锅炉也发生了第一次腐蚀爆管，累计运行了 24868h，剩余壁厚约 1mm，腐蚀速率达 0.18μm/h。1991～1992 年又先后发现了 9、10 号锅炉的高温腐蚀。腐蚀部位的表面沉积物呈多层结构；最外层为疏松焦渣，手触即落，下面是 1～3mm 的浮沉灰，可用扫把清除；再下面是一层 0.5～1mm 厚的黑褐色类似氧化皮的脆性腐蚀产物。腐蚀产物的化学分析结果见表 3-3。

表 3-3　　腐蚀产物的化学成分分析结果

项目	Fe_2O_3	Al_2O_3	SiO_2	CaO	MgO	硫酸盐硫	硫化物硫
数值	62.8%	6.70%	19.70%	1.3%	0.8%	0.97%	2.6%

由表 3-3 可以看出，主要成分为氧化铁，含硫量比燃煤高（燃煤含硫为 1.1%～1.5%），尤其是出现了较高的硫化物硫。利用电镜能谱分析仪，对水冷壁腐蚀管段横截面进行硫的线扫描和面扫描分析，发现在金属基体与腐蚀产物分界处的腐蚀前沿，有一条 5～10μm 的富集硫带。经过进一步分析，腐蚀前沿富集硫带内主要成分由铁和硫组成，且原子个数相近，可以判断其物相结构是 FeS，且可判断为以硫化物腐蚀为主的高温硫腐蚀类型。

各台炉的高温腐蚀分布有共同规律，主要腐蚀区分布在炉膛标高 12～23m 范围内的下辐射区水冷壁上（燃烧器上下缘标高分别为 18.46m 及 13.15m），腐蚀程度主要与运行时间长短有关。

二、高温腐蚀机理及原因分析

高温腐蚀是炉内高温烟气与金属表面相互作用的一个复杂的物理、化学过程。按其机理可分为硫化物型腐蚀、焦硫酸盐型腐蚀和氯化物型腐蚀三种类型。水冷壁管的高温腐蚀通常是发生在燃烧的高温区及局部热负荷较高管壁温度也较高的区域，如燃烧器附近区域。一般情况下，发生高温腐蚀的水冷壁管子向火面的腐蚀速度最快，管壁减薄也最大，而被火侧不发生高温腐蚀。

水冷壁管表面的 Fe_3O_4 质密保护层在还原性气体环境条件下可被破坏，生成质地疏松的 FeO，如果此时水冷壁外表面存在硫蒸汽，硫分子就能不受阻挡地向里扩散渗透，与基体铁发生反应，生成 FeS，该反应在 350℃以上进行得很快。

综上所述，造成水冷壁烟气侧高温腐蚀的原因如下：

（1）火焰冲刷水冷壁和还原性气氛的存在是造成水冷壁高温腐蚀的主要原因。当含有煤粉的高温火焰冲刷水冷壁管时，火焰中的未燃尽煤粉在水冷壁附近缺氧燃烧，产生还原性气

体，同时煤粉颗粒随烟气冲刷水冷壁管时，磨损将加速水冷壁管上的保护膜的破坏，加速金属管壁腐蚀的过程。研究表明，烟气中一氧化碳浓度越大，高温腐蚀就越严重，而当烟气中含氧量大于2%时，基本上不发生高温腐蚀。

（2）燃煤品质差是发生水冷壁高温腐蚀的必要条件。燃料中含硫、碱金属越多，腐蚀性介质浓度越大，出现高温腐蚀的可能性就越大。如高硫煤燃烧时产生大量H_2S、SO_2、SO_3，这些酸性物质能够破坏水冷壁管的保护膜，致使水冷壁管不断减薄，最终导致爆管的发生。

（3）过高的水冷壁温度加速了水冷壁高温腐蚀的发生。研究表明，H_2S等腐蚀性物质的腐蚀性在300℃以上逐渐增强，温度每升高50℃，腐蚀性增加一倍。对于大容量锅炉，燃烧器区域的水冷壁管内介质温度一般在350℃左右，烟气侧水冷壁温度多在420℃左右，处于金属发生强烈的高温腐蚀范围之内。

（4）不当的运行方式也容易引发水冷壁高温腐蚀的发生。如果燃烧器运行不当，容易造成炉内局部地区产生还原性气氛，继而发生腐蚀。

三、某电厂所采取防止高温腐蚀的措施及效果

煤的含硫量及水冷壁管壁温度范围是无法避免和改变的，只有针对气流刷壁及壁面附近存在还原性气体和腐蚀性气体这两个方面采取措施。

（1）采用渗铝管。渗铝管的渗铝厚度为0.18～0.39mm，渗铝层中的Al-Fe化合物层硬度高、脆性大，极易开裂，尽管如此，它的高温抗氧化性远远优于钢，大大减缓了腐蚀进程。在目前渗铝工艺水平下，由于内螺纹管厚薄不均、焊接处无渗铝层、运行中负荷的急剧变化和启停等原因，渗铝层不可能不存在缺陷和出现裂纹，因而不可避免会发生渗铝层的腐蚀。因此渗铝管不能完全防止腐蚀，但可明显延长水冷壁管的使用寿命。

（2）增加贴壁风。即在炉前墙双面水冷壁部位装设了贴壁风道，贴壁风来自热风母管，经安装有补偿器、调节风阀、测风装置的风道引至固定在水冷壁上的扁平风口，其射流方向与水冷壁平行。经热态运行测试，投入贴壁风后，贴壁烟气中含氧量明显提高，在大部分测量中还原性和腐蚀性气体消失，仅个别点因风口宽度偏小，而上游燃烧器中风粉比例不合适，仍存在少量还原性气体，尚需增加贴壁风量。投入贴壁风后，改变了局部缺氧区的燃烧状态，锅炉效率提高约0.5%，运行至今未见其他不良影响。贴壁风投运3年后，在贴壁风区域内进行割管取样检查，总体看来，贴壁风能使贴壁区域烟气组分得到改善，能起到阻挡煤粉气流对水冷壁冲刷及使水冷壁管得以冷却的作用，因而能有效地控制水冷壁管的腐蚀速度。

四、山东某电厂1025t/h锅炉水冷壁高温腐蚀状况的处理

山东某电厂1号炉为哈尔滨锅炉有限责任公司制造的1025t/h贫煤锅炉，于1991年7月投运，运行22000h。1995年2月停炉小修中，发现水冷壁主燃烧区有大面积外壁腐蚀，最严重处壁厚仅剩下4.5mm（原壁厚为8.6mm），估算腐蚀速度为1.59mm/万h。被迫提前大修，大面积更换腐蚀的水冷壁。水冷壁腐蚀部位见图3-9，腐蚀部位与结渣部位相同。当时燃用煤质的分析基含硫量为1.3%～1.6%，$Q_{net,ar}$＝24MJ/kg。

腐蚀原因分析：

（1）预热器热风道向外漏风大，造成炉内供氧量不足。

（2）煤中含硫量高。

（3）炉膛温度水平高。

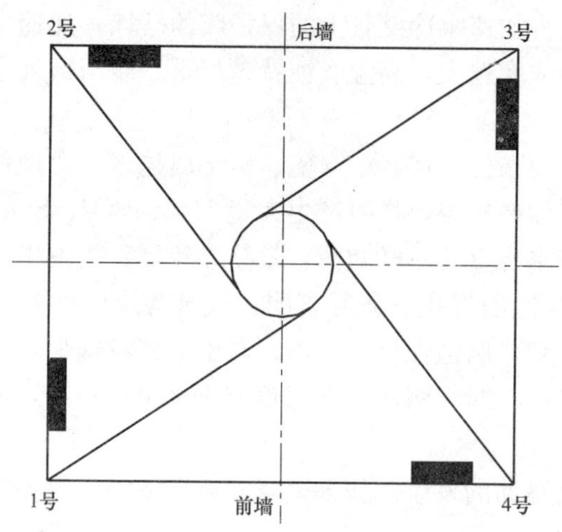

图 3-9　山东某电厂 1 号锅炉炉内结渣及腐蚀部位

（4）气流冲刷炉壁。

改进措施：

（1）修复风道，减少漏风。

（2）控制煤粉细度，防止着火延迟。

（3）调整好炉内动力场，防止气流偏斜产生还原性气氛。

（4）采用渗铝管更换腐蚀的水冷壁管。

五、各影响因素对锅炉燃烧性能的相互关系

从前述分析可知，影响锅炉水冷壁高温腐蚀的因素几乎与炉壁结渣的因素相同，即炉膛温度水平高，气流贴壁及炉内还原性气氛均有不利影响；另外，炉膛温度水平高对燃烧稳定性和燃尽率都有好的影响，便于组织燃烧。

但是也存在矛盾的一面，如：

（1）炉膛温度水平高燃尽率高，但容易产生炉内受热面结渣，特别是对于挥发分低、灰熔点也低的煤，更突出。如四川松藻无烟煤，灰熔点低，为防止结渣，炉膛设计时未敷设卫燃带，但燃烧效率很低。只有采用液态排渣或 W 型炉燃烧才能解决，然而又会带来其他的问题。

（2）减少炉内旋流强度可减少炉出口烟温偏差，但是对燃尽不利。

（3）浓淡燃烧对提高着火稳定性，对降低 NO_x 都有利，但是由于风煤比例失调，对燃尽不利，同时易产生还原性气氛，容易引起结渣和炉壁高温腐蚀。

为了解决这些矛盾，需要综合考虑各因素的影响程度而采取综合措施。锅炉设计以及运行调试水平在于能深刻了解各因素的影响程度以及所采取措施的有效程度，从而采取相应的措施。燃烧设备性能预诊在一定程度上可帮助进行事前分析研究，确定最佳设计、改造方案。

第四章

锅炉混煤掺烧技术

火力发电厂锅炉设计的依据是按照特定煤种进行的，特定煤种可以是单一煤种，也可以是混合煤种。火力发电厂燃料确定以后，炉膛的结构尺寸、辅机的型号等参数就可以固定下来。因此，最初确定未来几十年主要燃用煤种对于锅炉设计是非常重要的。然而，国内的发电企业大多都没有办法常年燃用设计煤种，而是一直在掺烧、混烧不同比例的非设计煤种，因此，研究锅炉混煤掺烧技术格外重要。

第一节　混煤掺烧方式

一、国内外混煤掺烧研究现状

（一）国外研究现状

20 世纪 70 年代开始，美国、德国、日本等国家相继开展了混配煤技术的研究。主要目的是减少锅炉的结焦积灰、减少氮氧化物等有害气体的排放，充分利用高发热量的煤种，满足不同用户的需求。混煤掺烧技术发展的初期，主要是在煤炭生产及后续运输过程中按需进行配置。

美国西部地区所产原煤含硫量较低，但在中东部地区煤种硫含量普遍较高。为了控制 SO_x 等有害气体的排放，一些大学和科研机构着手进行了不同煤种混合燃烧方法的研究，并在电厂实施。目前，有两种常用的方法：一是燃用高硫煤的电厂必须掺烧一部分低硫煤；二是采用入炉前洗煤技术和尾部脱硫技术，实现低硫氧化物排放目标的实现。

德国是褐煤资源比较丰富的国家，也是世界上较早开展混煤燃烧技术研发和应用的国家。20 世纪 70 年代开始，以褐煤为设计煤种单独燃烧的某些电站，因褐煤水分高、热值低，使实际燃烧过程中的性能与设计参数不符，无法达到满负荷运行，所以采用烟煤与褐煤混燃技术来提高锅炉效率及褐煤的利用率。随着技术的不断进步，近年来，许多德国研究者认为必须深入研究煤的工业分析和元素分析等参数对不同煤种混燃性能的影响行为，在保证电厂长周期安全稳定运行的前提下提高经济效益。一些学者注意了氧气浓度和煤粉细度对着火特性的影响行为，结果表明，混煤的掺混比例影响煤的着火性能。

（二）国内混煤掺烧研究现状

国内常用的是根据发热量和挥发分的要求对两种煤进行一定比例的掺混，经研究，在煤种适应性上有一定的效果，但在燃烧效率、结渣积灰、污染物排放等方面还需要进一步研究。国内发电企业采用混煤燃烧主要原因包括：①动力用煤供应不稳定；②随着装机容量的增加，单一煤种无法保证供应；③储量较大的劣质煤的利用率受到重视，需要考虑其出路；④从经营角度出发，尽管可以减少燃料成本，但会带来一些其他问题。

近年来，随着我国动力用煤市场的变化，越来越多的发电企业无法保证设计燃料的供给；即使是同一煤种，随着产地、采矿点、地质条件以及开采、运输、储存等条件的不同，煤质特性也会有很大的差别。另外，很多发电企业的经营业主从经济的角度出发，主观上让锅炉燃用一些低价的如洗中煤、煤矸石等劣质燃料，无疑增大了锅炉实际用煤的变化幅度，主要煤质特性参数远远偏离设计值。这就给从事锅炉技术、运行以及研究部门带来了一个现实的问题：燃料特性发生变化以后，锅炉是否可以安全、经济、稳定的运行；燃料发生变化以后，锅炉燃烧系统以及辅助系统会相应地发生何种变化？

众所周知，锅炉在设计阶段都要选取不同煤种进行校核计算，也就是说：锅炉对煤种的适应性在设计阶段已经被设计人员所考虑。因此，在不对锅炉炉膛结构、燃烧器参数等进行结构改变的条件下，锅炉实际燃用的燃料在一定的范围之内变化，是允许的。然而这种掺烧的前提是保证锅炉能够安全、稳定运行。近年来，我国火电机组原设计燃用烟煤的锅炉很多已经开始掺烧不同比例的褐煤，从掺烧褐煤锅炉的实际运行情况来看，炉前预混掺烧（炉外掺烧）和分磨入炉掺烧（炉内掺烧）两种方式都是可行的，但两种掺烧方式存在较大的差异。

二、掺烧方式

火力发电厂一般有两种掺烧方式。

1. 炉前预混掺烧

该种掺烧方式主要是在发电厂煤场堆煤时通过一定的方式，采用一定的机械将不同煤种混合在一起的方式。简单地说，就是每台磨煤机里面的煤种都是混合后的。如可以通过不同的输煤皮带向同一煤斗输煤时预混，这种方式对于煤场较小的电厂不易实现。但对于某些有铁路运输和海运能力的企业来说，将需要掺混的两种或两种以上的煤集中到中转地或转运码头，按照供应电厂的预先设定的掺混比例装运，这样供应到电厂的混煤可以直接燃用，减少了中间环节，提高了混配煤的掺烧比例。比如，神华集团在秦皇岛和黄骅港煤码头就是采用该种预混方式，满足终端用户对不同煤种、不同掺混比例混煤的供应。

2. 分磨入炉掺烧

火力发电厂根据预先设定的锅炉掺烧比例，利用现有的输煤系统，对不同煤斗上不同的煤，即不同的磨煤机磨制不同的煤种。分磨掺烧主要用于直吹式制粉系统。一般固定某一台或某几台磨煤机磨制掺混煤种，其他磨煤机磨制正常煤种。采用分磨掺烧可以较为精确地控制掺烧比例，但炉内是否均匀混合会影响掺烧效果。当锅炉拟掺烧高水分褐煤时，由于制粉系统干燥出力的限制以及安全因素的限制，这种掺烧方式在一定程度上会影响褐煤的掺烧比例。

第二节　锅炉掺烧对其性能的影响

一、单一燃料特性参数对锅炉燃烧性能的影响

1. 发热量对燃烧特性的影响

发热量作为工业分析中反映煤质好坏的参数，是指完全燃烧单位质量的煤所放出的全部热量。对发热量的要求在不同的燃烧设备中有所不同。锅炉燃用低热值的煤种，影响锅炉效率，增加不完全燃烧损失；锅炉燃用过高热值的煤种，在燃料量相同的情况下，锅炉会过度

燃烧，生成过量烟气，造成大气污染，还可能损坏燃烧设备。由此可见，尽管发热量是煤质经济价值的重要评价标准，但在火力发电厂实际应用中并不是发热量越大越好。

2. 挥发分对燃烧特性的影响

在惰性气氛条件下，将煤加热到900℃左右，使煤中的有机成分分解并析出，再除去煤中剩余的水分余下的部分叫作挥发分。挥发分主要是一些可燃气体，是煤在特定条件下进行热分解的产物，不是煤种固有的物质。不同型号的锅炉对煤中挥发分含量的要求也有所差异，锅炉的稳定燃烧需要燃用符合锅炉设计参数的煤种，以保证锅炉达到设计出力。

3. 煤中含硫量对燃烧特性的影响

硫是煤中主要有害元素，硫的燃烧产物不仅会造成环境污染，还会对锅炉设备造成腐蚀。硫燃烧生成的硫酸蒸汽会在酸露点远远大于同样条件下水蒸气露点的条件下发生凝结，对锅炉尾部受热面产生腐蚀。酸露点的高低取决于燃料中硫的含量。

4. 煤中灰分含量对燃烧特性的影响

灰分是煤中没有燃烧的部分。一般而言，灰分含量高的煤种煤质差，反之属于优质煤。在电厂中，煤含矿物质的多少是衡量煤质优劣的标准，因为煤种的矿物质成分会随燃烧进程逐渐分解，煤的热值会因为这部分热量被吸收而降低。灰分的负面作用表现为由于矿物质的吸热作用造成能量损失，致使煤的热值降低。采用高灰分煤种燃烧会导致锅炉积灰、结渣，加剧燃烧设备、输煤设备、制粉系统的磨损，很多电厂都会严格控制高灰分煤种的使用。

5. 煤中水分含量对燃烧特性的影响

煤中的水分来源有外部水分、内部水分、化和水分三种，是煤中不可燃烧成分。煤的自身性质和外界环境决定了水分含量的多少。将煤在110℃左右的恒温箱中加热一定的时间所减少的水含量称为原煤的内部水分。在煤的燃烧过程中水会发生汽化，因此含水量大的煤不仅热值低，不利于着火和后续的燃烧，还会因为水的汽化使锅炉达不到额定负荷，降低锅炉出力，并且腐蚀在低温环境下工作的设备。此外，制粉系统也会因为煤的水分含量高而受到影响。

6. 煤灰熔点对燃烧特性的影响

灰熔点是煤中灰分的熔融温度。煤灰中的各类化合物随温度的升高，先是部分熔化，然后逐渐增多，因此煤灰的熔化并不在特定温度下发生，而是存在一个温度区间来判别煤灰的熔融性。一般用煤灰熔融过程中三个可以观测到的特殊现象对应的温度（变形温度DT、软化温度ST、流动温度FT）来表示煤灰的灰熔点，灰熔点的高低可以作为煤灰分类的标准。

二、混煤特性参数对锅炉燃烧性能的影响

通常认为，混煤是煤的机械混合，其燃烧特性应是两种煤质特性的加权平均值，实际并非如此。虽然混煤的元素成分和发热量与原煤的加权平均值相符，但是燃用混煤的炉内过程，如着火燃烧稳定性、燃尽性和结渣特性等，则与加权平均结果有较大的差距。

煤粉气流着火指数的测定条件与电站锅炉煤粉着火工况最接近，可以把它作为比较煤粉着火难易的主要指标。气流着火指数受煤粉浓度和混煤比例的直接影响，浓度越高着火指数越低，无烟煤掺烧烟煤的比例越大着火指数越低，通常煤粉炉的一次风煤粉浓度为0.4～0.6。提高煤粉浓度有利于着火，采用浓淡分离技术或高浓度一次风燃烧，明显提高了煤粉浓度，有利于着火和提高燃烧稳定性。但是，过高的煤粉浓度在输粉方面要采取有效措施，对某些煤种气流着火指数的降低幅度不显著，因而一次风中煤粉浓度应全面综合考虑。

难燃煤掺烧易燃煤时着火特性明显改善，1∶1混煤的着火指数大多不是两个原始煤种着火指数的平均值，而是向易燃煤着火指数靠拢。这说明易燃煤种先着火并起到一个稳定火源的作用。由此可见，难燃煤种燃烧时，掺烧少量的易燃煤种对稳定燃烧和降低不投油负荷有利；反过来说，易燃煤种被迫掺烧难燃煤种时，其着火指数要升高，但掺烧比例不是太大时着火稳定性可在允许范围内。

使用不同的分析方法来研究混煤的着火特性，可得出如下共同的规律：

(1) 挥发分是判别着火难易的概略指标。一般来说，挥发分越高，着火越容易；但是，挥发分相近的不同煤种（包括混煤），其着火难易程度可能有很大的差别。

(2) 难着火的煤与易着火的煤混烧，总的着火难易程度趋近易着火煤的着火特性，即难燃煤掺烧易燃煤来改善着火特性，其作用会较显著。

(3) 混煤的着火及燃烧稳定性靠近易燃煤的着火特性，难燃煤中掺烧部分易燃煤种会显著提高燃烧稳定性。

(4) 混煤的燃烧，各掺烧煤种在燃烧过程中均保持原有的燃烧特性。

(5) 混煤的燃尽性趋近难燃煤种，难燃煤中掺烧易燃煤种，不会使燃尽特性显著改善。

从分析研究所选用煤种来看，两原始煤种的结渣性能对混煤结渣性有同等程度的影响，结渣煤种掺烧不结渣煤种会使结渣煤程度减轻；相反，不结渣煤种掺烧结渣煤会使燃烧产生结渣。结渣倾向受掺烧比例的影响，掺烧越多，结渣倾向越重。该试验结果，两不结渣煤掺烧后仍不结渣，但由于试验煤种有限，不能做出定论，应具体问题具体分析。

三、设计燃用烟煤锅炉掺烧褐煤问题探讨

如前所述，大多数火力发电企业在混煤掺烧过程中大都是采用分磨入炉混烧的方式进行。特别是东北地区的发电企业，为了降低经营成本，不得不将原设计燃用烟煤的锅炉大量掺烧高水分褐煤。在进行该工作的初期，各个发电公司大多采用较为保守的做法，即锅炉及其附属系统在现有条件下，能够掺烧多少高水分褐煤，安全性如何？

由锅炉厂提供的设计资料、《大型煤粉锅炉炉膛及燃烧器性能设计规范》(JB/T 10440—2004) 以及其他规程规范可知：在锅炉燃用燃料一定的条件下，首先要进行炉膛截面热负荷以及容积热负荷的确定，进而确定炉膛结构等参数。而炉膛截面热负荷及容积热负荷的选择与燃料的特性有很大的关系，具体见表4-1。

表4-1　配300MW机组锅炉炉膛热力特性参数

煤　种	容积热负荷 (kW/m^3)	截面热负荷 (MW/m^2)
烟煤	90～118	3.8～5.1
褐煤	75～90	3.3～4.0

从表4-1可以看出，与烟煤相比，由于褐煤挥发分高，容易结渣，因此在选择炉膛热力特性参数时数值相对烟煤低。所以原设计燃用烟煤的锅炉，掺烧一定比例的褐煤，从燃烧稳定性的角度出发，锅炉不存在任何问题；相对于烟煤，褐煤较软，原设计燃用烟煤的锅炉大多配置中速磨煤机，因此从碾磨出力的角度出发，中速磨煤机磨制褐煤是没有问题的。但是由于褐煤水分大、挥发分较高，原设计燃用烟煤的锅炉制粉系统非常简单，大多选择"热风+

冷风”作为干燥剂，那么这种磨煤机在单独碾磨褐煤过程中能否出现其他问题？锅炉能够掺烧多大比例的褐煤呢？

对于火力发电厂而言，和美德掺烧比例是企业需要确定的关键参数之一，掺烧比例的选择主要受到以下几个方面的影响：

（1）锅炉结渣是影响锅炉安全运行的重要因素，因此掺烧比例的确定应结合锅炉结渣特性而最终确定。

（2）褐煤的水分高，炉内掺混或炉外掺混都会影响制粉系统的干燥出力，磨煤机的出口温度降低，直接影响到锅炉燃烧的稳定性和经济性。

（3）褐煤挥发分含量高，在实际掺烧过程中应防止制粉系统发生爆炸。同时也要关注燃烧器喷口以及水冷壁等受热面的结焦现象。

（4）正是由于褐煤具有高水分、高挥发分、低热值的特点，设计燃用烟煤的锅炉在掺烧一定比例的褐煤时，锅炉一次风率的增大会给锅炉的性能带来诸多变化，因此实际工作中要认真对待。

第三节　锅炉掺烧计算及改造实例

一、褐煤掺烧比例计算实例

原设计燃用烟煤的锅炉在不对其进行任何改动的前提下，锅炉最大能够掺烧多少褐煤呢？下面以某台 1021t/h 锅炉为例，进行分析说明。

该锅炉为亚临界参数、一次中间再热、自然循环汽包炉，采用平衡通风、四角切圆燃烧方式，设计燃料为烟煤。锅炉以最大连续负荷（即 BMCR 工况）为设计参数，在机组电负荷为 336.3MW 时，锅炉的最大连续蒸发量为 1025t/h，机组电负荷为 303.1MW（即 TRL 工况）时，锅炉的额定蒸发量为 960t/h。

锅炉为单炉膛，四角布置的摆动式燃烧器，切向燃烧。配有 5 台 MPS170HP-Ⅱ中速磨煤机，4 台运行，1 台备用。

燃烧器采用 CE 传统的大风箱结构，由隔板将大风箱分隔成若干风室，在各风室的出口处布置数量不等的燃烧器喷嘴，顶部燃尽风室可做上 30°下 5°的摆动，一次风喷嘴可上下摆动各 20°，二次风喷嘴可做上下各 30°的摆动，以此来改变燃烧中心区的位置，调节炉膛内各辐射受热面的吸热量，从而调节再热汽温。每个燃烧器共有 6 种 15 个风室 14 个喷嘴，其中顶部燃尽室 2 个、煤粉风室 5 个、油风室 3 个、中间空气风室 3 个、空风室 1 个（该风室不参与调节）。根据风室的高度不同，布置数量不等的喷嘴。

顶部燃尽风室，每个风室布置一个喷嘴，上端部空气风室布置一个喷嘴，煤粉风室布置五个一次风喷嘴，油风室中间布置有带稳燃叶轮的喷嘴，下端部空气风室布置一个喷嘴，空风室不布置喷嘴。

锅炉采用 14048mm×11858mm 准正方形炉膛，通过采用 WR（水平浓淡）燃烧器、较高的燃尽高度等措施保证煤粉的及时着火和充分燃尽。

每台锅炉配有 2 台三分仓容克式空气预热器。

每台锅炉设置 4 支微油量油枪，用于锅炉启动及低负荷稳燃。

该锅炉原设计煤质见表 4-2。

表 4-2　　锅 炉 设 计 煤 质

名称	符号	单位	设计煤种	校核煤种Ⅰ	校核煤种Ⅱ	校核煤种Ⅲ
碳	C_{ar}	%	53.42	46.92	59.91	54.51
氢	H_{ar}	%	3.69	3.3	4.08	3.73
氧	O_{ar}	%	8.32	7.7	8.95	9.05
氮	N_{ar}	%	0.77	0.63	0.9	0.84
硫	S_{ar}	%	1.01	0.9	1.13	0.59
灰分	A_{ar}	%	19.09	26.15	12.03	15.87
水分	M_{ar}	%	13.7	14.4	13	15.4
水分	M_{ad}	%	7.0	9.01	4.99	6.62
挥发分	V_{daf}	%	43.37	45.42	41.32	41.14
低位发热值	$Q_{net,ar}$	MJ/kg	20.69	17.89	23.49	21.04

拟掺烧褐煤煤质分析数据见表 4-3。

表 4-3　　拟掺烧褐煤煤质分析数据

名称	符号	单位	数值	备注
碳	C_{ar}	%	40.79	
氢	H_{ar}	%	2.89	
氧	O_{ar}	%	9.99	
氮	N_{ar}	%	1.08	
硫	S_{ar}	%	0.21	
灰分	A_{ar}	%	16.34	
水分	M_{ar}	%	28.7	
水分	M_{ad}	%	13.51	
挥发分	V_{daf}	%	48.51	
低位发热值	$Q_{net,ar}$	MJ/kg	14.41	

根据表 4-2、表 4-3 所示煤质情况，褐煤：烟煤＝1：9、2：8、3：7 的掺烧比例进行校核计算。为了便于说明问题及考察锅炉制粉系统在不进行改造的条件下工作状况，对混煤按照质量百分比做加权平均处理，三种混煤的煤质见表 4-4。由于实际掺烧是按照分磨炉内混烧方式进行的，实际的运行效果与计算差异很大。

表 4-4　　混 煤 煤 质

名称	符号	单位	1：9 掺烧	2：8 掺烧	3：7 掺烧
碳	C_{ar}	%	52.157	50.894	49.631
氢	H_{ar}	%	3.61	3.53	3.45
氧	O_{ar}	%	8.487	8.654	8.821
氮	N_{ar}	%	0.801	0.832	0.863
硫	S_{ar}	%	0.93	0.85	0.77
灰分	A_{ar}	%	18.815	18.54	18.265
水分	M_{ar}	%	15.2	16.7	18.2
水分	M_{ad}	%	7.651	8.302	8.953
挥发分	V_{daf}	%	43.884	44.398	44.912
低位发热值	$Q_{net,ar}$	MJ/kg	20.062	19.434	18.806

表 4-4 中的数据表明：按照上述煤样进行加权计算得到的混煤样本（2∶8 掺烧），除了水分超过锅炉厂提供的校核煤种范围以外，其他成分均在该范围之内。

分别对以上三种煤质（混合煤种）进行制粉系统校核计算，计算时假设掺烧褐煤后，位置磨煤机出口温度 75℃不变。计算结果表明，随着掺烧褐煤比例的增加，制粉系统的冷、热一次风比例由 21∶79 降至 0∶100，即制粉系统干燥剂全部采用热风也无法满足制粉系统正常运行，同时所需干燥剂初温由 256℃升高至 330℃（而锅炉设计一次风温度为 320℃）。这表明制粉系统的设计干燥出力已经不能满足锅炉制粉需要。在掺烧比例为 2∶8 的校核计算中冷、热一次风比例为 6∶94 干燥出力基本达到极限（M_{pc}取值按照制粉系统设计规范规定）。即在锅炉现有系统条件下，锅炉最大的掺烧褐煤比例为 2∶8。当然，如果适当降低磨煤机出口风温，则掺烧比例将会更高。

在进行制粉系统校核计算同时，也对锅炉燃煤量和锅炉燃烧系统进行校核计算。锅炉所需燃料量由设计的计算燃料消耗量 137t/h 增加至 151t/h，烟气质量流量也由 1390.9t/h 增加至 1423.6t/h。

二、锅炉掺烧褐煤改造实例

在不对锅炉进行制粉系统、受热面改造的前提下，锅炉可以掺烧一定比例的褐煤。如果希望掺烧更多的褐煤，并且提高锅炉及其制粉系统运行的安全性，那么必须要对锅炉及其制粉系统进行适当改造，以满足这种需要。下面以一个改造实例进行说明。

（一）锅炉概况

某厂安装有 2 台 350MW 级锅炉，设计煤种为烟煤，配备双进双出钢球磨煤机正压直吹式制粉系统。锅炉运行期间，制粉系统经常发生爆炸，严重影响机组的安全稳定运行。为降低运营成本，同时保证煤源供应，计划对该锅炉进行改造以保证掺烧褐煤时锅炉运行的安全性。

锅炉为 HG-1165/17.45-YM1 型、亚临界、一次中间再热、自然循环、平衡通风、燃煤汽包锅炉，设计燃用烟煤。锅炉主要设计参数见表 4-5。锅炉采用全钢结构构架，呈 Π 型布置，单炉膛。炉膛四周为膜式水冷壁，炉膛的高负荷区域采用内螺纹管的膜式水冷壁，炉膛上部布置有墙式再热器、分隔屏、后屏过热器，水平烟道中布置有后屏再热器、末级再热器、末级过热器和立式低温过热器，后烟道竖井布置水平低温过热器和省煤器，后烟道下部布置两台三分仓回转式空气预热器。过热器蒸汽温度调节采用两级喷水减温，再热蒸汽温度调节采用摆动燃烧器调温方式，燃烧器可摆动±30°，再热器系统设有事故工况喷水减温。

锅炉配有 3 套双进双出钢球磨煤机正压直吹式制粉系统，采用热风作为干燥介质，制粉系统共配有 6 台电子称重式给煤机、3 台 BBD4360 型双进双出钢球磨煤机。

表 4-5　锅炉主要设计参数

序号	项目	单位	BMCR	100%THA
1	过热蒸汽流量	t/h	1165	1045
2	过热蒸汽出口温度	℃	541	541
3	过热蒸汽出口压力	MPa	17.45	17.28
4	再热蒸汽流量	t/h	962.2	870

续表

序号	项目	单位	BMCR	100%THA
5	再热蒸汽进口压力	MPa	3.856	3.484
6	再热蒸汽出口压力	MPa	3.676	3.321
7	再热蒸汽进口温度	℃	327.9	318.1
8	再热蒸汽出口温度	℃	541	541
9	给水温度	℃	282.5	275.5
10	空气预热器入口一次风温	℃	26	26
11	空气预热器入口二次风温	℃	23	23
12	一次热风温度	℃	324	322
13	二次热风温度	℃	334	332
14	排烟温度	℃	126	124
15	总燃煤量	t/h	184.1	166.5

制粉系统主要设计参数见表4-6。

表4-6　制粉系统主要设计参数

项目	名称	单位	数值
给煤机	型号		EG2490
	数量	台	6
	出力	t/h	10～100
	给煤距离	mm	1828
	电机功率	kW	2.2
磨煤机	型号		BBD4360
	数量	台	3
	最大出力	t/h	85
	最大一次风总流量	t/h	119
	最大一次风流量	t/h	114.5
	磨煤机密封风量	t/h	4.5
	旁路风量	kg/h	4250～24860
	风煤比		1.636
	出口混合物温度	℃	≤70
	煤粉细度（R_{90}）	%	18.6
	最大钢球装载量	t	92
	工作转数	r/min	16
	轴功率	kW	1458.4

锅炉设计煤种为阜新烟煤，掺混的煤种为霍林河褐煤。按照70%设计煤种和30%霍林河褐煤比例掺混设计，混煤的主要煤质特性见表4-7。

表4-7　锅炉设计煤质特性

序号	项目	符号	单位	设计煤质	校核煤质	霍林河褐煤	30%褐煤
1	收到基碳	C_{ar}	%	43.34	39.77	38.11	41.77
2	收到基氢	H_{ar}	%	3.52	4.23	2.39	3.18
3	收到基氧	O_{ar}	%	11.65	11.24	9.51	11.01

续表

序号	项目	符号	单位	设计煤质	校核煤质	霍林河褐煤	30%褐煤
4	收到基氮	N_{ar}	%	0.75	1.08	0.73	0.74
5	收到基硫	S_{ar}	%	0.9	0.9	0.3	0.72
6	全水分	M_t	%	8.63	10.55	31.8	15.58
7	收到基灰分	A_{ar}	%	31.21	32.23	17.16	26.7
8	收到基低位发热量	$Q_{net,ar}$	kJ/kg	17500	15900	13200	16210
9	干燥无灰基挥发分	V_{daf}	%	46.35	45.94	49.03	47.15
10	可磨性系数	HGI		57	59	60	—

（二）改造前锅炉存在的问题

1. 引风机出力不足

改造前锅炉表现出引风机出力不足的问题，原因主要有以下几点：

（1）空气预热器阻力较大。BMCR 工况下设计空气预热器阻力为 1127Pa，由改造前的试验实测可知：350MW 负荷下，A 侧空气预热器阻力约为 1800Pa，B 侧空气预热器阻力约为 2300Pa，分别比设计值高约 670Pa 和 1100Pa，平均高出设计值 885Pa。

（2）空气预热器漏风。实测锅炉空气预热器漏风率约为 10%，高于保证值 6%，由于漏风较大，将造成空气预热器出口烟气量增大，从而影响引风机出力。

（3）除尘器漏风。除尘器漏风率设计一般均低于 3%，而实测 320MW 负荷下，从预热器出口至除尘器出口漏风率为 8.0%，漏风较大，从而限制引风机出力。

（4）引风机叶片磨损严重。实际运行中，由于除尘器投入率低，大量未经除尘的烟气对引风机叶片产生严重磨损，经停炉检修发现，叶片均产生不同程度的磨损现象，致使引风机出力下降。

2. 排烟温度较高

改造前机组在额定负荷下，实测修正后的排烟温度为 143.2℃，比锅炉设计排烟温度（为 126℃）要高出 17.2℃。其主要原因有：

（1）锅炉经常燃用煤种较差，水分较高，使排烟温度升高。

（2）空气预热器积灰堵塞或蓄热片热变形等问题使空气预热器换热效果下降，导致排烟温度升高。

（3）锅炉尾部烟道吹灰器投入率低，造成尾部烟道受热面积灰严重，换热效果降低，从而导致排烟温度升高。

（三）锅炉系统改造简介

改造拟抽取冷炉烟，将除尘器后（引风机出口）的烟气送入冷一次风（一次风机入口）中，左右两侧各增加一台增压风机以保证抽取所需要的烟气量，冷炉烟和空气混合后经由空气预热器进入制粉系统，这样可同时满足制粉系统的干燥出力及安全防爆要求，以达到燃用设计煤种掺烧 30%霍林河褐煤的目的，而且系统简单，管道布置方便。炉烟温度较低，对管道材质要求不高，改造投资成本较低，同时又便于运行与维护。冷烟风机设计技术参数见表 4-8，冷炉烟改造系统如图 4-1 所示。

表 4-8　冷烟风机设计技术参数

序号	项目	单位	数值
1	型号		Y6-51-1№14D
2	数量	台	2
3	风量	m^3/h	88000
4	全压	Pa	1936
5	叶轮直径	mm	1400
6	烟气温度	℃	130～140
7	电动机型号		Y315S-6
8	电动机功率	kW	75
9	电流	A	141
10	电压	V	380
11	转数	r/min	960

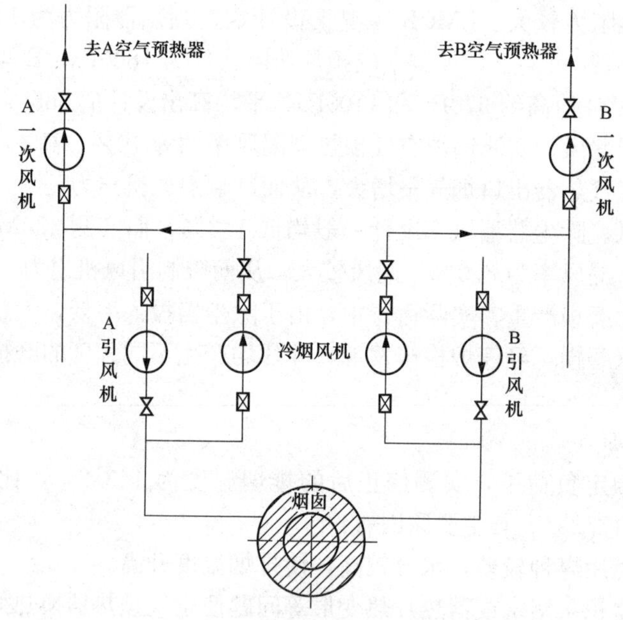

图 4-1　冷炉烟改造系统简图

（四）改造结果分析

在改造中，锅炉增加了冷炉烟系统，需检验投入冷炉烟系统后对机组运行的其他经济性和安全性指标来检验效果，如锅炉热效率、排烟温度、主再热蒸汽温度、受热面壁温、NO_x排放量等的影响程度。

抽冷炉烟系统改造最主要的目的有两个：一是掺烧褐煤后满足制粉系统的安全防爆要求，将制粉系统终端含氧量控制在16％以下；二是满足制粉系统干燥出力要求，将磨煤机出口风粉混合物温度控制在60℃以上。由于抽冷炉烟后，改变了磨煤机入口干燥介质的成分，较低含氧量的冷炉烟能够有效降低制粉系统内的含氧量水平，使制粉系统终端含氧量不超过16％，同时还可在一定程度上提高制粉系统的干燥出力，达到掺烧褐煤后提高制粉系统的安全防爆能力和干燥出力的要求，为机组的安全稳定运行提高有力保障。

机组在高负荷运行时，由于运行氧量较低，温度较高，抽取冷炉烟后会有效提高制粉系统运行的安全防爆和干燥出力；相反，机组在低负荷时提高的幅度较小。一般情况下，若低负荷抽取冷炉烟能满足制粉系统的防爆要求，则高负荷时亦满足。

1. 90%额定负荷下抽冷炉烟特性试验

试验时 3 台磨煤机全部投入并双侧运行，改变冷烟风机入口门开度，分别测量三个工况下空气预热器出口热一次风含氧量以及抽取的冷炉烟量，并分别绘制出 A、B 侧冷烟风机开度与冷烟量、制粉系统终端含氧量之间的关系曲线，同时记录制粉系统主要运行参数，90%额定负荷下抽冷炉烟特性试验结果见表 4-9。

表 4-9　　90%额定负荷下抽冷炉烟特性试验结果

序号	名称	单位	A 侧冷炉烟系统			B 侧冷炉烟系统		
			工况一	工况二	工况三	工况一	工况二	工况三
1	收到基水分	%	21.19					
2	空气干燥基灰分	%	25.12					
3	干燥无灰基挥发分	%	45.82					
4	收到基低位发热量	kJ/kg	15993					
5	机组负荷	MW	314					
6	冷烟风机入口门开度	%	30	40	50	25	35	45
7	冷炉烟气温度	℃	145.3			156.5		
8	冷炉烟气含氧量	%	4.7			4.9		
9	A 磨煤机入口温度	℃	285.8	287.6	288.4	285.8	287.6	288.4
10	B 磨煤机入口温度	℃	291.6	293.7	295.4	291.6	293.7	295.4
11	C 磨煤机入口温度	℃	291.7	293.4	295.8	291.7	293.4	295.8
12	A 磨煤机出口温度	℃	59.2	60.6	62.0	59.2	60.6	62.0
13	B 磨煤机出口温度	℃	58.9	59.9	61.8	58.9	59.9	61.8
14	C 磨煤机出口温度	℃	59.7	60.7	62.4	59.7	60.7	62.4
15	磨煤机入口含氧量	%	17.8	17.4	17.1	18.0	17.7	17.2
16	制粉系统终端湿烟气含氧量	%	16.0	15.6	15.3	16.1	15.9	15.4
17	标况下冷炉烟体积流量	m^3/h	34845	42197	46285	37042	41431	45585
18	冷炉烟质量流量	t/h	46.5	56.2	61.4	49.4	55.1	60.5

从表 4-9 中可以看到，试验煤质全水分为 21.19%，收到基低位发热量为 15993kJ/kg，而设计掺烧 30%比例褐煤的全水分为 15.58%，收到基低位发热量为 16210kJ/kg。实际掺烧比例已经达到 40%～45%，超过了设计掺烧 30%褐煤的比例。

在试验煤种条件下，当 A 侧冷烟风机开度约为 30%时，抽取的冷烟量为 46.5t/h，制粉系统终端含氧量约为 16%；B 侧冷烟风机开度约为 25%时，抽取的冷烟量为 49.4t/h，制粉系统终端含氧量约为 16.1%。此时两侧抽取的总冷烟量为 95.9t/h，磨煤机出口温度基本能控制在 59～60℃，说明即使掺烧 40%以上褐煤，也基本能够满足掺烧褐煤后制粉系统的安全防爆和干燥出力要求。

A 侧冷烟风机开度与冷烟量、制粉系统终端含氧量关系拟合曲线如图 4-2 所示，B 侧冷烟风机开度与冷烟量、制粉系统终端含氧量关系拟合曲线如图 4-3 所示。

2. 57%额定负荷下抽冷炉烟特性试验

当机组在低负荷运行时，由于锅炉运行氧量增大，冷炉烟含氧量增大，为保证制粉系统终端含氧量在16%以下，低负荷时抽取的冷烟气量也必将增大。试验时由于实际煤质较差，3台磨煤机需全部投入并双侧运行，改变冷烟风机入口门开度，分别测量三个工况下空气预热器出口热一次风含氧量以及抽取的冷炉烟量，并分别绘制出A、B侧冷烟风机开度与冷烟量、制粉系统终端含氧量之间的关系曲线，同时记录制粉系统主要运行参数，200MW机组负荷下冷炉烟特性试验结果见表4-10。

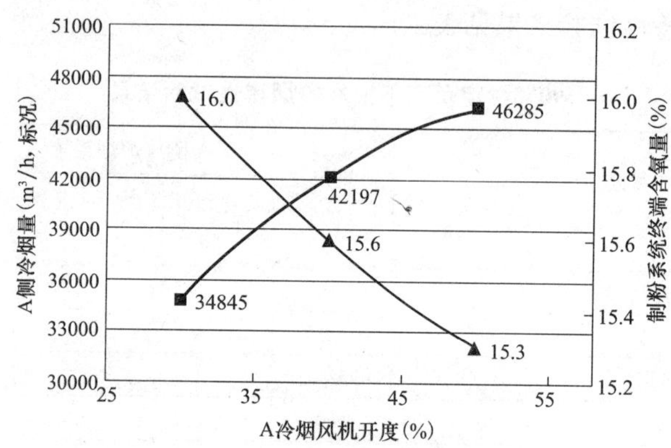

图4-2　315MW时A侧冷烟风机开度与冷烟量、制粉系统终端含氧量关系拟合曲线

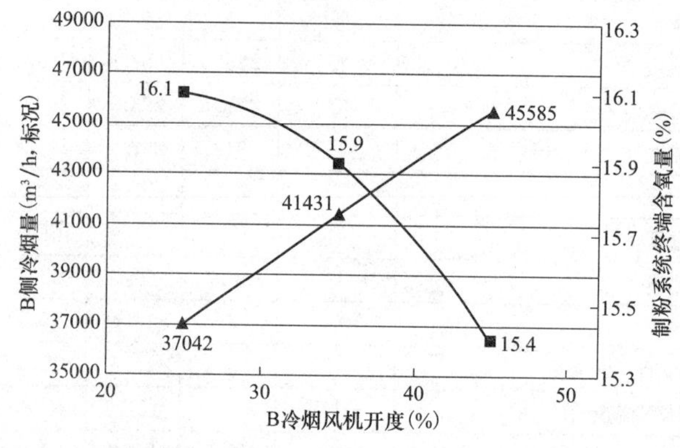

图4-3　315MW时B侧冷烟风机开度与冷烟量、制粉系统终端含氧量关系拟合曲线

从表4-10中可以看到，当A侧冷烟风机开度约为45%时，抽取的冷烟量为58.7t/h，制粉系统终端含氧量约为15.9%；B侧冷烟风机开度约为45%时，抽取的冷烟量为59.6t/h，制粉系统终端含氧量约为15.8%。此时两侧抽取的总冷烟量为118.3t/h，磨煤机出口温度基本在59～60℃，基本能够满足掺烧褐煤后制粉系统的安全防爆和干燥出力要求。

表4-10　　57%额定负荷下抽冷烟量试验结果

序号	名　称	单位	A侧冷炉烟系统			B侧冷炉烟系统		
			工况一	工况二	工况三	工况一	工况二	工况三
1	机组负荷	MW	200					
2	收到基水分	%	21.19					

续表

序号	名称	单位	A 侧冷炉烟系统			B 侧冷炉烟系统		
			工况一	工况二	工况三	工况一	工况二	工况三
3	空气干燥基灰分	%	25.12					
4	干燥无灰基挥发分	%	45.82					
5	收到基低位发热量	kJ/kg	15993					
6	冷烟风机入口阀开度	%	37	45	55	39	45	55
7	冷炉烟气温度	℃	138.2			145.6		
8	冷炉烟气含氧量	%	8.5			8.4		
9	A 磨煤机入口温度	℃	272.8	274.1	275.8	272.8	274.1	275.8
10	B 磨煤机入口温度	℃	286.6	287.9	289.1	286.6	287.9	289.1
11	C 磨煤机入口温度	℃	277.7	279.1	282.5	277.7	279.1	282.5
12	A 磨煤机出口温度	℃	58.7	59.8	61.1	58.7	59.8	61.1
13	B 磨煤机出口温度	℃	57.9	58.9	60.5	57.9	58.9	60.5
14	C 磨煤机出口温度	℃	59.8	60.4	61.8	59.8	60.4	61.8
15	磨煤机入口含氧量	%	17.9	17.7	17.1	18.0	17.6	17.0
16	制粉系统终端湿烟气含氧量	%	16.0	15.9	15.3	16.1	15.8	15.2
17	标况下冷炉烟体积流量	m^3/h	40693	44095	48048	39639	44723	48366
18	冷炉烟质量流量	t/h	54.3	58.7	63.8	52.9	59.6	64.2

A 侧冷烟风机开度与冷烟量、制粉系统终端含氧量关系拟合曲线如图 4-4 所示，B 侧冷烟风机开度与冷烟量、制粉系统终端含氧量关系拟合曲线如图 4-5 所示。

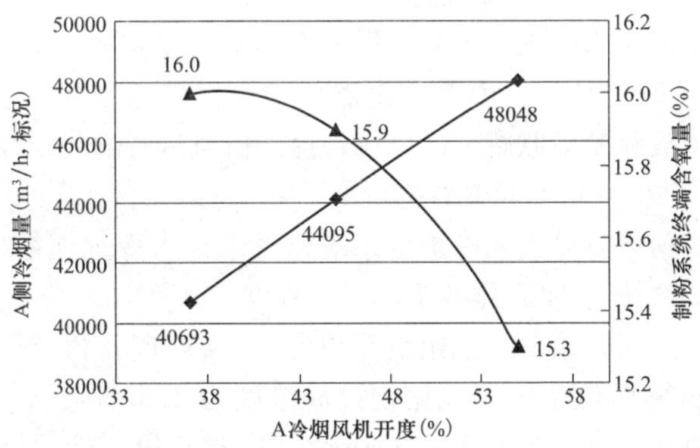

图 4-4　200MW 时 A 侧冷烟风机开度与冷烟量、制粉系统终端含氧量关系拟合曲线

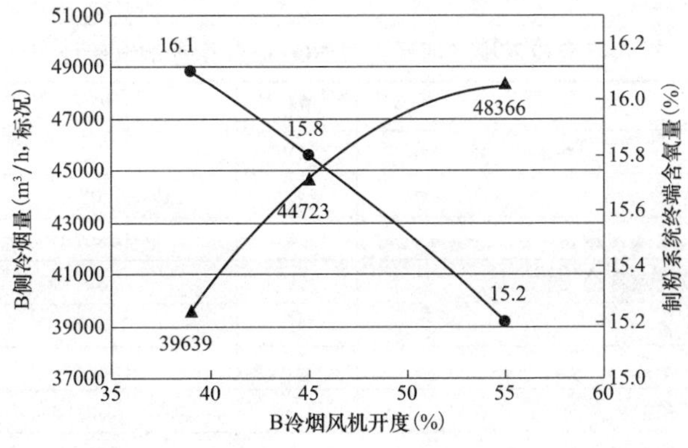

图 4-5　200MW 时 B 侧冷烟风机开度与冷烟量、制粉系统终端含氧量关系拟合曲线

3. 停运冷烟风机抽冷炉烟量试验

掺烧褐煤试验过程中，在机组负荷为280MW时，实测了停运两台冷烟风机并全开冷炉烟管道出入口电动门及冷烟风机调节门时的冷烟气量。试验结果见表4-11，从表中看到，在保证冷炉烟管道内阻力最小的条件下，依靠一次风机入口负压，磨煤机入口含氧量可下降到19%左右，制粉系统终端含氧量可降低到17%左右。即当冷烟风机故障跳闸时，全开冷炉烟管道电动门后，依靠系统本身的能力，也可使掺烧褐煤后制粉系统的安全性有所提高，而无需在冷烟风机事故跳闸后联跳一次风机，从而提高整个机组运行的稳定性。

表4-11　　280MW全开冷炉烟管道电动阀时抽冷烟量试验结果

序号	名称	单位	A侧冷炉烟系统	B侧冷炉烟系统
1	机组负荷	MW	280	
2	冷烟风机入口门开度	%	100	100
3	冷炉烟气温度	℃	140	150
4	磨煤机入口含氧量	%	19.0	19.1
5	制粉系统终端湿烟气含氧量	%	17.0	17.2
6	冷炉烟体积流量	m^3/h	33489	31985
7	冷炉烟质量流量	t/h	29.6	27.7

综合以上试验结果，由于实际燃煤混配不均，实际掺烧比例已经达到40%以上，即使在当前试验煤质条件下，通过调节冷烟风机入口阀开度，在高负荷和低负荷下均可将制粉系统终端含氧量降低到16%以下，磨煤机出口温度可达到60℃，基本能够满足掺烧褐煤后制粉系统的安全防爆和干燥出力要求。另外，即使在停运冷烟风机后，依靠系统本身的能力，制粉系统终端含氧量可降低到17%左右，也能使掺烧褐煤后制粉系统的安全性有所提高，而不需要在冷烟风机事故跳闸后联跳一次风机，提高机组运行的稳定性。

4. 投入冷炉烟系统对NO_x排放量影响

试验分别在相同负荷下测试投入冷炉烟系统以及未投入冷炉烟系统两工况下NO_x的排放量，进而了解冷炉烟系统对NO_x排放量的影响程度。

试验结果见表4-12，可以看到，机组负荷约为315MW时，保持锅炉运行氧量不变，未投入冷炉烟系统时，折算后烟尘中氮氧化物排放浓度为448.0mg/m^3，在投入冷炉烟系统时，折算后烟尘中氮氧化物排放浓度为415.8mg/m^3，比未投入冷炉烟系统氮氧化物排放浓度降低了32.2mg/m^3，其降低幅度为7.2%。

表4-12　　投入与未投入冷炉烟系统对NO_x排放量影响试验结果

序号	名称	单位	未投入	投入
1	机组负荷	MW	314	
2	实测烟尘中氧含量	%	5.02	5.13
3	实测烟尘中二氧化碳含量	%	14.07	13.92
4	实测烟尘中一氧化碳含量	%	0	0
5	实测烟尘中氮含量	%	80.91	80.95
6	实测的过量空气系数		1.314	1.323
7	规定的过量空气系数		1.40	1.40
8	实测氮氧化物体积浓度	ppm	232.8	214.6

续表

序号	名称	单位	未投入	投入
9	实测烟尘中氮氧化物质量浓度	mg/m^3	477.2	439.9
10	折算后烟尘中氮氧化物质量浓度（O_2=6%）	mg/m^3	448.0	415.8
11	抽取总烟气量（130℃）	m^3/h	106144	
12	投入后氮氧化物变化幅度	%	−7.2	

由此可以看出，投入冷炉烟系统后，在干燥介质中掺入一定比例的惰性气体成分，降低了燃料着火初期的过量空气系数，在燃烧器区域形成富燃料区，使煤粉在初期着火阶段处于缺氧状态，使燃料型 NO_x 生成量减少；同时，掺入冷炉烟后，炉膛温度也会降低，从而使热力型 NO_x 生成量也减少。因此投入冷炉烟系统对降低锅炉污染物的排放具有一定的积极作用。

5. 投入冷炉烟系统有利于缓解引风机出力不足问题

由于增加一部分再循环烟气量，当投入冷炉烟系统后，引风机出入口压差变小，流量变大，风机电流下降 3～5A，风机功率有所下降，在保持锅炉氧量不变的情况下，引风机将自动关小，因此当投入冷炉烟系统后，在一定程度上缓解了当前引风机出力不足的问题。但当掺烧 30%褐煤后，由于总烟气量增大，对消耗引风机出力的程度较大，总体上引风机出力较改造前仍然是提高的。

6. 投入冷炉烟系统对主、再热汽温影响

投入冷炉烟系统后，由于总烟气量增大，过热蒸汽、再热蒸汽温度会升高，一、二级减温水流量将增大，为保证主蒸汽、再热蒸汽温度，运行中可将燃烧器摆角下摆。观察投入冷炉烟系统以及未投入冷炉烟系统两工况下对主、再热汽温的影响，试验期间观察锅炉各主要参数的变化。

试验结果见表 4-13，可以看到，在保持氧量、过热、再热汽温不变时，投入冷炉烟系统后，燃烧器摆角下摆 8.9°，过热蒸汽减温水量变化较小，再热蒸汽减温水量下降 3.7t/h，投入冷炉烟系统后主蒸汽、再热蒸汽温度仍具有较大的调整裕度。

表 4-13　　投入冷炉烟系统前后主蒸汽、再热蒸汽温度变化情况

序号	名称	单位	投入前	投入后
1	机组负荷	MW	315	
2	主蒸汽温度	℃	541.2	539.8
3	再热蒸汽温度	℃	537.9	540.2
4	锅炉氧量	%	4.4/4.8	3.8/4.9
5	过热蒸汽一级减温水量	t/h	32.5	29.9
6	过热蒸汽二级减温水量	t/h	22.3	23.3
7	过热蒸汽减温水变化量	t/h	−1.6	
8	再热蒸汽减温水量	t/h	6.2	2.5
9	再热蒸汽减温水变化量	t/h	−3.7	
10	燃烧器摆角		+10.1°	+1.2°

7. 投入冷炉烟系统对受热面壁温影响

当掺烧褐煤后，由于总烟气量增加，烟气流速增大，对流吸热量增大，主蒸汽、再热蒸汽温度及受热面壁温都会有所升高。试验在相同负荷下对比投入冷炉烟系统以及未投入冷炉烟系统两个工况下对各个受热面壁温的影响，试验结果见表4-14。

表4-14　投入冷炉烟系统前后各级受热面壁温变化情况

序号	名称	单位	投入前	投入后	材质许用温度	变化幅度
1	机组负荷	MW	315		—	—
2	燃烧器摆角		+10.1°	+1.2°	—	−8.9°
3	低温过热器平均壁温	℃	410.2	414.5	454	+4.3
4	低温过热器壁温最高点	℃	427.7	431.2		+3.5
5	分隔屏过热器平均壁温	℃	429.2	447.6	580	+18.4
6	分隔屏过热器壁温最高点	℃	457.7	476.8		+19.1
7	后屏过热器平均壁温	℃	498.6	516.4	580	+17.8
8	后屏过热器壁温最高点	℃	530	538.6		+8.6
9	末级过热器平均壁温	℃	545.7	550.9	580	+5.2
10	末级过热器壁温最高点	℃	555.9	563.5		+7.6
11	末级再热器平均壁温	℃	558.3	552.9	635	−5.4
12	末级再热器壁温最高点	℃	589.2	591.5		+2.3

从表4-14可以看到，机组负荷约为315MW时，投入比未投入冷炉烟系统各级受热面壁温略有升高，平均上升8.06℃，各受热面壁温最高点均低于材质的许用温度，掺烧褐煤后对受热面壁温的影响不会影响机组的安全稳定运行。

8. 投入冷炉烟系统对锅炉热效率影响

对锅炉在投入冷炉烟系统和未投入冷炉烟系统时的锅炉热效率做对比试验，以了解掺烧30%比例褐煤后投入冷炉烟系统对锅炉热效率的影响程度，试验在机组常见负荷270MW下进行。热效率对比试验结果汇总见表4-15。

表4-15　锅炉热效率对比试验计算结果

序号	名称	单位	数值	
			未投入	投入
1	电负荷	MW	270	267
2	主蒸汽流量	t/h	691	712
3	收到基低位发热量	kJ/kg	16245	15229
4	干燥无灰基挥发分	%	45.48	44.81
5	排烟中氧含量	%	5.66	5.51
6	排烟中三原子气体含量	%	13.45	13.56
7	排烟中一氧化碳含量	%	0	0
8	排烟温度	℃	153.96	153.92
9	参比温度	℃	36.77	31.36
10	炉渣含碳量	%	8.94	11.19
11	飞灰含碳量	%	1.98	2.72
12	修正后排烟温度	℃	143.24	146.75
13	修正后排烟热损失	%	6.752	6.596
14	可燃气体未完全燃烧热损失	%	0	0

续表

序号	名称	单位	数值	
			未投入	投入
15	固体未完全燃烧热损失	%	1.585	2.399
16	散热损失	%	0.627	0.609
17	灰渣物理热损失	%	0.299	0.349
18	锅炉总热损失	%	9.26	9.95
19	修正后锅炉热效率	%	90.74	90.05
20	锅炉热效率变化	%	−0.69	

从表4-15中可以看到，3号锅炉在试验煤种条件下，在负荷为270MW未投入冷炉烟系统时，修正后锅炉热效率为90.74%。投入冷炉烟系统时，修正后锅炉热效率为90.05%，投入比未投入冷炉烟系统时修正后的锅炉热效率略有下降。

投入冷炉烟系统后，由于冷风中掺入了一定量的冷炉烟，使空气预热器入口风温升高，排烟温度会略有升高。从表4-15中可以看到，在270MW机组负荷时，投入冷炉烟系统前修正后排烟温度为143.24℃，投入冷炉烟系统后修正后排烟温度为146.75℃，比未投入冷炉烟系统修正后的排烟温度升高了3.51℃，排烟温度有小幅升高。

从锅炉各项热损失对比来看，只有固体未完全燃烧热损失变化较大，从1.59%升高到2.40%，升高了0.81个百分点，其余热损失变化不大。根据试验期间的数据统计发现，投入冷炉烟系统前后炉渣及飞灰可燃物含量波动较大，其主要原因是外置式分离器挡板及回粉管经常发生严重堵塞。由于原煤中掺杂了较多的丝袋、布条、铁丝等杂物，在分离器挡板及回粉管会堵满大量杂物，使分离器及回粉管失去作用，煤粉未经惯性分离就被直接携带出去，从而使煤粉变粗。即使运行中得到及时清理，但第二天又发生严重堵塞。从捞渣机处观察，炉渣颜色较黑，炉渣中经常存在直径为5～8mm未燃烧的煤粉颗粒，飞灰及炉渣可燃物含量较高。

另外，当分离器挡板处堵塞后，同层一次风管道风速就会产生严重偏差，实际测得偏差可达10%～20%，当一次风速产生较大偏差后，将造成炉内热负荷分布不均，进而影响炉内的燃烧动力场，以及煤粉的燃烧和燃尽，导致灰渣可燃物含量升高。

9. 投入冷炉烟系统对机组负荷的影响

在煤质不变时，当投入冷炉烟系统后，虽然一次风机出口风压有所下降，但通过增大一次风机开度可维持机组负荷保持不变，投入冷炉烟系统对机组负荷没有影响。但当一次风机开度无裕量时，投入冷炉烟系统后一次风机出口风压下降，同时一次风机质量流量略有下降，导致机组负荷从投入前300MW波动到投入后280MW左右，经过一段时间燃烧稳定后，机组负荷又缓慢回升到290MW左右。

一次风机出口风压下降的主要原因是介质密度变小。当冷炉烟和空气混合后，一次风机的工作介质温度升高，密度减小，使一次风机出口风压、风机功率略有下降，导致风机质量流量略有下降，一次风中携带的煤粉量减少，进而使机组负荷略有下降。通常情况下，风机的工作介质温度升高幅度越高，其质量流量下降就越明显，对负荷影响程度越大。因此，冬季投入冷炉烟对一次风机出口风压影响的程度要明显低于夏季。

但是，如果锅炉燃用煤质太差，高负荷下所需要的燃料量将增大，此时系统所需要的一次风量就要增加，导致一次风机全开。风机开度无裕量，因此使锅炉带负荷能力下降。如果煤质接近或好于设计掺烧煤质，则一次风机开度有较大裕度，投入冷炉烟系统将不会影响机组负荷。

10. 冷炉烟系统对锅炉排烟温度的影响

当投入冷炉烟系统后，由于空气预热器入口风温提高，排烟温度也随之升高。不同负荷下由于磨煤机入口氧量和磨煤机入口冷一次风阀开度的不同，排烟温度升高幅度也有所不同。投入冷炉烟系统后，经修正后的排烟温度升高3～5℃。

（五）锅炉掺烧褐煤后经济性分析

1. 投入冷炉烟系统前后锅炉主要辅机电耗变化

在相同负荷下，由于掺烧褐煤后总烟气量增大，引风机电耗略有上升。一次风机电流下降4～5A，一次风机电耗下降。由于抽取一部分冷炉烟替代冷空气，在维持相同运行氧量前提下，送风机电耗略有增大，另外增设的冷烟风机也增加一部分耗电量。270MW掺烧褐煤前后锅炉主要辅机电耗结果见表4-16，可以看到，未掺烧褐煤时锅炉主要辅机电耗为9593.9kW，占机组电功率的3.55%；掺烧褐煤时锅炉主要辅机电耗为9797.6kW，占机组电功率的3.63%，掺烧褐煤后锅炉主要辅机总电耗略有增加。

表4-16　270MW掺烧褐煤前后锅炉主要辅机电耗结果

序号	项目	单位	未掺烧	掺烧30%
1	A送风机电耗	kW	340.9	374.1
2	B送风机电耗	kW	332.5	357.5
3	A引风机电耗	kW	1612.8	1621.2
4	B引风机电耗	kW	1538.0	1571.3
5	A一次风机电耗	kW	989.3	931.1
6	B一次风机电耗	kW	997.6	956.1
7	A磨煤机电耗	kW	1222.1	1313.5
8	B磨煤机电耗	kW	1263.7	1272.0
9	C磨煤机电耗	kW	1296.9	1321.9
10	冷烟风机总电耗	kW	—	79.0
11	主要辅机总电耗	kW	9593.9	9797.6
12	占电功率比率	%	3.55	3.63

2. 锅炉掺烧褐煤前后经济效益分析

由于褐煤与烟煤相比煤源充足、价格较低，因此掺烧褐煤后能够有效提高机组的经济效益。

从发电公司入厂煤标价来看，褐煤约为504.4元/t（标准煤），当地烟煤约为664.9元/t（标准煤），按照掺烧30%比例褐煤计算，与单烧烟煤相比每吨标准煤可盈利41.8元左右。投入后按照锅炉热效率下降0.69%，年平均负荷率为80%，锅炉主要辅机总电耗增加0.08%，按全年运行6000h计算，每年可节约成本约2009万元，投入与产出相比经济效益显著。

（六）投入冷烟系统后锅炉最佳运行方式

（1）当掺烧褐煤制粉系统运行时，建议采用热风＋冷炉烟干燥的运行方式，磨煤机出口风温一般控制不低于60℃，但不应高于70℃。尽量提高热风门开度，降低冷风门开度，最大限度降低排烟温度。

（2）当掺烧褐煤后，在保证磨煤机出力的情况下，尽量降低一次风母管风压（保持在8.5～9.5kPa），提高磨煤机入口热风门使用开度，降低一次风母管至磨煤机入口风压所产生的节流损失，从而可以降低一次风机电耗。

（3）当掺烧褐煤的同时冷烟风机跳闸后，运行中可将冷烟风机出入口关断门及调节门全开，依靠系统本身即可抽取一定的烟气量，制粉系统终端含氧量即可降低到17%左右，因此可以避免联跳一次风机，提高机组运行的稳定性。

（4）投入冷炉烟系统后，冷炉烟取代了两台一次风机入口暖风器的作用，冬季运行时可不使用暖风器，简化了运行操作。

第四节　锅炉掺烧褐煤存在的问题及建议

在暂时不考虑安全性以及当前锅炉烟风及制粉系统的前提下，锅炉可以掺烧一定比例的褐煤进行日常运行，最终掺烧比例可由试验确定。

由炉膛设计型谱可知，典型的烟煤锅炉（配300MW级汽轮发电机组锅炉，下同）理论燃烧温度为1922℃，典型的褐煤锅炉理论燃烧温度为1537℃。按照最粗的模型进行加权平均，在褐煤掺烧比例20%的情况下，混合煤种的理论燃烧温度约为1845℃，在该情况下锅炉炉膛结渣的可能性极大，需要特别注意。

褐煤具有高挥发分、高水分、灰熔点较低等特性，因此在实际燃用过程中必须要注意以下问题：

（1）由于总的燃煤量及烟气量的增加，势必导致锅炉对流受热面磨损增加，发电企业在实际运行过程中应加强监视，特别是对四管泄漏装置的监视，做到防患于未然。

（2）制粉系统干燥出力裕度不足甚至没有。特别是在冬季运行期间，该问题将显得尤为突出。

（3）在掺烧褐煤期间，由于干燥出力的不足，必须增加一次风量，导致一次风率增加，给燃烧的组织带来很大的问题。同时导致燃烧推迟，对流受热面容易超温，减温水量增大。

（4）由于掺烧一定比例的褐煤，在保证锅炉原有蒸发量的前提下，必然导致燃料量增加，烟气量也将增加。引风机的出力、脱硫系统的处理能力都会发生相应变化。

（5）由于褐煤的挥发分高，相对于烟煤其容易着火，因此在掺烧一定比例褐煤的条件下，运行人员应及时进行配风调整，防止由于褐煤着火提前而导致的“抢风”现象的发生。

（6）由于褐煤属于高水分、高挥发分煤种，按经典的燃用褐煤制粉系统设计，干燥剂应为“高温炉烟＋热风＋(低温炉烟)”。采用高温炉烟的目的一方面是提高制粉系统的干燥出力，另一方面考虑制粉系统防爆。而原设计燃用烟煤的锅炉所配备的制粉系统干燥介质大多为热风＋冷风，因此制粉系统终端含氧量较高。实际燃用过程中必须注意制粉系统防爆问题，相应的制粉系统消防必须可靠备用。特别需要注意的是：磨煤机启动、停止期间做好相应的磨煤机、制粉系统的吹扫工作以及石子煤的清除工作，防止制粉系统爆炸以及炉膛爆燃。

（7）掺烧期间注意锅炉结焦情况，适时投入吹灰系统。

（8）如果空气预热器运行方式允许，可以将空气预热器反转（电机接线调换，前提是需要明确减速机齿轮能否反转运行），使空气预热器首先经过一次风侧传热元件，一次风温会有所提高，但会牺牲二次风温度。

对于一些发电企业原设计燃用烟煤的锅炉，通过一些小的技术改造，可以实现在确保锅炉及其制粉系统安全运行的条件下较大比例的掺烧褐煤，帮助企业提高经济效益。但发电企业对低质褐煤的大量使用还为社会带来了什么，需要我们深思。

第五章 锅炉氮氧化物排放的控制

氮氧化物（NO_x）通常为 NO 和 NO_2 的总称，氮氧化物超过一定浓度后对人体健康和生态环境存在危害。NO 和 NO_2 都是有毒气体，对绝大多数金属和有机物均能产生腐蚀性破坏，对动物和植物也会造成危害。NO_2 吸入人体气管中会产生硝酸，破坏血液中血红蛋白，降低血液输氧能力，从而造成严重缺氧；同时会引起咳嗽和咽喉痛，造成呼吸器官病痛。另外，NO_x 与碳氢化合物经太阳紫外线照射，会生成一种有毒光化学烟雾。这些光化学烟雾会造成人的眼睛红痛、视力减弱、呼吸紧张、头痛、胸痛、全身麻痹、肺水肿等疾病，严重的甚至会造成死亡。NO_x 是引起地表温度升高的主要温室气体之一，也是形成酸性降雨源头之一。减少 NO_x 排放，提高煤炭的利用率对环境保护有着重要的意义。抑制 NO_x 的生成已成为大容量电站设计及运行时必须考虑的主要问题之一。

第一节　NO_x 生成原理及影响因素

煤燃烧产生的氮氧化物化学结构复杂，包括一氧化氮（NO）、二氧化氮（NO_2）、氧化二氮或称氧化亚氮（N_2O）等，统称为 NO_x。NO_x 的生成与燃料特性、燃料中含 N 物质的比例组成、燃烧温度、过量空气系数、反应物是否与催化剂接触等条件有关。N_2O 的生成和排放一般只是在燃烧温度较低的流化床燃煤锅炉中比较明显；由于 NO_2 一般需经由 NO 氧化而成，而这一过程需要的时间比反应物气体在燃烧设备内的停留时间长得多，所以在排放的燃烧产物中，NO 占有 90%以上，NO_2 占 5%～10%，而 N_2O 仅占 1%左右。

锅炉燃烧过程中产生的氮氧化物 NO_x 按生成机理一般可分为即热力型 NO_x（Thermal NO_x）、燃料型 NO_x（Fuel NO_x）、和快速型 NO_x（Prompt NO_x）三大类，这三种氮氧化物的组成随燃料含氮量不同有所差别。图 5-1 反映了煤粉锅炉中燃料型 NO_x、热力型 NO_x、快速型 NO_x 与煤粉锅炉炉膛温度的关系。煤粉锅炉内的最高温度一般为 1200～1500℃，此时产生主要是燃料型 NO_x，约占总 NO_x 产生量的 70%～90%。通常煤粉锅炉中热力型 NO_x 的生成量并不多，约占 NO_x 总量的 10%～30%。煤粉锅炉燃烧时为微负压状态，产生的快速型 NO_x 很少，所占比例低于 5%，通常被忽略。

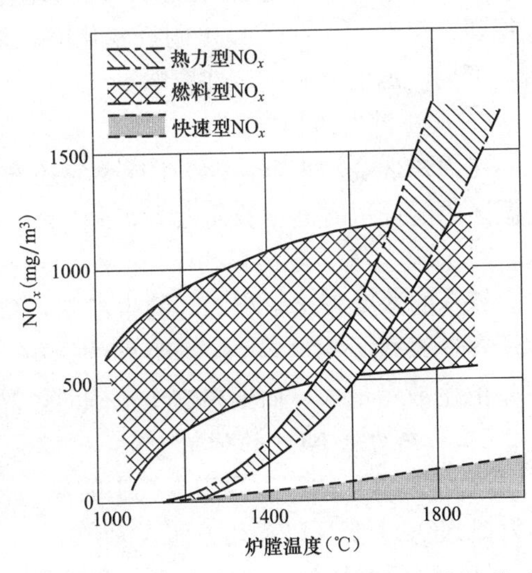

图 5-1　不同类型 NO_x 生成量与炉膛温度的关系

一、热力型 NO_x 的生成

热力型 NO_x 是指空气中的 N_2 在高温状态下，被氧化生成的 NO_x，影响其生成的不仅包括化学热力学过程，也要考虑反应中间过程，目前公认的是泽利多维奇（Zeldovich）机理。由于 N_2 分子分解所需要的活化能较大，故该反应需要在高温下进行，研究表明，当温度低于 1800K 时，几乎不生成热力型 NO_x，当温度高于 1800K 时，NO_x 的生成量随着温度的升高急剧增加。温度对热力型 NO_x 起着决定性因素。

（一）产生机理

按 Zeldovich 机理，热力型 NO_x 的生成机理是氧原子在高温下撞击氮分子而发生链式反应。其化学反应为

$$N_2 + O \Longleftrightarrow NO + N$$

$$N + O_2 \Longleftrightarrow NO + O$$

上述反应是一个连锁反应，决定 NO 生成速度的是原子 N 的生成速度，反应式 $N + O_2 \rightarrow NO + O$ 相比于 $N_2 + O \rightarrow NO + N$ 是相当迅速的，因而影响 NO 生成速度的关键反应链是反应式 $N_2 + O \rightarrow NO + N$，反应式 $N_2 + O \rightarrow NO + N$ 是一个吸热反应，反应的活化能由反应式反应和氧分子离解反应的活化能组成，其和为 542×10^3J/mol。分子氮比较稳定，只有较大的活化能才能把它氧化成 NO，在反应中氧原子的作用是活化链接的环节，它源于 O_2 在高温条件下的分解。热力型 NO_x 的生成量伴随氧气浓度和温度的增大而加大。正因为氧原子和氮分子反应的活化能很大，而原子氧和燃料中可燃成分反应的活化能又很小，在燃烧火焰中生成的原子氧很容易和燃料中可燃成分反应，在火焰中不会生成大量的 NO，NO 的生成反应基本上在燃料燃烧完了之后才进行。热力型 NO_x 的生成速度要比相应的碳等可燃成分燃烧速度慢，主要生成区域是在火焰的下游位置。

（二）影响热力型 NO_x 生成的因素

热力型 NO_x 的生成与温度、氧浓度平方根和停留时间正比。

1. 反应温度的影响

在燃烧过程中，温度越高，生成的 NO_x 量越大。当温度高于 1500℃时，NO 生成反应变得十分明显，随着温度的升高，反应速度按阿累尼乌斯定律按指数规律迅速增加。通过实验得到，温度在 1500℃以上附近变化时，温度每升高 100℃，上述反应的速度将增大 6～7 倍。可见，温度具有决定性影响。

2. 反应时间的影响

在锅炉燃烧水平下，NO 生成反应还没有达到化学平衡，因而 NO 的生成量将随烟气在高温区内的停留时间增长而增大。

3. 过量空气系数的影响

氧气的浓度直接影响 NO 的生成量，氧浓度水平越高，NO 的生成量就会越多。因此，过量空气系数 α 对 NO_x 有着明显的影响。在煤粉锅炉燃烧过程中，当 $\alpha = 1.1 \sim 1.2$ 时，NO_x 的生成量最大，而偏离这个范围时，NO_x 的生成量会明显减少。

（三）热力型 NO_x 的抑制

热力型 NO_x 的产生源于空气中的氮气在 1500℃以上的高温反应环境下氧化，所以控制热力型 NO_x 主要从以下几方面入手：

（1）降低燃烧反应时的温度，避开其反应所需要的高温环境。

（2）使氧气浓度处于较低的水平。

（3）减少空气中的氮气浓度。

（4）缩短热力型 NO_x 生成区的停留时间。

一般来说，电站锅炉燃烧过程中以空气为氧化剂时控制 N_2 的浓度不容易实现，而富氧燃烧或纯氧燃烧技术就是以减少 N_2 从而减少热力型 NO_x 的一种方法。降低燃烧温度在工程实践中是通过向火焰面喷射水/水蒸气来实现的，降低氧浓度可以通过烟气循环来实现。一部分烟气和新鲜空气混合，既可以降低氧浓度，同时可以降低火焰的温度。目前，分级燃烧和浓淡燃烧技术是控制电站锅炉燃烧过程中热力型 NO_x 产生的主要技术手段。

二、快速型 NO_x 的生成

目前为止，快速型 NO_x 的生成机理尚有争议，其基本现象是指 CH 燃料燃烧时在过量空气系数小于 1 的情况下在火焰面内急剧生成 NO_x，弗尼莫尔等认为快速型 NO_x 是指 CH 系燃料在燃烧时，分解生成的 CH_x 破坏空气中的氮气分子键，生成 HCN、NH、N 等中间产物，然后再与火焰面内的 O、OH 等原子基团反应生成 NO。因此，快速型 NO_x 主要产生于碳氢化合物含量较高、氧浓度较低的富燃料区，其转化率取决于过程中空气过剩条件和温度水平。快速型 NO_x 一般小于总 NO_x 的 5%，但随着 NO_x 排放标准的日益严格，对于某些碳氢化合物气体燃料的燃烧，快速型 NO_x 的生成也应该得到重视。

（一）产生机理

快速型 NO_x 的产生是由于氧原子浓度远超过氧分子离解的平衡浓度的缘故。测定发现氧原子的浓度比平衡时的浓度高出 10 倍，并且发现在火焰内部，由于反应快，O、OH、H 的浓度偏离其平衡浓度。经实验发现，随着燃烧温度上升，首先出现 HCN，在火焰面内到达最高点，在火焰面背后降低下来。在 HCN 浓度降低的同时，NO 生成量急剧上升。还发现，在 HCN 浓度经最高点转入下降阶段时，有大量的 NH_i 存在，这些胺化合物进一步氧化生成 NO。其中 HCN 是重要的中间产物，90%的快速温度型 NO_x 是经 HCN 而产生的。快速温度型 NO_x 的生成量受温度的影响不大，而与压力的 0.5 次方呈正比，其反应式如下

$$CH + N_2 \Longleftrightarrow HCN + N$$

$$CH_2 + N_2 \Longleftrightarrow HCN + NH$$

$$C_2 + N_2 \Longleftrightarrow 2CN$$

$$HCN + OH \Longleftrightarrow CN + H_2O$$

$$CN + O_2 \Longleftrightarrow CO + NO$$

$$CN + O \Longleftrightarrow CO + N$$

$$NH + O \Longleftrightarrow NO + H$$

$$NH + OH \Longleftrightarrow N + H_2O$$

$$N + OH \Longleftrightarrow NO + H$$

$$N + O_2 \Longleftrightarrow NO + O$$

可见，快速温度型 NO_x 的生成可以用扩大的泽利多维奇（Zeldovich）机理解释，但不遵守氧分子离析反应处于平衡状态这一假定。

（二）影响快速型 NO_x 生成的因素

快速型 NO_x 的特征是温度依赖性低，生成速度快。

（三）快速型 NO_x 的抑制

根据快速型 NO_x 的生成机理考虑，它是由 N_2 分子和CH-自由基反应生成HCN，HCN又被数个基元反应氧化而成的。所以快速型 NO_x 的控制主要从两个方面来入手考虑，即抑制 N_2 分子和CH-自由基的反应以及HCN的多个基元反应。在煤粉炉中，其生成量很小，一般在5%以下。正常情况下，对不含氮元素的碳氢燃料的较低温度燃烧反应中，才着重考虑快速型 NO_x。

三、燃料型 NO_x 的生成

燃料型 NO_x 主要生成阶段是燃烧起始时候，在煤粉炉燃烧过程中占 NO_x 生成总量的70%～90%，目前对燃料型 NO_x 的研究仍在继续深入。煤中氮的含量一般为0.5%～2.5%，以N原子状态与煤中的碳氢化合物相紧密结合，几乎全部都以有机物的形式存在，与各种碳氢化合物结合成氮的环状化合物或链状化合物，主要是吡咯型（占50%～80%）、啶型（占0～20%）和季胺型（占0～13%）。由于这种氮氧化物是燃料中的氮化合物经过热分解和氧化产生的，故称为燃料型 NO_x。

（一）产生机理

煤中含有的N化合物，在燃烧时分解继而被氧化成 NO_x，这部分 NO_x 称为燃料型 NO_x。煤中N的含量较少，一般为0.5%～2.5%。不同文献关于煤燃烧过程中燃料型 NO_x 占 NO_x 排放量的比例稍有差异，大致为75%～90%。虽然各国科研工作者已经在燃料型 NO_x 的生成机理方面做了大量的理论和实验研究，由于煤自身结构非常复杂和实验条件的差异，得出的结论也不尽相同，但也取得了一定成果。多数研究认为，煤燃烧时，煤中的N主要以HCN和 NH_3 形式析出，称为挥发分N，继而氧化生成 NO_x 或最终生成 N_2，残留在焦炭中未析出部分N称为焦炭N，析出部分HCN和 NH_3 的比例取决于煤中N的存在形式、热解温度、停留时间、煤粉细度等条件。残留部分焦炭N的析出原理并未取得一致结论，一种观点认为焦炭N类似于挥发分N，首先以HCN、CN等中间产物形式析出，再被氧化成 NO_x；另一种说法认为焦炭N直接通过表面氧化燃料燃烧时，燃料氮几乎全部迅速分解生成中间产物I，如果有含氧化合物R存在时，则这些中间产物I（N、CN、HCN和 NH_i 等化合物）与R（O、O_2 和OH等）反应生成NO，同时I还可以与NO发生反应生成 N_2

$$\text{燃料(N)} \longrightarrow \text{I}$$

$$\text{I} + \text{R} \longrightarrow \text{NO} + \cdots$$

$$\text{I} + \text{NO} \longrightarrow \text{N}_2 \cdots$$

燃煤中的氮分为挥发性氮和焦炭氮，其中挥发性氮被释放后含有一定量的 NH_3，反应式为

$$\text{NH}_3 + \text{O}_2 \longrightarrow \text{NO} + \cdots$$

$$\text{焦炭 N} + \text{O}_2 \longrightarrow \text{NO} + \cdots$$

燃煤中的氮生成 NO_x 主要取决于煤中的含氮量，显然，煤中的含氮量越高，生成的 NO_x 越多。当锅炉内生成 NO_x 时，还存在一系列氧化还原反应。

（二）燃料型 NO_x 生成的影响因素

1. 过量空气系数的影响

随着过量空气系数的降低，燃料 NO_x 生成量一直降低，尤其当过量空气系数 $\alpha<1.0$ 时，其生成量和转化率急剧降低。研究表明，挥发分氮向 NO_x 的转化对当地氧浓度很敏感，

通过造成区域还原性气氛，可以有效降低 NO_x 的生成量；而焦炭中的氮对氧浓度不敏感。因此，存在着一个不能用还原性气氛消除的 NO_x 生成量的下限。

2. 温度的影响

随着燃烧温度的升高，燃料氮转化率不断升高，但这主要发生在700～800℃，因为燃料型 NO_x 既可以通过均相反应，也可以通过多相反应生成。燃烧温度较低时，绝大部分氮留在焦炭中，而温度很高时，70％～90％的氮以挥发分形式析出。岑可法等研究表明，850℃时，70％以上的 NO_x 来自焦炭燃烧，而1150℃时，其比例降至约50％，这与图林（Tullin）等的研究结果一致。由于多相反应的限速机理在高温时可能向扩散控制方向转变，故温度超过900℃后，燃料氮的转化率只有少量升高。

3. 燃料性质的影响

燃料的性质是氮氧化物排放的重要影响因素。燃料中氮含量增加时，虽然生成的燃料型 NO_x 量增加，但 NO_x 的转化率却减少；煤中固定碳的含量相对于挥发分的含量越高，NO_x 的转化率越低。由于高挥发分燃料迅速着火后，使局部的氧量更进一步降低而不利于燃料氮向NO的转化，在 $\alpha>1$ 的氧化性气氛中，煤的挥发分越多，NO_x 的转化率越大；但在 $\alpha<1$ 的还原性气氛中，NO_x 的转化率反而降低。

4. 水分的影响

水分对燃料型 NO_x 的生成影响有两种。较低水分时，由于形成弱还原气氛，能促进挥发分的析出；而水分含量更高时，将已形成的 NO_x 还原成 N_2，故在不同阶段 NO_x 变化趋势不同。相关的试验结果表明，水分10％～12％时，促进 NO_x 的生成；而水分大于15％后，NO_x 的生成量是一直减少。

（三）燃料型 NO_x 的抑制

经理论和试验研究结果表明，煤粉中氮转化成 NO_x 的量主要取决于炉内过量空气系数的高低，当煤粉在缺氧状态下燃烧时，挥发出来的N和C、H竞争环境中不足的氧气。但是由于氮竞争能力相对较弱，这就减少了 NO_x 的形成；氮虽竞争氧能力较差，但是却可以相互作用而生成无害的氮气分子。由以上结论可以看出，在富燃料条件下降低炉内的过量空气系数能在很大程度上抑制燃料型 NO_x 的生成。

同时，燃料中的含氮量也是影响燃料型 NO_x 生成的一个重要因素。研究发现，含氮量越高的燃料生成 NO_x 的转化率越低。但是由于基数相对较大，实际燃烧过程中高含氮量燃料最终所产生的燃料型 NO_x 要远大于含氮量低的燃料。研究表明燃料中的氮是在较低温度下就开始分解，故温度对燃料型 NO_x 的生成影响不是很大。

综上所述，降低燃料型 NO_x 的主要因素是减少反应环境中的氧气浓度，使煤粉在过量空气系数小于1的环境中进行燃烧反应；在扩散燃烧时候推迟空气和燃料的混合；在允许条件下应当燃用含氮量低的燃煤。

四、影响 NO_x 生成量的因素及控制手段

对燃煤锅炉，煤燃烧过程中影响 NO_x 生成的主要因素有：

（1）煤种，包括煤的种类、煤的成分、发热值等。

（2）炉膛结构，包括炉型、燃烧器结构。

（3）运行工况，包括一次风速、煤粉浓度、煤粉细度、二次风配风方式、各层煤粉浓度分配、入炉总风量、燃尽风量、锅炉负荷、炉膛热负荷等。

（一）煤质条件的影响

煤里面的N原子一般是以链状或者环状两种形态存在于物质当中，经研究发现，如果N以环状形态存在于物质中，通过燃烧一般不会转化成为氮氧化物，所以对环境的污染相对较少，但是如果以链状的形态存在于物质中，经过剧烈的燃烧化学反应多数被氧化成氮氧化物，造成大气污染。然而煤中的N元素的主要存在形式为链状，所以煤燃烧过程就伴随大量氮氧化物的产生。而煤由多种可燃物质和不可燃物质以及水分组成，由于形成煤的植被、成煤年代和成煤时期所处的地理环境不同，导致煤的种类繁多，且不同煤种之间差别较大。煤的含氮量一般为0.5%～2.5%。通常，燃料中20%～80%的N转化为NO_x，其中NO又占90%～95%。当燃料中的N含量超过0.1%时，燃料型NO_x排放将是最主要的。燃料的N含量增加时，虽然生成的燃料型NO_x增加，但NO_x的转化率却减少；煤的燃料比FC/V越高，NO_x的转化率越低。我国一般将火力发电用煤按挥发分大小划分为无烟煤、贫煤、烟煤和褐煤等，见表5-1。

表5-1　　火力发电用煤分类

煤种	干燥无灰基挥发分V_{daf}（%）	低位发热量Q_{net}（MJ/kg）
无烟煤	≤9	＞20.9
贫煤	9～19	＞18.4
低挥发分烟煤	19～30	＞16.3
高挥发分烟煤	30～40	＞15.5
褐煤	40～50	＞11.7

煤种对排放浓度的影响很大，原因是除了煤质本身污染物排放特性的差别以外，更重要的是煤的燃烧特性以及与其相适应的燃烧设备所造成的影响。烟煤锅炉的排放浓度测量值一般在650mg/m^{3}以下，贫煤锅炉的排放浓度测量值一般在800mg/m^{3}以上，燃烧无烟煤和低挥发分贫煤的W火焰锅炉的排放浓度测量值最高可达1500mg/m^{3}以上，最低也在1000mg/m^{3}以上，燃褐煤锅炉的排放浓度最低。

一般来说，煤的挥发分越高，在锅炉内最终生成的越少，反之，则越多。这是因为：

（1）锅炉设计选取炉膛燃烧温度是按煤的着火性能确定的，煤的挥发分高，着火性能好。锅炉设计时选取较低的炉膛温度，燃烧器附近的温度也较低，降低了燃料的转换率，也降低了热力型的生成量。

（2）挥发分高的煤容易着火和燃尽，运行中往往采用较低的过量空气系数，降低了燃料的转换率，挥发分多，煤粉着火提前，迅速燃烧的挥发分更多地消耗掉煤粉气流着火阶段的氧气，增强了煤粉气流低温燃烧阶段的还原性气氛，生成的部分被还原，最终减少了锅炉出口的排放浓度。

煤的燃烧特性主要是着火特性对锅炉出口排放浓度影响大，因为煤的燃烧特性强烈地影响着煤粉的着火过程和炉膛内的温度状况，影响着燃烧过程中的温度峰值和氧量分布，以及锅炉运行方式等，最终影响燃烧过程中的生成量和最终排放浓度。影响煤燃烧特性的主要成分是挥发分含量，锅炉炉型要与煤的燃烧性能相匹配。

比较某电厂600MW机组锅炉在烧不同煤种时的NO_x排放浓度，见表5-2，可以发现，在炉膛出口氧量差别不大的情况下，NO_x排放浓度最大相差可达51%左右，说明燃煤成分对排放浓度影响很大。煤的成分在决定自身燃烧过程的同时，也影响炉内燃烧工况，从而影响 NO_x 的生成和排放。

表 5-2　　某电厂燃用不同煤质时的 NO_x 的排放浓度

项　目	单位	试验煤质 1	试验煤质 2	试验煤质 3	试验煤质 4
收到基水分	%	15.60	15.4	22.2	14.50
空气干燥基水分	%	3.46	2.00	6.86	2.93
空气干燥基灰分	%	32.39	30.75	17.45	25.07
空气干燥基挥发分	%	23.26	28.58	32.81	31.58
空气干燥基碳	%	53.37	54.03	56.92	57.04
空气干燥基氢	%	3.67	4.13	3.66	4.49
空气干燥基氧	%	6.26	8.19	14.06	9.38
空气干燥基氮	%	0.60	0.65	0.78	0.75
空气干燥基硫	%	0.25	0.25	0.27	0.34
燃料低位热值	kJ/kg	17400	17190	18380	19230
炉膛出口氧量	%	3.0	3.0	3.0	3.0
炉膛出口 NO_x 排放浓度（标况）	mg/m^3	266.1	285.9	400.5	383.9

燃烧烟煤和褐煤的锅炉，其 NO_x 排放浓度较低。一方面是燃料特性的影响，燃煤挥发分在 40%以上，锅炉设计时选取较低的炉膛温度；另一方面是煤的着火性能好，燃烧过程中采用较低的过量空气系数，这两个因素都显著降低燃料转换率和热力型 NO_x 生成量，与采用相同燃烧技术的贫煤锅炉相比，排放浓度能够减少 200～300mg/m^3（标况）。

不同形式锅炉燃用不同煤种时的 NO_x 排放浓度见表 5-3，可以看出，不同形式的锅炉，燃烧不同煤种时，由于着火性能不同，其氧量变化很大，锅炉燃烧高挥发分烟煤和和褐煤时，采用的氧量低些，其排放浓度也低；锅炉燃烧无烟煤、贫煤及这两种煤的混合煤时，采用的氧量较高，因此其 NO_x 排放浓度也高。在所有锅炉运行参数的影响因素中，炉膛内平均氧量以及氧浓度分布对 NO_x 排放浓度的影响最明显，几乎所有锅炉的 NO_x 排放浓度测量值都随炉膛出口氧量的增加而增加。因此，煤种和氧量对锅炉性能和 NO_x 排放浓度的影响是相辅相成的，烟煤、褐煤容易着火，采用的氧量少，炉内燃烧温度低，同时抑制热力型 NO_x 和燃料型 NO_x 的产生，排放浓度低。不同的燃料，由于着火性能不同，其燃烧温度和所需炉内氧量差别很大，因此对锅炉效率和排放浓度影响的差别也较大。

表 5-3　　不同型式锅炉燃用不同煤质时的 NO_x 及 SO_2 排放浓度

制造厂	容量（MW）	炉型	煤种	燃煤含硫量 S_{ar}(%)	燃煤挥发份 V_{daf}(%)	SO_2 排放量（mg/m^3，标况）	NO_x 排放量（mg/m^3，标况）
东方锅炉	300	W 形炉	无烟煤	0.96	12.84	3119.5	3558.8
东方锅炉	300	汽包炉	贫煤	0.53	11.64	1144	839
上海锅炉	300	直流炉	烟煤	0.80	21.0	1671	608
进口	660	汽包炉	烟煤	0.38	35.21	704.2	318.2
进口	660	汽包炉	烟煤	0.33	29.62	658.2	349.1
进口	660	汽包炉	烟煤	0.39	29.74	662.1	381.3

（二）锅炉结构形式的影响

锅炉结构形式即炉型是由燃烧方式决定的，如切圆燃烧锅炉、墙式燃烧锅炉、W 火焰锅炉、循环流化床锅炉等。炉型对排放浓度的影响实质上是炉膛温度和温度分布状态的影响。实验结果表明，排放浓度随锅炉炉膛平均温度的升高而升高，尤其是燃烧器附近煤粉气流着火阶段的温度对排放浓度影响最大。

W 火焰锅炉炉膛下部着火区域几乎全部由耐火材料覆盖形成绝热层，炉膛最高温度往往在 1500℃以上，接近煤的理论燃烧温度，目的是保证难燃烧的无烟煤与贫瘦煤稳定着火燃烧，同时为提高煤粉燃尽性能，运行中又控制较高的炉膛出口氧量，较高的炉膛温度和氧量保证了较高的锅炉燃烧效率，同时也导致 NO_x 排放浓度高达 1500mg/m^3，很难降到 1000mg/m^3 以下。比如，晋城某电厂 300MW 机组亚临界锅炉在燃烧器改造后，额定工况下 NO_x 排放浓度能够控制在 1000mg/m^3 左右。

W 火焰锅炉燃烧温度高，除了生成大量的燃料型外，也具备热力型 NO_x 大量生成的条件（富氧燃烧、结渣的卫燃带温度超过 1800K、炉内燃烧热负荷较常规炉型大、炉膛温度水平高、炉内大量局部高温区域、燃料在高温区停留时间长、每组燃烧器的燃烧火焰集中和高温），最终导致了排放浓度居高不下。目前，W 火焰锅炉排放浓度最高，远高于国家目前的排放标准。

采用直流燃烧器、燃烧贫煤的四角切圆燃烧锅炉，利用不同时期的低燃烧器和低燃烧技术，为了燃烧充分，炉内过量空气系数较高，锅炉设计的截面热强度和容积热强度较高，燃烧区域的燃烧温度也高，因此排放浓度较高，仅次于 W 火焰锅炉，如鹤壁电厂 300MW 锅炉，额定工况下的排放浓度可达 1100mg/m^3 左右，改造后平均排放浓度可达 600mg/m^3 左右，效果不如烟煤锅炉显著。

循环流化床锅炉采用低燃烧温度 850～900℃，热力型 NO_x 的生成量减少，燃烧用风分级送入燃烧室，一次风从布风板送入，二次风从燃烧室下部锥段部分送入，以降低燃料型 NO_x 的生成量。同时，流化床锅炉密相区内存在一定浓度的 NH_3、CO、H_3 以及未燃焦炭颗粒，使已经生成的 NO 发生还原反应，降低了最终的排放浓度。容量相同、烧烟煤和贫煤的循环流化床锅炉，排放浓度都小于 200mg/m^3，远小于其他形式的锅炉，这充分证明炉型和燃烧温度对生成的影响。

总之，锅炉结构即炉型与燃烧方式关系密切，炉型对 NO_x 排放浓度和燃烧热效率的影响实质上主要是炉膛燃烧热强度和温度分布状态的影响，炉膛容积热负荷和炉膛截面热负荷是锅炉设计过程中的重要参数，一般随着锅炉容量的增大，炉膛容积热负荷降低，截面热负荷升高。对于采用分级燃烧技术的机组而言，容积热负荷的降低意味着煤粉颗粒在炉内的停留时间变长，即煤粉颗粒在还原区的停留时间变长，这对于降低 NO_x 排放是有利的；而截面热负荷增大，表明燃烧区域的温度水平高，有利于燃烧的稳定同时也促进了热力型 NO_x 的生成。总体而言，锅炉容量的增大，对于降低 NO_x 排放是有利的。NO_x 排放浓度随炉膛温度的升高而升高，尤其是燃烧器附近煤粉气流着火阶段的温度对 NO_x 排放浓度影响最大，燃烧器区域温度高将导致燃料型的增加，炉膛平均温度高不但提高了燃料型 NO_x 的生成，也增加了热力型 NO_x 的生成。

（三）燃烧器形式的影响

用于燃烧煤粉的燃烧器型式有直流燃烧器和旋流燃烧器两种，分别用于切圆燃烧锅炉和墙式对冲燃烧锅炉。切圆燃烧锅炉内充满度好，炉膛四壁的热负荷均匀，后期混合较充分，有利于煤粉的燃尽。而旋流燃烧器燃烧前期的混合比较强烈，旋流强度衰减比较快，后期略显刚性不足，火焰比较短。有学者认为，切圆燃烧条件下，由于其在着火区域混合相对较弱，位于该区域的煤粉只能得到很小部分空气，还原性气氛比较浓厚，同时因火焰充满度比较好，炉内温度分布比较均匀，避免出现局部高温区；而对冲燃烧则由于一、二次风紧密相邻，一、二次风混合过早，在着火区容易形成富氧燃烧区，同时由于火焰比较短，煤粉燃烧相对比较集中，燃烧强度大，容易产生局部高温区，因此 NO_x 排放较切圆燃烧高 15%左右。

对于降低 NO_x 的排放，直流燃烧器和旋流燃烧器都取得了很大的进展，但由于切圆燃烧的固有特性，四角布置方式的一次风和二次风混合较晚，所以，直流燃烧器的 NO_x 的生成量较旋流燃烧器稍低。

CE公司开发的不等切圆燃烧技术（LNCFS），辅助风与一次风成一角度喷入炉膛，以减小一次风对辅助风的卷吸，所以LNCFS属于分级配风方法。运行表明，该种燃烧器能平均降低 NO_x 约35%，为了充分发挥辅助风大切圆的优点，CE公司又发展了同心切圆燃烧技术，进一步降低了 NO_x 的生成。

日本三菱重工开发的PM燃烧器，采用一个弯头或分离器把一次风分成垂直方向上浓淡两股气流，即垂直浓淡燃烧技术。这种燃烧器不仅能使 NO_x 的生成量降低45%～60%，而且燃烧稳定性明显增强。但由于其浓淡一次风垂直布置，容易引起浓一次风煤粉冲刷水冷壁，导致结渣和高温腐蚀。我国开发的水平浓淡燃烧器与PM燃烧器在降低 NO_x 方面和稳燃方面原理相似，而且同时能大幅度地减小结渣和高温腐蚀倾向。

普通的旋流燃烧器由于一、二次风混合比较强烈，导致煤粉与气流强烈混合，过快的温升及过量氧的加入，使燃烧强度很高，最终导致 NO_x 的大量生成，最高可达 $1200mg/m^3$。新型旋流燃烧器的特点是在燃烧器的出口实现空气逐渐混入煤粉空气气流，合理地控制燃烧器区域空气与燃料的混合过程，实现了沿燃烧器射流轴向的分级燃烧过程，以阻止燃料氮转化为和热力型的生成，同时又保证较高的燃烧效率。采用旋流燃烧器锅炉的 NO_x 排放浓度仅高于循环流化床锅炉，远低于采用早期低 NO_x 燃烧技术的四角切圆燃烧锅炉和W火焰锅炉。

B&W公司开发的双调风轴向旋流燃烧器可以通过调节内二次风和外二次风的风量和旋流来调节一次风与二次风的混合点，使其所排放的 NO_x 达到最小值。目前国内开发的径向浓淡旋流燃烧器，通过采用高浓缩比的煤粉浓缩器将一次风中的煤粉在径向浓缩，使一次风在径向分为浓淡两股同心射流，靠近中心的一股为高浓度气流，浓一次风喷入高温中心回流区，形成一个高温高浓度区域，淡一次风及二次风分级配入。运行表明，这种燃烧器大大降低了 NO_x 的生成，比同类型非浓淡燃烧型燃烧器约降低24%，排放量仅为 $200mg/m^3$ 左右，且能解决稳燃、结渣及高温腐蚀等问题。

（四）锅炉负荷的影响

锅炉负荷对 NO_x 排放浓度的影响，要综合考虑氧浓度、炉膛温度等多种因素，锅炉负荷降低时炉膛温度也下降。一般情况下，当负荷降低不多时，运行氧量变化不大，因此 NO_x 排放浓度下降。但是，炉膛氧量比炉膛温度的影响更大，试验表明，在锅炉负荷降低的过程中，只有当炉膛内氧量和火焰附近氧量变化不大时，NO_x 的排放浓度才会随着炉膛

温度和锅炉负荷的降低而降低。如果氧量明显增大，NO_x 排放浓度不但不降低，反而会增加。

表 5-4 为海南某电厂变负荷试验结果，由试验结果可以看出随着机组电负荷和锅炉负荷降低，排放浓度总体呈下降趋势，机组负荷从 300MW 下降至 230MW，负荷下降了 25%，NO_x 排放浓度下降 6.7%。呈现这样规律的原因是：一方面，随着负荷的降低，炉内热负荷和燃烧温度下降，热力型 NO_x 生成量降低；另一方面，由于运行时空气供应量变化不大，造成过量空气系数增大，炉内燃料型 NO_x 的生成量增加。这两方面的综合结果导致了当负荷变化不大时，总的排放浓度变化不明显，如表 5-4 中 150MW 负荷和 110MW 负荷的试验结果，110MW 负荷下的 NO_x 排放浓度反而比 150MW 负荷时高。而当负荷变化较大时，综合结果导致排放浓度降低。

表 5-4　　海南某电厂 300MW 机组锅炉变负荷试验

机组负荷（MW）	锅炉蒸发量（t/h）	锅炉出口 NO_x 排放浓度（mg/m^3）	锅炉出口 O_2
300	1034	300.95	3.1%
230	775	279.35	3.5%
150	517	226.88	4.1%
110	362	257.60	4.5%

（五）过量空气系数的影响

根据 NO_x 的生成机理，低过量空气系数运行可以抑制 NO_x 的生成量，对降低燃料型 NO_x 的生成尤其有效。相关测试结果表明，在所有运行参数中，炉膛内氧浓度对排放浓度的影响最明显，几乎所有 NO_x 排放浓度测量值都随炉膛出口过量空气系数的增加而增加。

有研究认为，燃料 N 向 NO_x 的转换率与火焰附近氧浓度的平方呈正比，热力型 NO_x 的生成量与炉膛内氧浓度的平方根呈正比。由于炉膛内的 NO_x 生成量主要由燃料型 NO_x 和热力型 NO_x 组成，如果不考虑其他因素的影响，炉膛内的 NO_x 生成量可以写成

$$NO_x = a \times (O_2)^2 + [O_2]^{0.5} \tag{5-1}$$

式中　(O_2)——火焰附近的氧浓度；

$[O_2]$——炉膛出口的氧浓度。

实际测量的过量空气系数反映的只是炉膛出口的平均氧浓度，NO_x 在炉膛内既有生成量，也有还原量，在正常运行范围内，NO_x 排放浓度与炉膛出口的氧浓度大都符合以下指数关系

$$NO_x = m \times [O_2]^{0.5} \tag{5-2}$$

其中系数 m 因设备和燃烧工况而异，在所测量的锅炉中，指数的值为 0.4～1。

由于氧量的影响非常明显，因此，控制燃烧中的氧量是降低 NO_x 排放浓度的主要手段之一，氧量的控制包括炉膛平均氧量的控制和燃烧器附近氧量的控制。

表 5-5 为某电厂 600MW 机组烟煤锅炉的变氧量燃烧调整试验结果，即在维持锅炉负荷、配风方式、磨煤机组合方式不变时，通过改变送风机的送风量来调整炉内燃烧的过量空气系数，用 SCR 入口的烟气含氧量来控制炉内氧量，测量的 NO_x 排放浓度、CO 浓度以及飞灰可燃物含量等试验结果。从试验结果可以看出，降低入炉总风量对降低 NO_x 排放浓度具有明显的效果。过量空气系数降低，则燃烧区域氧量降低，炉内燃烧温度降低，热力型 NO_x 生成量减少，同时燃烧区域氧浓度的降低也减少了燃料氮的中间产物与氧反应的可能性，燃料型 NO_x 的生成量随之减少，所以总的 NO_x 排放浓度降低。同时，随入炉总风量的

降低，飞灰可燃物含量和 CO 排放浓度明显上升，q_4 明显增加，不过由于烟气量减少，q_2 降低，因此对于锅炉效率，存在一个最优的氧量，在这个氧量下，锅炉热损失最小，效率最高，排放浓度也较低。

表 5-5　　某电厂 600MW 机组烟煤锅炉变氧量试验

机组负荷（MW）	锅炉出口 O_2	锅炉出口 NO_x 排放浓度（mg/m^3）	飞灰可燃物含量	锅炉出口 CO 排放浓度（ppm）
600	2.0%	205.1	2.63%	506
600	2.5%	221.2	2.41%	472
600	3.0%	266.1	1.32%	113

随锅炉形式和燃烧煤种的不同，氧量对排放浓度影响的程度也不尽相同。比较贫煤锅炉和烟煤锅炉，为了保证高的燃烧效率和锅炉效率，贫煤锅炉采用的过量空气系数比烟煤锅炉大，NO_x 排放浓度也较高，过量空气系数降低相同的数值，贫煤锅炉排放浓度降低的程度比烟煤锅炉小，烟煤和褐煤锅炉可以在较小的过量空气系数下运行。

（六）配风方式的影响

图 5-2 所示是某电厂 300MW 机组锅炉额定负荷下，不同氧量、不同配风方式下 NO_x 的排放特性。从图 5-2 中可以看出，正塔配风方式下，4%氧量时 NO_x 排放量最高，达 $800mg/m^3$。随着氧量的降低，相同配风方式下 NO_x 的排放浓度也逐渐降低，NO_x 的排放浓度和配风方式正塔、均等、束腰、倒塔依次呈降低趋势，说明配风方式对 NO_x 的排放浓度影响显著。

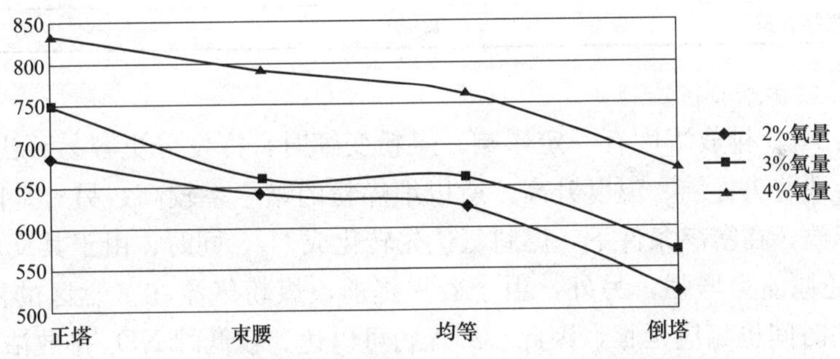

图 5-2　不同氧量下不同配风方式时的 NO_x 排放浓度

正塔配风时，由于煤粉燃烧所需的空气在燃烧初期就已大量混入主燃烧区，主燃烧区氧化性气氛较浓，因此导致燃烧区的 NO_x 生成得不到有效抑制。尽管这种燃烧方式下，主燃烧区温度比其他方式低，但由于燃料型 NO_x 的生成在燃烧初期呈主导地位，该方式下 NO_x 的排放浓度仍是最高的。

均等配风方式与束腰配风方式下，NO_x 的排放特性接近，相比均等配风方式略比束腰配风排放低。两种配风方式下 NO_x 的生成量均低于正塔配风方式，主要是由于这两种配风方式下，主燃烧区的氧浓度均低于正塔配风方式，从而抑制了燃料型 NO_x 的生成。

有的研究认为，束腰方式下 NO_x 的排放要低于均等配风，但实际两者排放特性相近，且束腰方式下 NO_x 的排放要略高于均等配风，这主要是由于束腰方式虽然更能抑制燃料型 NO_x 的生成，但由于该方式下，火焰中心温度较高，热力型 NO_x 生成量增加，两者相抵，导致两种配风方式下 NO_x 排放浓度接近。

（七）制粉系统的影响

1. 磨煤机组合方式的影响

磨煤机的组合方式、出力不同，会影响到煤粉在炉内的燃烧，因此，通过调节磨煤机出力以及组合方式也可实现降低 NO_x 排放浓度的目的。为了了解不同磨煤机组合方式对 NO_x 排放的影响，某 600MW 机组电厂锅炉额定负荷时的变磨试验结果见表 5-6。3.3%氧量下进行了上 5 台磨煤机运行和下 5 台磨煤机运行两种组合方式。从试验结果可以看出，下 5 台磨煤机运行时的飞灰可燃物含量和 NO_x 排放浓度都要比上 5 台磨煤机运行时要低，主要是因为下 5 台磨煤机运行时，降低了火焰中心位置，延长了煤粉在还原区的停留时间，有利于分级燃烧并抑制 NO_x 的生成。不同制粉系统的运行方式对锅炉 NO_x 排放量影响较大，运行时应根据具体的负荷、炉内燃烧情况，按照分级燃烧机理，确定合理的磨煤机运行方式。如果燃烧情况和设备运行条件允许，可以减少上层磨煤机运行，尽量下层磨煤机运行；磨煤机出力允许的情况下，少运行 1 台磨煤机可以节省较多电耗，也有利于分级燃烧并抑制 NO_x 的生成（最上层磨煤机停运）。

表 5-6　　某电厂 600MW 机组烟煤锅炉变磨试验

项　目	组合 1	组合 2
负荷（MW）	600	600MW
运行磨煤机	ABCDE	BCDEF
SCR 入口氧量	3.31%	3.35%
SCR 入口 NO_x（mg/m^3）	194.10	224.07
飞灰可燃物含量	1.08%	1.39%

2. 煤粉细度的影响

煤粉细度对 NO_x 排放浓度有一定影响，煤粉变细时，挥发分更容易释出，颗粒的反应表面积增加，导致着火提前、温度升高，所以细煤粉的燃尽率较高；另外，随着煤粉变细，燃料氮更容易释放，在富燃条件下，燃料氮优先转化成 N_2，同时，由于其反应表面积增加，焦炭对 NO_x 的还原能力增强，另外，由于着火提前，煤粉气流在富燃区的停留时间延长，NO_x 分解还原的时间也相应延长，因此，细煤粉可以达到较低的 NO_x 排放浓度。

3. 一次风率的影响

表 5-7 为传统锅炉设计时一次风率的选取值。改变一次风率的大小意味着送入炉膛内部的总风量发生改变。从图 5-3 可以看出，一次风率对 NO_x 在着火初期的生成特性有显著影响。随着一次风率的升高，NO_x 的整体排放水平有较大幅度的上升。这是因为，随着一次风率的增大，燃烧区域供氧量增大，燃烧区域火焰温度升高，引起 NO_x 浓度的整体上升。从图 5-3 中可以看出，较低的一次风率能够减少 NO_x 的排放浓度，但不是越低越好，而要依据燃煤的 V_{daf} 和着火条件决定。

表 5-7　　传统锅炉设计一次风率选取

煤种	干燥无灰基挥发分含量 V_{daf}（%）	一次风率	
		直流燃烧器	旋流燃烧器
无烟煤	2～8	0.15～0.2	
贫煤	8～19	0.15～0.2	

续表

煤种	干燥无灰基挥发分含量 V_{daf}（%）	一次风率	
		直流燃烧器	旋流燃烧器
烟煤	20～30	0.25～0.3	
	30～40	≈0.3	0.3～0.4
褐煤	40～50	—	0.35～0.4
推荐值			

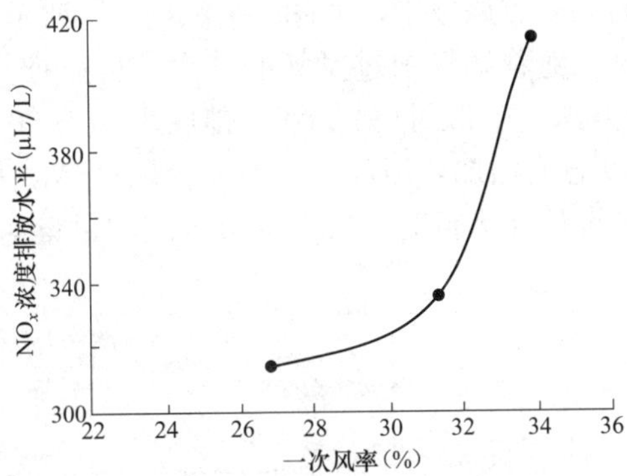

图 5-3 NO_x 排放浓度与一次风率的关系

第二节 低氮燃烧技术

我国能源结构以煤炭为主，且其中很大一部分是由燃煤机组消耗掉的，使得燃煤电厂成为目前主要的 NO_x 排放源。因此，控制燃煤电厂的 NO_x 排放可以有效减少大气中 NO_x 的浓度。我国早期对燃煤电厂锅炉 NO_x 排放要求不高，1996 年颁布的《火电厂大气污染物排放标准》(GB 13223—1996) 要求 NO_x 排放不大于 650mg/m^3（标况）。但随着人们对 NO_x 危害认识的加深，以及燃煤锅炉 NO_x 排放控制技术的不断进步，2003 年重新修订的《火电厂大气污染物排放标准》(GB 13223—2003) 对煤电厂的 NO_x 排放进行分时段控制。《火电厂大气污染物排放标准》(GB 13223—2011) 从 2012 年 1 月 1 日起正式开始执行，对燃煤电厂的 NO_x 排放提出更严格的要求，见表 5-8。燃煤电厂减少氮氧化物排放，不仅是社会环保的要求，也是企业生存的需要。

表 5-8 GB 13223—2011 规定燃煤电厂 NO_x 排放限值

限值	备注
100mg/m^3	(1) 2014 年 7 月 1 日起，现有火力发电厂。 (2) 2012 年 1 月 1 日起，新建火力发电厂
200mg/m^3	采用 W 型火焰炉炉膛，现有循环流化床以及 2003 年 12 月 31 前建设投产的，或者通过项目环境影响报告书审批的火力发电厂

目前世界各国控制电站锅炉 NO_x 排放的措施大致分两类：一类是低 NO_x 燃烧技术（炉内脱氮技术），即通过调整运行方式或者对有效控制燃烧过程，抑制燃料燃烧反应中 NO_x 的生成，从而降低锅炉 NO_x 排放的最终效果，主要有低 NO_x 燃烧器、烟气再循环、燃料再燃

烧、空气分级低氮燃烧等；另一类是烟气净化技术，即把锅炉燃烧已经生成的氮氧化物再还原为氮气，达到最终脱除烟气中的 NO_x 的目的，主要包括湿法脱硝和干法脱硝（如 SCR 选择性催化还原法）。烟气净化技术能大幅降低 NO_x 排放量，但面临初投资巨大、后期运行费用高的问题。通过两种控制脱硝技术相结合来有效降低电厂脱硝的建设费用和运行费用是目前应用较为广泛的技术手段，即先通过低氮燃烧技术降低炉膛出口的 NO_x 排放浓度，使其能够控制在合理范围内，然后通过烟气净化技术使其最终排放浓度达到环保要求。

一、低氧燃烧技术

低氧燃烧是比较常用的低氮燃烧技术，如图 5-4 和图 5-5 所示，燃烧过程尽可能在接近理论空气量的条件下进行时，随着烟气中过量氧的减少，可以抑制 NO_x 的生成，这是一种最简单的降低 NO_x 排放的方法，一般可降低 NO_x 排放 15%～20%。但如炉内氧浓度过低(3%以下)，会造成 CO 浓度急剧增加，增加化学不完全燃烧热损失，引起飞灰含碳量增加，燃烧效率下降。因此在锅炉设计和运行时，应选取最合理的过量空气系数。

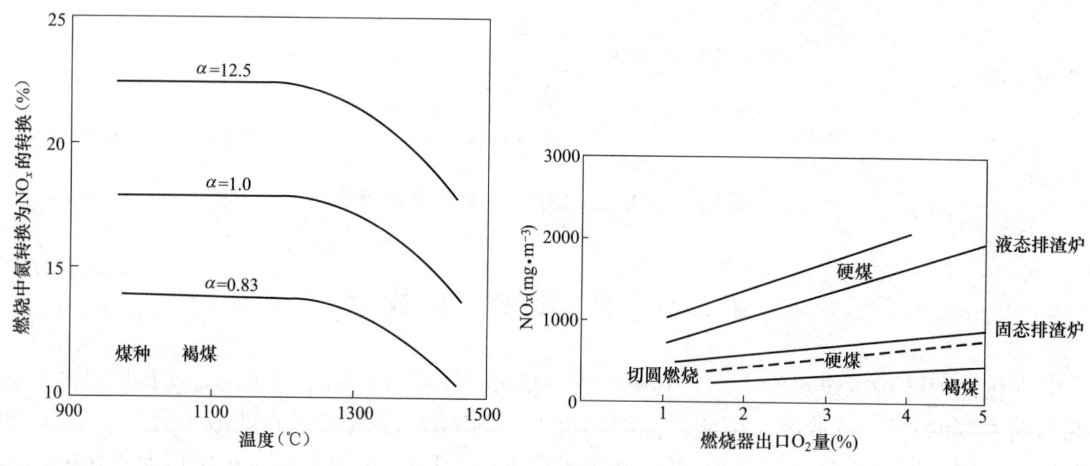

图 5-4 炉膛出口过量空气系数对 NO_x 生成的影响　　图 5-5 燃烧器出口 O_2 对 NO_x 生成的影响

完全燃烧热损失，引起飞灰含碳量增加，燃烧效率下降。因此在锅炉设计和运行时，应选取最合理的过量空气系数。

二、浓淡燃烧技术

浓淡偏差燃烧，是指对装有两个燃烧器以上的锅炉，一部分燃烧器供应较多的空气，使其燃烧区域为富氧燃烧，形成贫燃料区，此时 $\alpha>1$；另一部分燃烧器供应较少的空气，使其燃烧区域为欠氧燃烧，形成富燃料区，此时 $\alpha<1$。虽然在贫燃料区燃料燃烧生成的 NO_x 较多，但是在与富燃料区燃烧的烟气混合后，会在还原性气氛下还原一部分 NO_x，同时也抑制了更多的 NO_x 生成，另外，燃料在富燃料区燃烧基本不产生 NO_x 或者 NO_x 生成量很低，当两股烟气混合后，对于 NO_x 生成量的加权平均值，总的 NO_x 生成量还是较低。

三、空气分级燃烧技术

要减少燃料型 NO_x 的生成，可以从抑制其生成和还原生成的 NO_x 这两方面着手。空气分级低 NO_x 燃烧技术是分级燃烧是目前国内外使用最广，技术比较成熟，同时简单有效和容易实现的低 NO_x 燃烧技术。

（一）空气分级燃烧的基本原理

基本原理是将燃烧用的空气分两阶段送入，见图 5-6。先将一部分空气从燃烧器送入，使燃烧区域的过量空气系数 $\alpha<1$，处于缺氧条件（还原性气氛）。燃料在还原性气氛下燃烧，能够抑制燃料型 NO_x 生成，同时进行 NO_x 的还原。不过，由于缺氧，会有分燃料未燃尽，这部分燃料进入炉膛上部时，再送入剩下的部分空气，没有燃尽的燃料在这里进入氧气充分的区域充分燃烧。虽然这里氧气量多，过量空气系数 $\alpha>1$，但由于燃料少，火焰温度相对较低，在这一区域内不会有较多的 NO_x 生成。

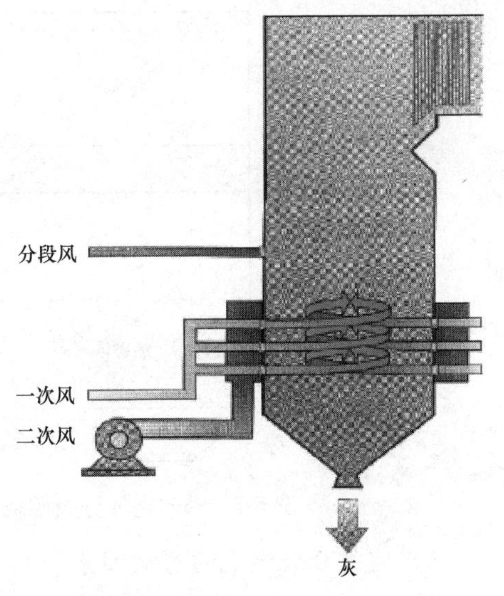

图 5-6　空气分级燃烧示意

由燃料型 NO_x 的生成机理以及还原途径可知，在挥发分燃烧阶段，如果创造局部的缺氧环境，可以使挥发分 NO_x 尽可能多地通过还原反应还原为氮分子。在主燃烧区，燃料中的挥发分 N 基本全部析出，空气分级送入使主燃烧区处于还原性气氛下，挥发分 N 生成的 NO_x 被破坏掉。挥发分 NO_x 约占燃料型 NO_x 的 60%～80%，这样就很大程度上减少了燃料型 NO_x 的生成量。挥发分燃烧结束后，焦炭开始燃烧，火焰温度将逐渐达到最大。此时主燃烧区依然处于缺氧环境，焦炭 N 没有足够的氧气反应生成 NO_x，产生的 NO_x 也被还原。同时，在缺氧的条件下，即使火焰温度达到 1600℃，形成的热力型 NO_x 也很少。这样一来，在主燃烧区生成的 NO_x 大大减少。燃烧处于还原性气氛时间越长，NO_x 的分解还原反应时间就越长。缺氧燃烧会造成不完全燃烧损失，降低锅炉效率。为减小损失，当烟气进入炉膛上部时，在该区段内再送入完全燃烧所需的剩余空气作为燃尽风，使由于缺氧未燃尽的燃料能够烧尽。此时虽然处于氧化性气氛中，但由于剩下的燃料很少，燃料中也只剩余部分焦炭 N，燃烧产生的燃料型 NO_x 不多；另外，冷风的进入降低了烟气温度，同时燃料又少，燃烧时火焰温度相对较低，热力型 NO_x 生成不会多。由此可见，通过这样一个空气分级送入的过程，可以极大地控制燃烧产生的 NO_x。

（二）空气分级燃烧的主要形式

空气分级燃烧的实现有多种形式，但主要有轴向分级燃烧和径向分级燃烧两种。轴向分级燃烧技术根据燃尽风喷口的布置位置不同叫法很多，但其原理相同，如图 5-7 所示。将燃烧器区域分为一次燃烧区域和二次燃烧区域，一次燃烧区域内送入所有燃料和大部分燃烧所需空气（70%～80%），使得燃料燃烧初期为还原性气氛，大部分燃料 N 在此区域以 N_2 形式释放，其余空气（20%～30%）在二次燃烧区域送入，保证燃烧完全。

径向分级燃烧分两种，一种是一次风水平浓淡分离的径向分级燃烧；另一种是一、二次风射流中心线形成一夹角实现的径向分级，也有同时采用这两种方法的。如图 5-8 所示是将二次风射流轴线向水冷壁偏转一定角度，形成一次风煤粉气流在内、二次风在外的径向分级燃烧。此时，沿炉膛水平径向把煤粉的燃烧区域分成位于炉膛中心的贫氧区和水冷壁附近的富氧区。由于二次风射流向水冷壁偏转，推迟了二次风与一次风的混合，降低了燃烧中心氧气浓度，使燃烧中心 $\alpha<1$，煤粉在缺氧条件下燃烧，抑制了 NO_x 的生成，NO_x 的排放浓度降低。由于在水冷壁附近形成氧化性气氛，可防止或减轻水冷壁的高温腐蚀和结焦。

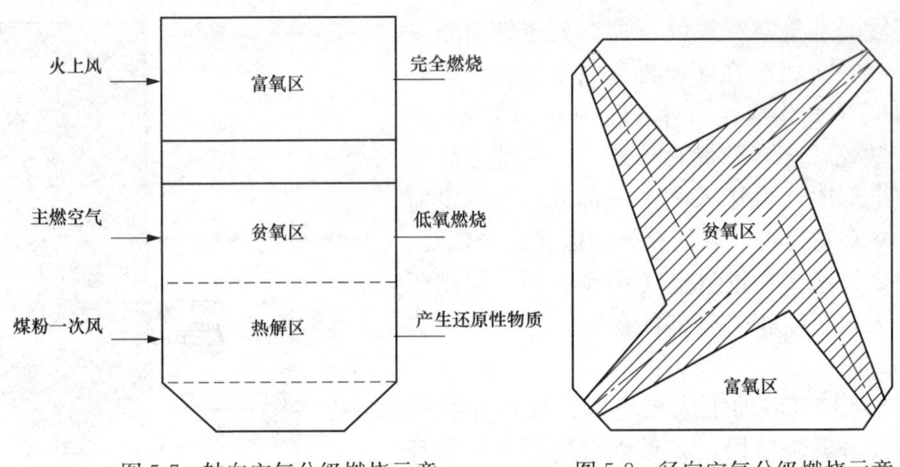

图 5-7　轴向空气分级燃烧示意　　　图 5-8　径向空气分级燃烧示意

（三）空气分级燃烧的影响因素

对径向空气分级燃烧 NO_x 排放的影响主要是二次风的偏转角度，偏转角度大，NO_x 排放量下降幅度大，但飞灰可燃物也会增多，合适的偏转角度因煤种而异。轴向空气分级燃烧实施过程中，以下几方面是设计的关键：

（1）一次燃烧区域过量空气系数 α_1、富燃区停留时间 τ_1、燃尽风喷口到炉膛出口距离 L，及富燃区的温度等参数也对 NO_x 排放有重要影响。当 τ_1 较小时，NO_x 随着 α_1 的减小逐渐减低；但 τ_1 较大时，当 α_1 降低到 0.8 以下时，NO_x 排放浓度几乎不再变化，这证明当煤粉在富燃区的停留时间较长时，HCN、NH_3 等含氮产物的还原分解存在一个极限值，即 α_1 存在一个最佳值。对于烟煤，α_1 最佳值为 0.8，贫煤最佳 α_1 值略高于烟煤，约为 0.85。延长烟气在富燃料的一次燃烧区域的停留时间有利于降低 NO_x 排放，最佳停留时间与煤种有关。对于烟煤为 1s，而对于褐煤，τ_1 达到 1.5s 时 NO_x 排放仍随停留时间延长而降低。对于 τ_1 的选取也有从燃尽风喷口与主燃烧器轴线间距离 H 来考虑的，苏联全苏热工研究所试验经验公式为

$$H = 1.5 \times (V_{daf}/10)^{0.5} \tag{5-3}$$

（2）温度对 NO_x 排放的影响与气氛有关，还原性气氛下的高温有利于降低 NO_x 排放。分级燃烧时，提高富燃区温度可以促进 NO_x 的还原反应，使 NO_x 的排放量降低。燃尽风喷口到炉膛出口距离直接影响固体物质的燃尽，一般认为，当燃尽风喷嘴距屏式过热器下沿的距离不小于炉膛断面边长时，煤粉的燃尽将不会受到影响。对于低挥发分煤，分级燃烧有时反而对燃尽有利。主要是因为分级燃烧减少了二次风量，有利于煤粉的早期燃烧着火，这对燃尽有利。

（3）燃尽风送入的位置高低主要影响燃料在主燃区的停留时间。研究显示，无论是贫煤还是烟煤，随着燃尽风送入位置的上移，煤粉在主燃区的停留时间增加，NO_x 的排放浓度逐渐下降。这是因为在主燃区有大量的 HCN 和 NH_i 等还原成分存在，增加煤粉在富燃区的停留时间将使产生 NO_x 在还原性环境下被充分还原，减少了 NO_x 的排放。但是，在锅炉中由于燃尽风送入时间的延迟，炉内温度水平将会降低，导致锅炉的效率下降，因此燃尽风的送入位置应综合考虑各方面的平衡。

（4）燃尽风风量大，分级效果好，但可能引起燃烧器区域严重缺氧而出现受热面结焦和

高温腐蚀。对于煤粉炉，合理的燃尽风占锅炉总风量的15%～20%。

(5) 燃尽风要有足够高的流速，以保证与烟气的良好混合。燃尽风速为45～50m/s合适。

(四) 燃尽风的种类

一般来说燃尽风布置两种方式，一种是通过风箱上面的风室进风，称为OFA，如图5-9所示；另一种是在燃烧器上面一定距离处通过独立调节挡板进风，称为SOFA。从应用情况来看，OFA的减排效果差。现在主要的应用方法是布置SOFA喷嘴，把完全燃烧所需空气量的80%～85%供给主燃烧器，剩余空气从SOFA喷嘴中喷入炉膛，在主燃区形成低氧还原区。SOFA风与主燃烧区的距离越大，NO_x的分解还原反应时间就越长，NO_x的降低量就越大。

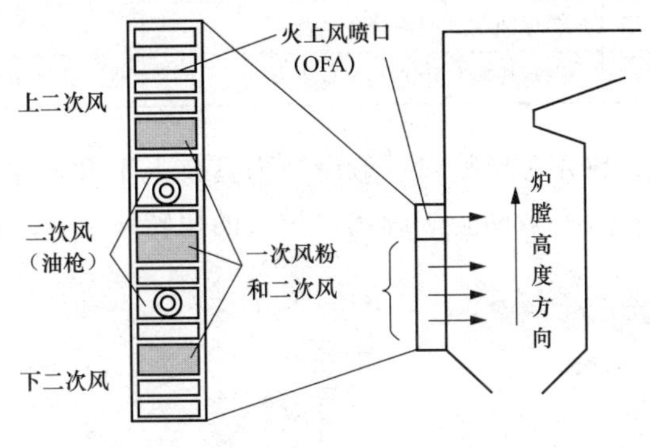

图5-9　OFA喷口示意

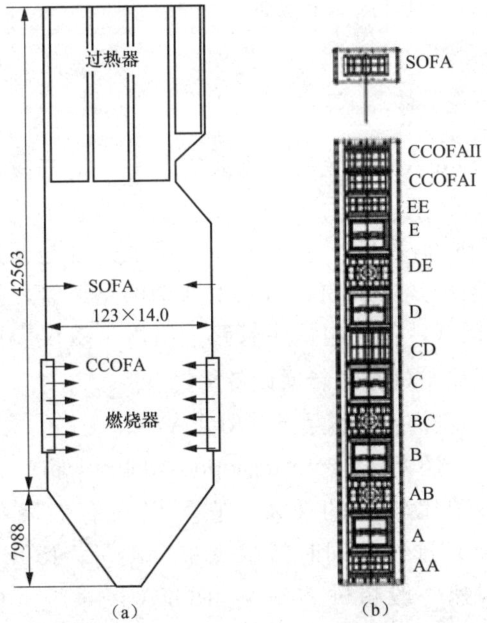

图5-10　CCOFA布置示意
(a) 炉膛横截面视图；
(b) 燃烧器布置示意

1. 紧凑型燃尽风 (CCOFA)

CCOFA (close-coupled over fired air) 也称为强耦合式燃尽风，一般紧邻最上层燃烧器布置，由大风箱供风，它可以减少富燃料区的反应时间，增加贫燃料区或燃尽区的反应时间，其布置结构如图5-10所示。

在早些年投产的300MW等级机组锅炉中，几乎都采用了CCOFA技术，CCOFA风量通常只占总风量的15%左右，可使锅炉NO_x排放量控制在650mg/m^{3}左右。

2. 分离燃尽风 (SOFA)

SOFA (separated opver fired air) 是另一种燃尽风形式，其风速通常设计为50m/s。SOFA风布置在远离燃烧器的位置，与主燃烧器拉开一定距离。当前300MW和600MW机组锅炉的典型设计中，SOFA风与上一次风的距离通常都在8m左右。表5-9给出了国内部分电厂深度分级燃烧布置的尺寸。

表5-9　国内部分电厂深度分级燃烧布置尺寸

序号	名称	单位	某一厂3号炉	某电厂5、6号炉	某二厂	某电厂1号炉
1	机组容量	MW	300	300	900	350
2	紧靠型燃尽风		√	√	√	×
3	紧靠型燃尽风数量	个	8	4		—
4	分离型燃尽风		√	√	√	√
5	分离型燃尽风数量	个/层	8/2	12/3		4/1

续表

序号	名称	单位	某一厂3号炉	某电厂5、6号炉	某二厂	某电厂1号炉
6	燃尽风喷口的中心标高	m	33.55	31.7		35.54
7	燃尽风与上一次风中心距	m	8.12	7.43	8.51	6.97
8	燃尽风喷口中心与屏底距离	m	12.05	12.5		10.99

SOFA风喷口一般设计为具有上下和水平摆动功能，以调整燃尽风穿透深度和混合效果，并有效防止炉膛出口过大的扭转残余。SOFA风喷口如图5-11所示。

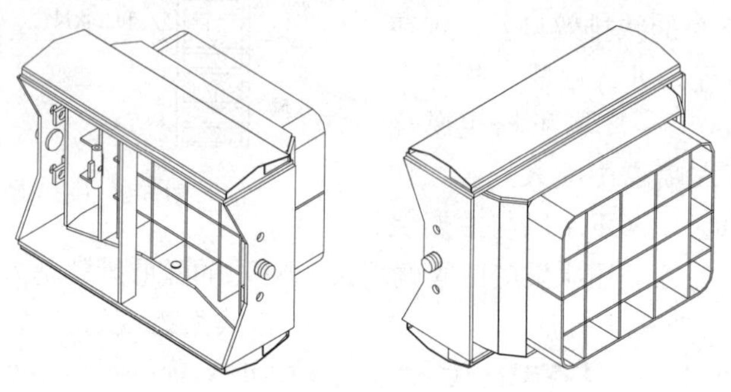

图5-11　SOFA喷嘴示意

当前300MW和600MW机组的锅炉设计中，SOFA风的份额通常取值30%，对于改造锅炉，由于锅炉原设计的原因（主要是再热汽温），一般取值为18%～20%。因改造锅炉燃尽风比例比新设计锅炉相应减少，会影响燃尽风的脱硝效果，这是其NO_x降低浓度与新建锅炉相差的重要原因之一。对于新增的SOFA风系统，可从原大风箱上新增两路风管，接入SOFA风箱。新增的SOFA风执行机构为气动模式，需由电厂主管路上引出少量仪表用压缩空气至各新增设备用气点。

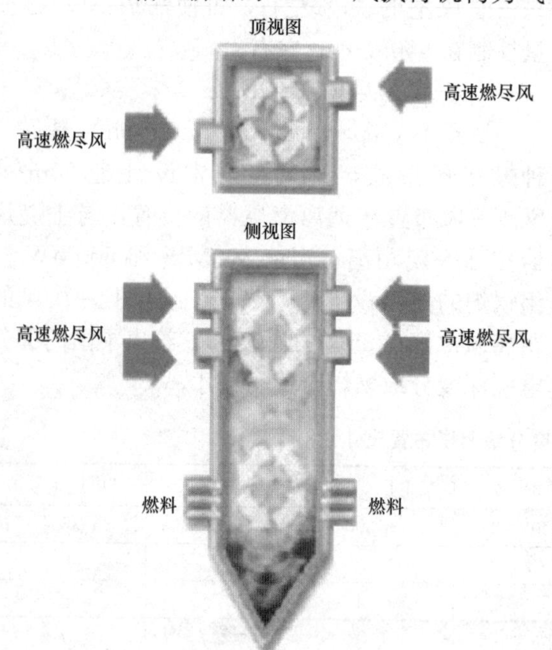

图5-12　ROFA风系统图

3. 高速燃尽风（ROFA）

ROFA（rotating opposed fired air）是一项比较新的技术，它可以在有效降低NO_x排放的同时减少飞灰含碳量，ROFA风速一般超过80m/s。ROFA风系统（见图5-12）由增压风机、风道和喷嘴组成。高速燃尽风的形成可以从空气预热器出口单独引一路风道，增加一台增压风机，将风机出口的高压风送到燃尽风喷口，使喷口风速达到80m/s。该系统另一个优点是，与从大风箱引出的燃尽风不同，喷口风速不受大风箱风压的干扰。喷口处的风压一般为7～20kPa，这取决于混合所需的穿透力。

高速燃尽风风速相比常规燃尽风速度增加后，气流在炉内射向中心的过程中，射流穿透力增强与周围气体的动量交换剧烈，使其周围的气体加速，进而增大燃尽风射流的截面及射流携带气体的流量，这样燃尽风射流周围需要不断补充气体。在一个强空气分级燃烧的炉膛内，燃尽风以足够高的速度射入锅炉上部，形成高动能的紊流区域，促进炉膛上部空气与高温烟气的混合，从而给抑制 NO_x 提供了一个很好的混合环境，有利于抑制氮氧化物的生成。同时，由于强烈混合，有利于未燃尽碳燃尽，降低了 CO 的排放，减少了飞灰含碳量。图 5-13 所示为燃尽风与高速燃尽风的比较图，从图中可以明显看出高速燃尽风更有利于降低 NO_x 排放。

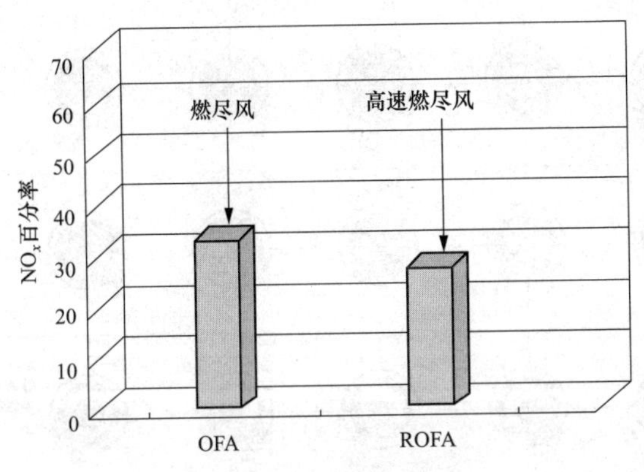

图 5-13　燃尽风与高速燃尽风的比较

此外，高速燃尽风在炉膛上部形成强烈涡流，使烟气与空气充分混合，温度分布更趋于均匀，增强了辐射换热和对流换热的效果，从而提高锅炉效率，减轻空气分级技术对燃烧的影响。

4. 旋流燃尽风（OFA）

如果锅炉本身采用旋流燃烧器，则要相应布置旋流燃尽风 OFA。目前该技术比较成熟的公司有美国 FW 公司、美国 ABT 公司、英国 MBEL 公司等。广泛采用旋流式双调风燃尽风，即在燃尽风喷口中加调风器，将燃尽风分为两股独立的气流喷入炉膛，中央部位的气流为直流气流，速度高，刚性大，能直接穿透上升烟气进入炉膛中心；外圈气流是旋转气流，离开调风器后向四周扩散，用于和靠近水冷壁附近的上升烟气进行混合。外圈气流的旋流强度和两股气流的流量均可以通过调节机构来调节。表 5-10 为国内部分电厂旋流燃烧器燃尽风的应用情况。

表 5-10　旋流燃烧器的旋流燃尽风的应用情况

电厂名称	容量（MW）	燃烧器布置方式	OFA 布置方式	备注
某电厂	350	16 个燃烧器分 4 层全部布置在前墙，每层 4 个	在燃烧器上方加一层 OFA，共 4 个	改造前 NO_x 浓度为 890～1190mg/m³，改造后不大于 400mg/m³
某电厂	600	共 30 个燃烧器，前后墙各 15 个，分三层布置，每层 5 个	前后墙各增加一层 OFA，每层 5 个喷口	
某三期 5 号炉	600	共 30 个燃烧器，前后墙各 15 个，分三层布置，每层 5 个	前后墙各增加一层 OFA，每层 5 个喷口	燃尽风中心距最上层燃烧器中心 4m，OFA 风量为 15%

燃尽风（OFA）布置在旋流燃烧器的上部，通常加装贴壁风喷口（wing port）作为补充，贴壁风可以使水冷壁附近形成氧化性气氛，防止高温腐蚀和结渣。图 5-14 所示为某电厂

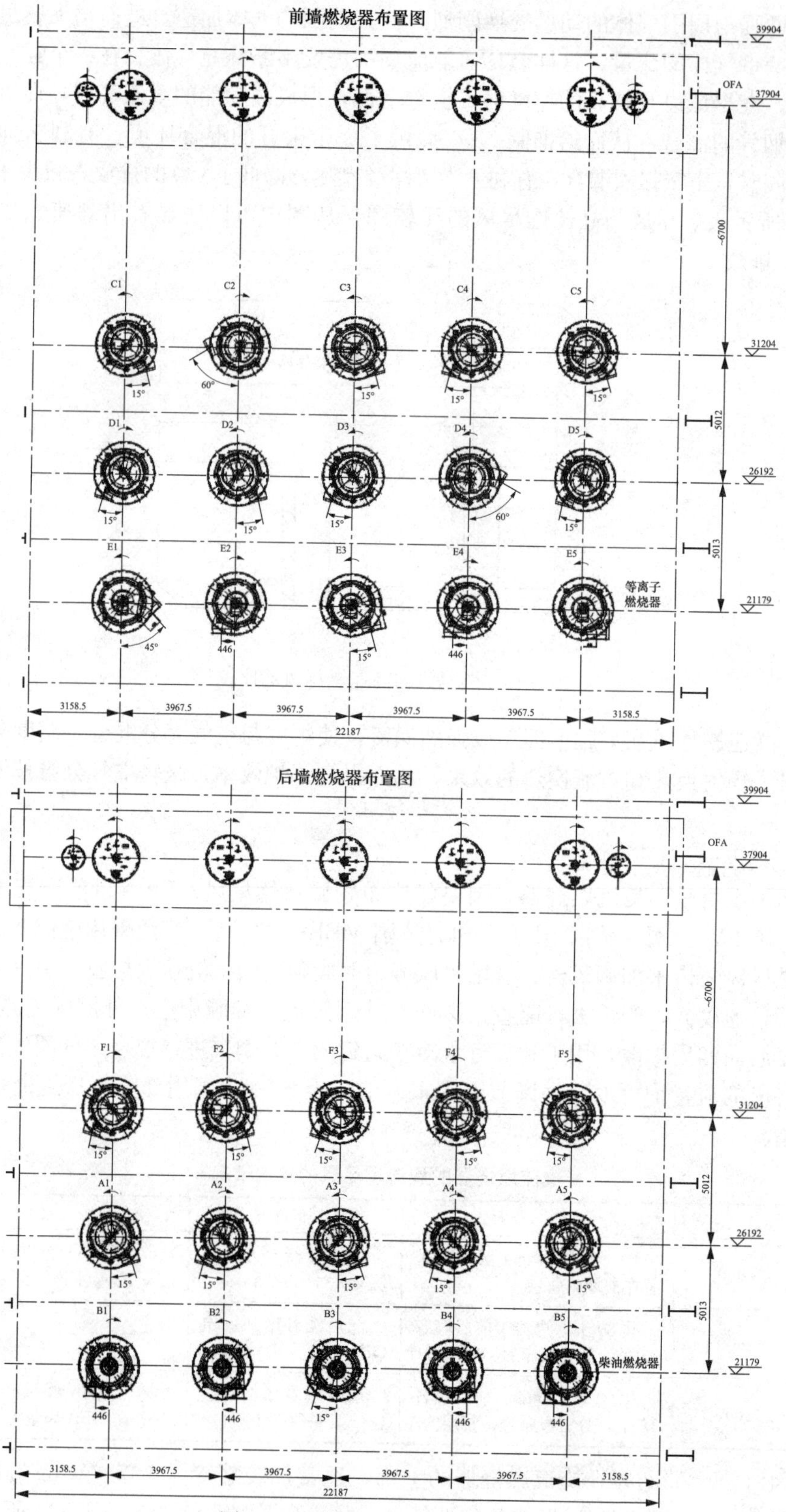

图 5-14　某电厂 OFA 布置结构图

的 OFA 布置简图，共 16 个旋流燃烧器，分 4 层全部布置于前墙。在燃烧器上方增加 4 个 OFA，在上层燃烧器靠两侧墙处增加两处贴壁风。

（五）燃尽风布置方式的选择

燃尽风可以布置在炉膛的四个角上也可以布置在四个墙面上。图 5-15 所示为国内典型的角布置方式，该布置方式具有以下特点：燃尽风喷口进行反切改造，解决了炉膛出口烟气偏流问题；燃尽风量的调节可以控制过热器或再热器的壁温偏差，防止超温爆管。

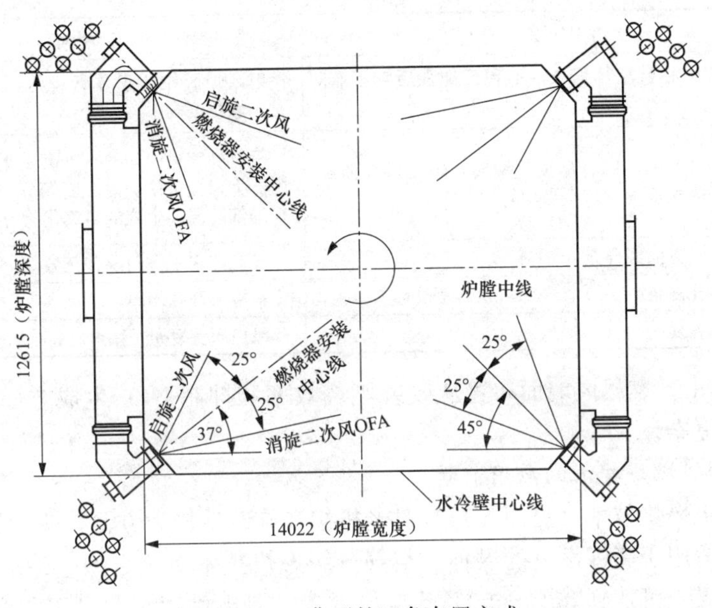

图 5-15　典型的四角布置方式

图 5-16 所示为某电厂 4×300MW 机组改造设计的布置方式，采用了墙面布置方式，每

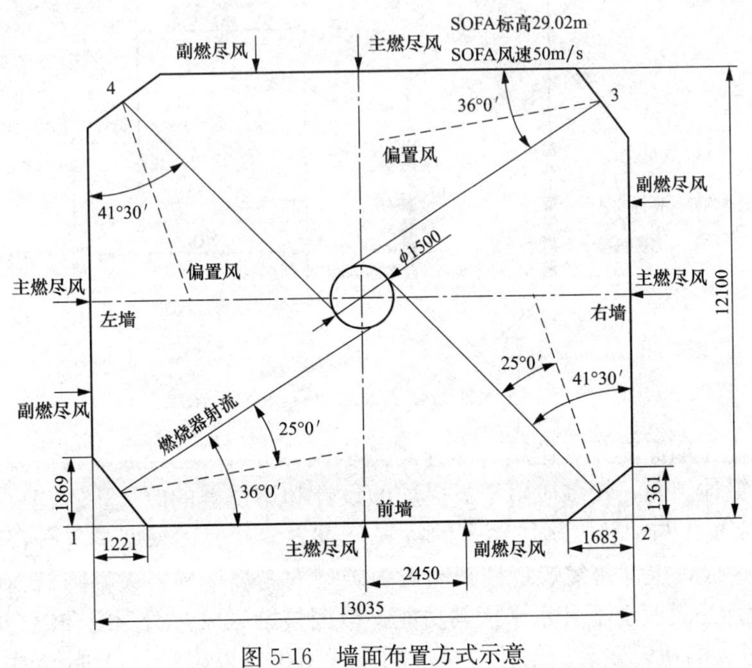

图 5-16　墙面布置方式示意

侧炉墙有两处燃尽风喷嘴，在炉墙中心线上的喷嘴为主燃尽风喷口；偏燃烧器侧的喷嘴为副燃尽风喷口，其气流与炉膛切圆旋转方向同步；每个燃尽风喷嘴截面装有调整挡板，通过控制单个喷口流量可控制燃尽风的喷入深度，从而得到所需的混合特性。这种布置方式的优点为没有四角补气的问题。

总之，角式布置和墙式布置这两种方式各有特点，具体见表 5-11。

表 5-11　两种布置方式的比较

序号	角式布置	墙式布置
1	射入炉膛中心射流行程长，不利于加强后期混合，燃尽度差	射入炉膛中心射流行程短，有利于加强后期混合，燃尽度高
2	气流两侧补气角不同容易发生偏转，炉内烟气消旋能力差，炉内温度场分布不易均匀	没有补气角的问题，不会发生偏转，炉内烟气消旋能力强，可使炉内温度场分布比较合理，不易出现局部高温，生成的氮氧化物也较少
3	气流在水平方向混合充分	气流在水平方向混合充分
4	水冷壁开孔复杂	水冷壁开孔简单
5	风道布置容易	风道布置复杂

从表 5-11 看出，燃尽风墙面布置从改善燃烧效率和抑制 NO_x 生成方面优于角上布置，但工程制作比较复杂。

（六）空气分级燃烧技术的应用前景

使用空气分级燃烧技术（见图 5-17）对老机组实施改造较为方便，改动量小，改造费用相对较低；比较适用于高挥发分的煤种。空气分级燃烧技术对于大型电站锅炉降低 NO_x 排放有着很好的效果，可达到 30％～50％的减排效果，是电站锅炉脱硝工程必不可少的第一步，它能为后期的 SCR 的应用节省大量的建设成本和运行成本。

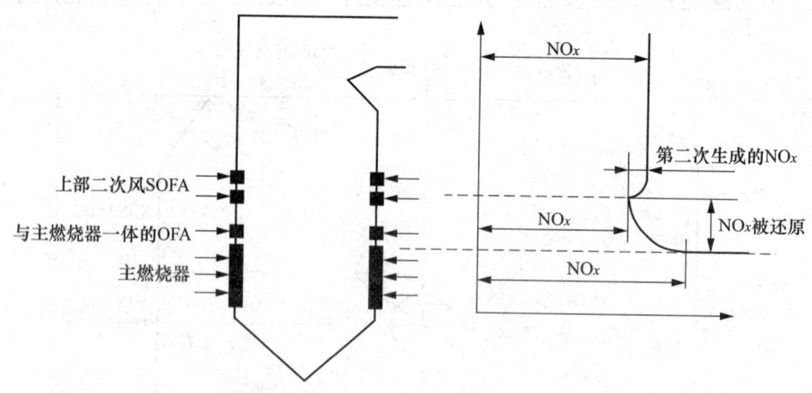

图 5-17　空气分级燃烧系统的布置及 NO_x 浓度分布

低 NO_x 燃烧器加深度分级送风（即分离燃尽风 SOFA）已经成为目前燃煤电站锅炉控制 NO_x 生成的最佳组合，较多应用于新锅炉的设计和燃烧器的改造中。深度空气分级燃烧技术通常采用 SOFA 与偏转二次风结合的空气分级方案。通过深度空气分级形成下部缺氧燃烧控制 NO_x 生成，上部富氧燃烧控制飞灰含碳量的燃烧格局，大幅降低 NO_x 排放。SOFA 喷口一般设计为具有上下和水平摆动功能，以调整燃尽风穿透深度和混合效果，并有效防止炉膛出口过大的扭转残余。偏转二次风的设置不仅可以降低 NO_x 的生成，而且在水冷壁附近形成氧化性气氛，可防止或减轻水冷壁的高温腐蚀和结焦。

四、燃料分级燃烧

燃料分级燃烧技术即再燃技术，其一级燃烧区空气系数 $\alpha_1>1$，可保证燃料在充足的氧分下燃烧，二级燃烧区（空气系数 $\alpha_2<1$）的还原性气氛将一级燃烧区生成的 NO 还原成氮气，最后通过燃尽风喷口补入燃尽所需空气，保证燃烧效率。其 NO 的排放浓度最低，是未来低 NO_x 燃烧器发展的主流。

（一）燃料再燃的原理

再燃这一概念是在 1973 年由文特（Wendt）等人提出的，直到 1983 年，高桥（Takahashi）等人在日本将再燃技术应用于实际的锅炉，并获得了大于 50%的 NO_x 还原率，这一方法才得以确立并实际应用。燃料再燃又称为燃料分级或炉内还原技术，是降低 NO_x 排放的诸多炉内方法中最有效的措施之一。NO_x 在遇到烃根 CH_i 和未完全燃烧产物 CO、H_2、C 和 C_nH_m 时会发生 NO_x 的还原反应。利用这一原理，把炉膛高度自下而上依次分为主燃区、再燃区和燃尽区（见图 5-18）。燃料分级送入炉膛，将 80%～85%的主燃料喷入主燃区，在过量空气系数 $\alpha>1$ 的条件下燃烧生成 NO_x；将 15%～20%的再燃燃料在主燃区上部的合适位置喷入再燃区，在 $\alpha<1$ 的条件下形成较强的还原性气氛。再燃区不仅能还原已经生成的 NO_x，同时可以抑制新的 NO_x 的生成，进一步降低 NO_x 的排放。配合再燃区上面布置的燃尽风（OFA）可以形成第三级燃烧区，以使再燃区生成的未完全燃烧产物燃尽。

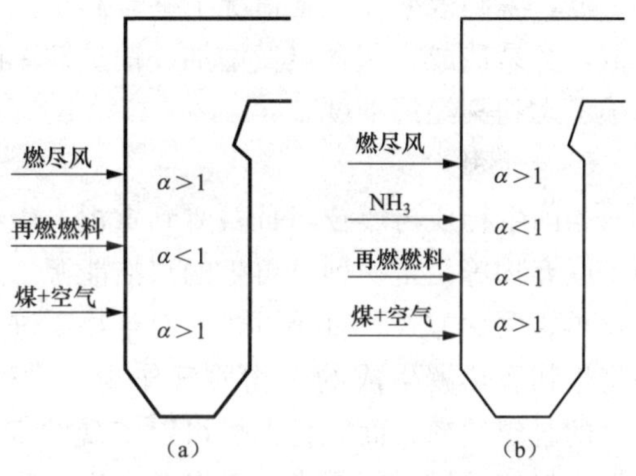

图 5-18　再燃脱硝技术示意

(a) 一般再燃脱硝；(b) 先进再燃脱硝

为了获得更高的脱硝效率，将再燃和选择性非催化还原（SNCR）相结合，将氨水或尿素作为氮催化剂喷入再燃区或燃尽区，以进一步降低 NO_x，称为先进再燃（advanced reburning，AR）。先进再燃的脱硝效率可达 80%以上，其技术示范应用于美国的 105MW NYSEG Greenidge 电站。而将碱金属盐类（主要指 Na 盐）作为催化剂和氨同时喷入再燃区或燃尽区，称为改良先进再燃（promoted AR），其脱硝效率有望达到 95%。

（二）再燃燃料的选择

再燃燃料的选取面很广泛，一般可分为气体燃料（天然气等）、液体燃料（水煤浆、奥里油等）和固体燃料（煤粉、生物质等）。

1. 天然气

目前，天然气再燃技术发展较成熟，国外应用的再燃技术基本上都是以天然气为再燃燃料。采用此项技术，一般在实验室条件下可以达到 70%～80%的脱硝效率。天然气主要成分是 CH_4，含氮、硫极少，基本没有灰分，燃烧时不会产生额外的污染气体；和烟气同相混合比较均匀，反应时间短，速度快；未完全燃烧损失小；燃烧后产生较多的 CH_i 离子团，有利于再燃区 NO_x 的还原。而且，天然气和烟气同相混合，所需设备较少，投资较低。苏格兰电力公司（Scottish Power's）的朗格纳特（Longannet）电站已经成功地将使用天然气再燃技术应用于 600MW 的燃烧煤粉的锅炉中。除了苏格兰电力公司，BG 公司和三井巴布考克能源有限公司也都积极地参与这项计划。煤炭再燃技术目前正在意大利维杜里格（VadoLigure）电站的320MW的燃烧煤粉的机组上进行论证试验。鲍尔根公司（Powergen）三井巴布考克能源有限公司和杰梅斯霍登公司（James Howden&Co）是该项目下一阶段的英国合作者。在国内，限制天然气作为二次燃料的因素主要是获得渠道和价格。我国绝大多数电厂无法获得稳定的天然气来源，而高昂的天然气价格也大大提高了电厂运行成本，这些因素决定了我国推广天然气再燃技术的艰难。

2. 超细煤粉

随着再燃技术的发展，一些科学家发现，将煤粉作为二次燃料喷入再燃区也可以取得接近甚至高于天然气再燃的脱硝效果。而且，由于其具有经济性及便利性，煤粉再燃得到越来越多的重视。在国外有研究表明，采用超细煤粉再燃，可以取得50%～70%的脱硝效率，基本和天然气相当。当采用高挥发分的褐煤或褐煤焦作再燃燃料时，效果甚至好于天然气再燃。采用超细煤粉作为二次燃料，其燃料种类和主燃料相同，运输及燃烧方式相同，运行成本更低，脱硝效率在一定情况下甚至高于天然气再燃。但是，因为是异相反应，煤粉的燃尽率低，容易造成飞灰含炭量增加、锅炉效率降低，而一味地降低煤粉细度并不是可取之道，必须考虑到其经济细度。

3. 生物质

当前生物质再燃技术日益受到重视。生物质主要指秸秆等农业废弃物、能源植物和林业加工废弃物等，是一种可再生的清洁能源。利用生物质再燃一般有生物质直接再燃和生物质气化再燃两种方式。直接再燃是对生物质进行干燥、粉碎后直接作为二次燃料，而气化再燃是将生物质热解生成的生物质气作为二次燃料。利用直接再燃技术一般可以取得50%～70%的脱硝效率，而气化再燃可以实现约50%的脱硝效果。两者的影响因素基本类似于煤粉和天然气再燃，但是直接再燃时，生物质的颗粒大小几乎对脱硝效果没有影响。在国外，对直接再燃的研究较多，并已有工业应用项目。

生物质燃料主要成分是C、O，较低含量的N、S以及一些碱金属（Na、K），挥发分含量高，热值低，易着火，燃烧主要生成CO_2，较少SO_x、NO_x。而CO_2可在植物光合作用时被吸收，从一个大周期来看，燃用生物质可以实现CO_2净排放为零。同时，碱金属可以作为催化剂，促进反应的正向进行，对再燃脱硝具有促进作用，但也会降低灰熔点，造成受热面积灰沾污。生物质资源具有季节性的特点且地域性较强，比能量密度小，如大规模使用，运输及储备是必须解决的问题。但是考虑到经济及环境收益的最大化，生物质的有效使用一定程度上可以缓解能源紧张，是最值得推广的技术。

4. 其他可采用的二次燃料

作为一种新型燃料，水煤浆也作为二次燃料应用于再燃脱硝。在实际应用中，EER公司在10×10^6Btu/h（1Btu=1054.350J）的塔式炉上进行水煤浆再燃试验，脱硝效率最高达77%，超过了天然气再燃效果。水煤浆低污染，燃烧效率高，储运方便，其流体特性使得使用方式简便。虽然需要增加额外的制备和输送设备，但总体运行成本较为低廉。

奥里乳化油（orimulsion）也可用于再燃技术。奥里乳化油盛产于北美，现已大量进口我国并作为锅炉燃料广泛应用。其发热量大，流动性好，价格低于其他燃料油。1997年，Hennepin电站对奥里油作为二次燃料进行了全面测试，脱硝率可以达到64%。

总之，再燃燃料的选取应优先满足以下原则：

（1）再燃燃料应含有高挥发分；

（2）再燃区的停留时间要足够长；

（3）优化再燃区的混合条件；

（4）如采用固体燃料，燃料的粒度应较细。

对于燃煤锅炉，有学者详细研究了小龙潭褐煤和富拉尔基褐煤作为再燃燃料的效果，发现两种燃料均是有效的再燃燃料，而由这两种褐煤热解得到的煤焦对NO的还原更有效。使用小龙潭褐煤和富拉尔基褐煤作为再燃燃料时，煤焦的异相机理对还原NO的贡献在很宽的化学当量比（SR）下超过均相机理，而大同烟煤的均相还原的贡献要相对大一些。

再燃燃料中的含氮组分对NO_x的再燃过程和再燃效率都有很大的影响。氮组分含量越高，再燃区内NO_x的还原率越高。但通过再燃区出口进入燃尽区的总氮含量也越大，这样可能在燃尽区部分形成NO_x，对降低总NO_x排放量不利。

（三）影响再燃效果的主要因素

（1）再燃燃料的种类和特性。再燃燃料的种类很多，不同种类的再燃燃料由于其燃料特性各不相同，生成的中间产物相异，各自的再燃效果以及适用的燃烧工况也明显不同。因此再燃燃料的选择对再燃效果起着重要的作用。

（2）再燃燃料比和过量空气系数。再燃燃料输入热量占锅炉总输入热量的份额为再燃燃料比。再燃燃料比较高时，NO_x还原率亦较高；但如果该比值过高，由于燃尽效果下降，运行经济性反而降低。此外，炉膛热负荷上移，炉膛内热负荷的合理分配将受到影响。一般再燃燃料量以占主燃料20%左右为宜。过量空气系数一般为0.8～0.9。

（3）再燃燃料注入温度。再燃区随着温度增加，NO_x还原率增加。高温有利于提高NO_x的分解速率，但温度过高增加热力型NO_x的生成，一般为1247～1343K。

（4）烟气在再燃区的停留时间。增加停留时间有利于反应充分进行，从而有利于NO_x还原，但大于0.8s时，效果不再明显。对于气体再燃，停留时间为0.7s。在实际锅炉中，最佳停留时间的选择还需考虑再燃区的混合程度。

（四）燃料再燃技术的发展前景

发展再燃还原技术是目前我国电站锅炉满足环保要求的比较现实、可行、技术经济性较优的一种低NO_x燃烧技术。天然气再燃技术相对较成熟，然而其昂贵的初投资和运行费用迫使我们寻求更经济的再燃燃料。国家已将“超细化煤粉再燃低NO_x燃烧技术研究”列为863计划重点项目。而煤热解或气化产物作为再燃燃料可能适应达到更好的脱硝效果，因此对其进行研究对开发适合我国国情的高效低污染燃烧技术有着重要意义。

五、烟气再循环低NO_x燃烧技术

（一）烟气再循环机理

1984年马洛尼（KenL. Maloney）提出采用烟气再循环技术运用在锅炉系统上，可以使锅炉稳定运行而不增加过量空气系数，系统过量空气减少量高达50%或者更多。而后人们经过多次试验，并以热力化学分析为基础，分析发现锅炉采用烟气再循环以后，在低温、低氧和多水蒸气条件下发生了还原反应，大大减少了NO的排放量，使得锅炉尾部烟气更加符合环保要求。

该技术是将锅炉尾部10%～30%的低温烟气（温度为300～400℃）经烟气再循环风机回抽（多在省煤器出口位置引出）并混入助燃空气中，经燃烧器或直接送入炉膛或与一次风、二

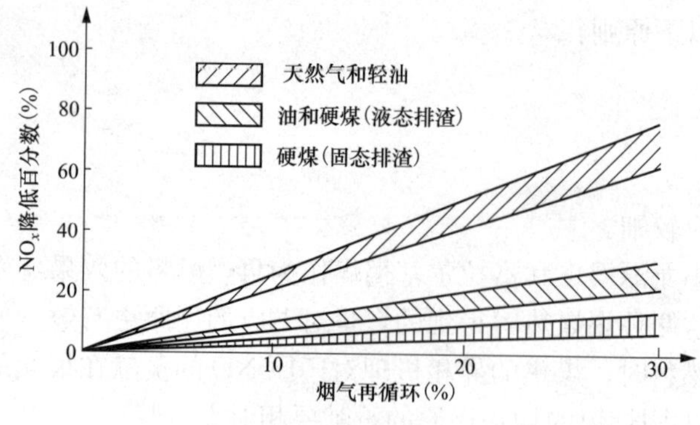

图 5-19　烟气循环燃烧对降低 NO_x 的影响

次风混合后送入炉内，从而降低燃烧区域的温度，同时降低燃烧区域氧的浓度，最终降低 NO_x 的生成量，并具有防止锅炉结渣的作用，其对 NO_x 排放的影响如图 5-19 所示。但采用烟气再循环会导致不完全燃烧热损失加大，而且炉内燃烧不稳定，所以不能用于难燃烧的煤种（如无烟煤等）。

（二）烟气再循环率的选择

烟气再循环率为

$$\beta=\frac{q_{V1}}{q_{V2}} \tag{5-4}$$

式中　β——烟气再循环率；

q_{V1}——循环的烟气量；

q_{V2}——循环的烟气总量。

烟气再循环法降低 NO_x 排放的效果与燃料种类、炉内燃烧温度及烟气再循环率有关。烟气再循环率越高，则排放下降越多，但是再循环率受到再循环风机出力和煤粉燃尽率的影响。经验表明：当烟气再燃循环率为 15%～20%时，煤粉炉的 NO_x 排放浓度可降低 25%左右。燃烧温度越高，烟气再循环率对 NO_x 脱除率的影响越大。但是，烟气再循环效率的增加是有限的，当采用更高的再循环率时，由于循环烟气量的增加，燃烧会趋于不稳定，而且未完全燃烧热损失会增加。因此，电站锅炉的烟气再循环率一般控制在 10%～20%。

另外，利用烟气再循环改造现有锅炉需要安装烟气回抽系统，附加烟道、风机及飞灰收集装置，投资加大，系统也较复杂，对原有设备改造时也会受到场地条件等的限制。由于烟气再循环使输入的热量增多，可能影响炉内的热量分布，过多的再循环烟气还可能导致火焰的不稳定性及蒸汽超温，因此再循环烟气量有一定的限制。在燃煤锅炉上单独利用烟气再循环措施，得到的 NO_x 脱除率小于 20%。所以，一般都需要与其他的措施联合使用。

（三）利用烟气再循环实现 HTAC

HTAC（high temperature air combustion）即高温低氧燃烧技术，是 20 世纪 90 年代发展起来的一种新型燃烧技术。由于其突出的节能与环保优势，在许多国家得到了广泛的重视，其原理如图 5-20 所示。

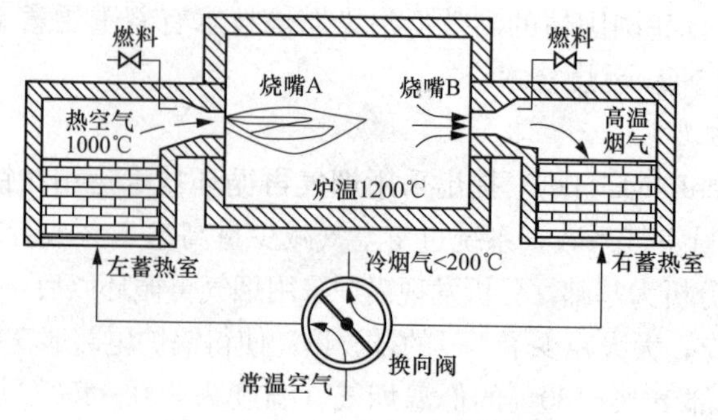

图 5-20　HTAC 工作原理

燃烧产生的烟气流经蓄热体，温度降至200℃以下后，先经四通阀，最后由引风机排除。排走的烟气一部分经过回烟装置同空气在鼓风机前进行混合，利用烟气来稀释空气中的氧浓度，使混合气体中氧浓度低于21%。稀释后的贫氧混合气体经过鼓风机后通过四通换向阀，通过蓄热体被加热后同燃料在燃烧室内混合进行燃烧，产生的烟气从另一侧烧嘴流出，循环反复进行燃烧。烟气再循环技术一方面可以稀释入炉气体中的氧浓度，另一方面又可以降低燃烧区域温度，因此降低了 NO_x 的排放量。采用该种方式，通过控制引风机和鼓风机前的调节阀来调节再循环的烟气量，可以获得不同的烟气再循环率，进而获得不同含氧体积浓度的助燃气体。

第三节　国内外主要低 NO_x 燃烧器形式及技术原理

低 NO_x 燃烧器（low NO_x burner，LNB）是通过设计特殊结构的燃烧器，通过改变燃烧器的风煤比例，以达到在燃烧器着火区的空气分级、燃烧分级和烟气再循环法的目的。该技术的使用可以在保证煤粉着火燃烧的同时，有效地抑制 NO_x 的生成。世界各国的大锅炉公司分别发展了各种类型的低 NO_x 燃烧器，NO_x 降低率一般为30%～60%。

一、直流燃烧器

直流燃烧器根据低 NO_x 原理主要分为垂直浓淡和水平浓淡式燃烧器。

（一）PM型燃烧器

最早出现的低 NO_x 直流型煤粉燃烧器是三菱重工的PM型燃烧器（pollution minimum burner），主要由多组一次风煤粉喷口和二次风喷口组成，其结构如图5-21所示。煤粉在一次风道中先经过一个弯头进行惯性分离，密度大的煤粉由于惯性大，多数进入上面的富燃料喷口，其余的随空气进入下面的贫燃料喷口。富燃料燃烧时，处于还原性气氛，有利于抑制燃料型 NO_x 的生成；贫燃料燃烧时，由于空气过多使得火焰温度降低，有利于抑制热力型 NO_x 的生成。

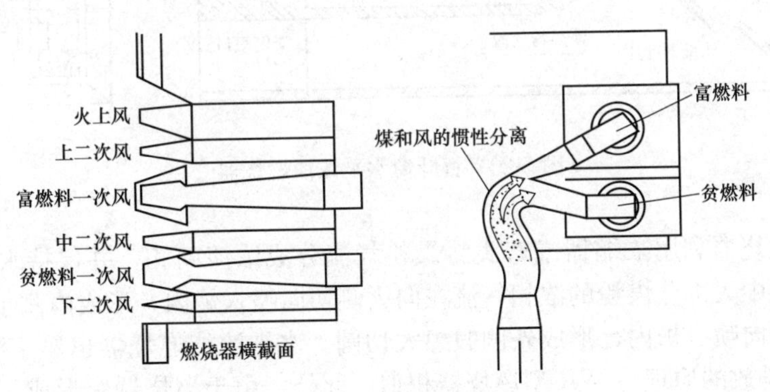

图5-21　典型PM型低 NO_x 燃烧器

PM型低 NO_x 燃烧器的主要特点是将炉膛的分级燃烧和燃烧器的分级燃烧结合在一起。在这种燃烧器中，送入主燃烧器的一、二次风占总风量的80%左右。此外，由于采用分隔风箱，燃烧喷口的宽度较大，增加了出口处气流的刚性。PM型燃烧器适用于燃烧可燃基挥发分大于24%的烟煤，具有明显的低负荷稳燃性能，能在40%负荷下不投油稳定燃烧，该

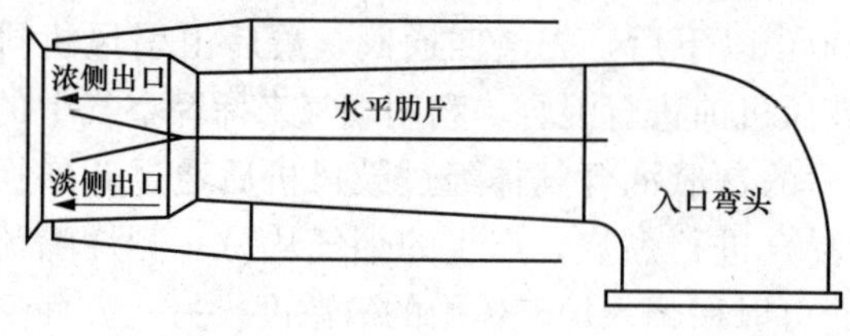

图 5-22　WR 型低 NO_x 燃烧器

技术已经成功地应用于国内多台电厂。

（二）WR 型燃烧器

WR 型燃烧器（wide range burner，宽调节比燃烧器）主要由喷嘴和喷嘴体两部分组成，如图 5-22 所示。WR 型燃烧器也是利用弯头的惯性分离作用，形成浓煤粉和淡煤粉，与弯头相接的管道中安装了浓、淡煤粉的分离挡板，使这两股气流从各自的管道通过。这种燃烧器的喷口内安装有波形钝体，可增强煤粉与气流的搅拌并在燃烧器的出口处形成一个有利于着火的稳定回流区，从而提高火焰的稳定负荷范围。

WR 型燃烧器在垂直方向形成浓淡燃烧，其降低 NO_x 排放的原理与 PM 燃烧器相似。WR 型燃烧器与 PM 型燃烧器的不同之处在于：PM 型燃烧器有两个喷嘴，而 WR 型燃烧器将浓、淡相集中在一个喷口内。因此，WR 型燃烧器的上、下一次风中心距可以做得较小，这样既有利于降低整体的火焰高度，减少 NO_x 的排放，又降低了锅炉的造价，满足了燃用劣质煤的要求。这种燃烧器已在多家电厂成功应用。

（三）水平浓淡式燃烧器

在浓淡燃烧技术的基础上，哈尔滨工业大学经过多年的努力，提出"风包粉"煤粉燃烧的思想，开发出水平浓淡风煤粉燃烧器。水平浓淡可以采用两种方式来实现：第 1 种是采用百叶窗煤粉浓缩器，如图 5-23 所示，这种方式对煤粉管道的布置无特殊要求，适用于工程改造；第 2 种是采用 90°弯头，这种方式需要对管道设计做特殊处理，主要适用于新机组的设计。

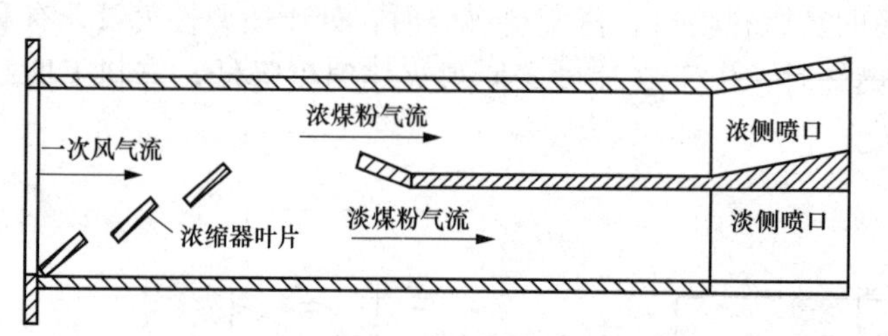

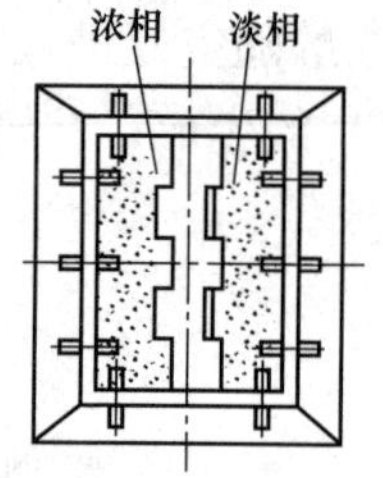

图 5-23　百叶窗水平浓淡燃烧器

水平浓淡燃烧器利用浓缩器或弯头将煤粉气流分成浓淡两相，并保持水平直到喷嘴出口。含有一次风中大部分煤粉的浓相气流在向火侧切向喷入炉内，形成内侧小切圆；淡煤粉气流在背火侧切向喷入炉内，形成外侧假想大切圆。水平浓淡燃烧器也属于浓淡燃烧方式，故其降低 NO_x 排放的原理与 WR 型燃烧器相似。此外，由于燃烧器中形成了内层切圆富燃料，属还原性气氛，能进一步降低 NO_x 的形成。与 WR 型燃烧器相比，水平浓淡燃烧器除具备低 NO_x 排放的优点外，还能进一步改善着火条件，增强水冷壁附近的氧化性气氛，可防止结焦和高温腐蚀。这种燃烧器煤种适应性非常广，对于低挥发分的贫煤、无烟煤的应用效果也不错。

二、旋流煤粉燃烧器

早期旋流燃烧器根据二次风的供入方式和一次风煤粉浓度可分为普通型、分级燃烧型和浓缩型三类。这些类型的旋流燃烧器组织燃烧的思路基本上是一致的，利用二次风包裹一次风强烈旋转，在喷口外形成高温、富氧、强湍动的着火优势区域。这不但强化了着火，也因为强烈的燃烧和混合提高了燃烧速度从而间接地强化了燃尽。但这种燃烧方式却有利于 NO_x 的生成，其排放量均在 950mg/m^3 以上，只能通过增加燃烧器之间的距离和分级配风的方法来降低 NO_x 的排放。自 1972 年美国 B&W 公司开发出了双调风旋流煤粉燃烧器（DRB）以来，旋流燃烧器开始进入了新型低 NO_x 燃烧器阶段。

1. 普通型旋流燃烧器

普通型旋流燃烧器是指二次风通过燃烧器送入炉膛，一次风粉混合物没有浓缩的旋流燃烧器，有以下几种形式：一、二次风均旋转的双蜗壳式旋流燃烧器；一次风为直流，二次风为旋流的单蜗壳-扩锥型燃烧器；一次风可以旋转或不旋转，二次风通过可动的切相叶片送入炉膛的切相可动叶片燃烧器；轴向可动叶轮燃烧器，利用拉杆移动二次风通道中的叶轮，从而改变二次风中直流气流和旋流气流的比例；轴向叶轮-蜗壳型燃烧器，一次风通过蜗壳进入炉膛，二次风的旋流器为直叶片；旋流预燃室燃烧器，根部二次风经过不旋转的直叶片进入预燃室，另外的二次风在预燃室出口附近通过直叶片或有倾角的叶片送入炉膛；管式旋流燃烧器。

2. 分级燃烧型旋流燃烧器

分级燃烧型旋流燃烧器是指二次风分两级或两级以上送入炉膛，一次风粉没有浓缩的旋流燃烧器，有以下几种形式：双通道外混式旋流燃烧器，一次风为直流风，大部分二次风通过轴向固定叶片送入炉膛，另外的二次风为直流风；SM 型燃烧器，一次风不旋转，二次风通过旋转叶片形成旋转气流，一、二次风占燃烧总空气量的 80%～90%，剩下的二次风从燃烧器喷口周边外一定距离处均匀布置的 4 个喷口以直流的形式送入炉膛；蜗壳-叶片式燃烧器，一次风通过蜗壳进入炉膛，二次风通过内、外二次风通道的轴向叶片一旋转的方式进入炉膛；RSFC 型燃烧器，一次风为直流风，二次风由三个分风道以旋流的形式进入炉膛，其中一个或三个分风道均可以掺入在循环烟气。

3. 浓缩型旋流煤粉燃烧器

浓缩型旋流燃烧器是指一次风粉混合物经过浓缩后通过提高煤粉浓度来改善煤粉的着火及燃烧条件的旋流煤粉燃烧器。

4. DRB 型燃烧器

B&W 公司 20 世纪 70 年代推出了二次风双流道均为旋流的燃烧器，即 DRB 型燃烧器（dual register burner，双调风旋流燃烧器）。DRB 型燃烧器一次风管外有可调的内二次风和外二次风管，风管中设有 2 个分别控制的调风器。内调风器的主要作用是促进着火和稳燃，外调风器的主要作用是在火焰下游供风以完成燃烧。DRB 型燃烧器主要通过调整内、外二次风的比例和旋流强度来调节一、二次风的混合，延迟燃烧过程、降低燃烧强度，并在燃烧器出口造成很强的还原性气氛，从而降低 NO_x 的排放量。DRB 型燃烧器主要适用于燃烧挥发分大于 5%的烟煤。运行实践证明，采用 DRB 型燃烧器后，距喷口 1.2m 处的火焰温度由 1600℃降至 1400℃，NO_x 排放浓度可降低 39%。DRB 型燃烧器和分隔风箱结构见图 5-24，EI-DRB 型燃烧器结构见图 5-25。

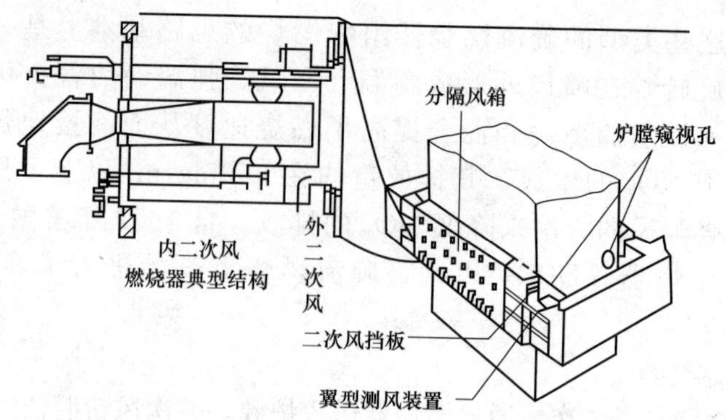

图 5-24 DRB 型燃烧器和分隔风箱结构

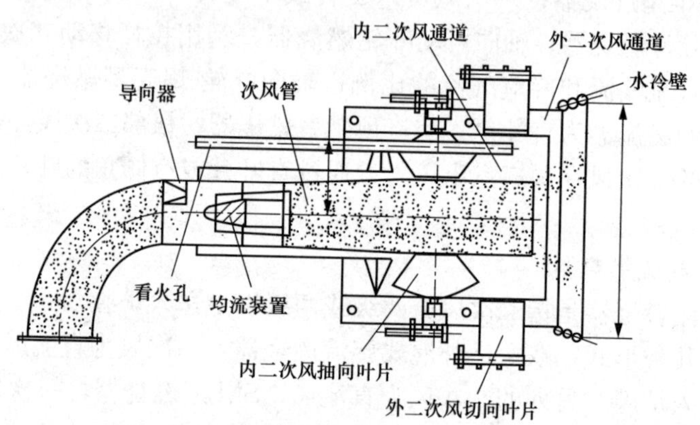

图 5-25 EI-DRB 型燃烧器结构

5. PAX 燃烧器

PAX 型燃烧器是加拿大 BQW 公司在双调风旋流燃烧器的基础上，增设了 PAX 装置（一次风置换装置），与直吹式制粉系统配套使用；当一次风粉气流通过燃烧器入口弯头时，由于离心力的作用，被分为两股，弯头内侧为淡风粉气流，将其作为三次风在燃烧器周围另开的三次风口喷入炉膛；弯头外侧为浓风粉气流，进入燃烧器与从二次风箱引入的温度为 310～371℃的一部分热风相混合后作为一次风喷入炉膛，在一次风喷口处装有多层盘式稳焰器；二次风通过轴向叶片形成旋转气流进入炉内。采取高浓度煤粉燃烧技术对燃烧低挥发分锅炉降低 NO_x 强化稳燃的重要性。

6. XCL 燃烧器

为了方便锅炉改型，Babcock-Wilcox 公司发了 XCL 型燃烧器。XCL 型燃烧器采用套阀调节内、外气流区，在内、外气流采用可调节旋流度，其 NO_x 排放比双调风燃烧器约低 25%。XCL 燃烧器最重要的优点是它可以通过选用合适的叶轮使火焰形状适应炉型，对深度有限的炉窑（如单置墙式炉），可使火焰长度减短。

7. SM 燃烧器

SM 燃烧器的特点是一次风和煤粉不旋转，二次风通过轴向叶片形成旋流。一、二次风量占燃烧所需总空气量的 80%～90%，在燃烧器喷口处形成富燃料区，其余空气从燃烧器喷口周边一定距离处对称布置的 4 个二级空气喷口以直流的形式送入炉膛，此二级焰火空气的作用类似于炉膛空气分级焰火的 OFA，当燃烧劣质煤和无烟煤时，它的 NO_x 排放量比一般燃烧器低 22%～32%。

8. DS 型燃烧器

在 DRB 型的基础上，Babcock 公司开发了第二、三代产品，即 WS 型和 DS 型燃烧器，它充分考虑了减少 NO_x 生成及可能出现的问题。结构特点为：中心风速减缓，保证回流区的稳定；增大一次风射流的周界长度和一次风粉气流同高温烟气的接触面积，提高了煤粉的着火稳定性；在一次风道内安装旋流导向叶片，使一次风产生旋流，并将喷嘴端部设计成外扩型，煤粉喷嘴出口加装环形齿稳燃器；在外二次风的通道中则采用各自的扩张形喷口，以使内、外二次风不会提前混合；内外二次风道为切向进风涡壳式结构，保证燃烧出口断面空气分布均匀，增加了优化燃烧所具备的旋流强度。DS 型燃烧器主要由点火油枪、紫外火焰监测器、一次风风道、中心管、内二次风风道、外二次风风道、红外火焰监测、旋流叶片、火焰稳定器组成。DS 型低 NO_x 燃烧器可实现 NO_x 低于 450mg/m^3 的排放标准。它既可用于前后墙对冲燃烧方式，也可用于切圆燃烧方式，对于燃用优质煤和劣质煤均适用。

9. IHI-FW 卧式燃烧器

IHI-FW 卧式燃烧器的突出特点是加装卧式旋风分离器。从磨煤机来的一次风粉流先导入旋风分离器，分离器的导流板可处于高、低负荷的位置。燃用劣质煤或负荷燃烧时，导流板置于低负荷位置，被分离出的高浓度风粉流被送入燃烧器中心的低负荷喷嘴（高浓度喷嘴），在出口着火区形成高浓度燃烧。初步分离出的低浓度风粉从另一低浓度风粉管由高浓度喷口周围的低浓度喷口进入炉膛，与高浓度火焰形成浓淡焰火。燃用优质煤或高负荷燃烧时，导流板置于高负荷位置，一次风粉流可不经分离器直接进入低浓度喷嘴进行正常燃烧，这种卧式分离器的作用相当于浓缩器。IHI-FW 卧式燃烧器具有优良的降低 NO_x 的能力和低负荷稳燃性能。

10. HT-NR 型燃烧器

在双调风燃烧器的基础上，日本 Babcock Hitachi 公司推出了 HT-NR 型燃烧器，HT-NR 型燃烧器的原理即两火焰内高温还原 NO_x。燃烧区域分为 A、B、C、D 四个区，A 为脱挥发分区，B 为烃根产生区，C 为 NO_x 还原区，D 为氧化区。燃料在 A 区低空燃比条件下释放出挥发分，产生大量的 NO_x；在下游 B 区形成烃根生成区；在 C 区快速形成的烃根使 NO_x 还原为 N_2；在 D 区实现充分燃烧。与双调风燃烧器不同的是，它在喷嘴出口处装有陶瓷火焰稳定环，从而在喷口附近形成回流区，使煤粉离开燃料喷嘴后迅速着火，加速了脱挥发分期间的燃烧速率。HT-NR 型燃烧器的 NO_x 排放水平比双调风燃烧器的低 30%～50%。

11. NSW 型燃烧器

NSW 型旋流燃烧器的一次风通道内装有轴向叶片式分离器，利用惯性分离作用将一次风风粉混合物分成浓、两股气流，淡煤粉气流通过一次风内通道，浓煤粉气流通过一次风外通道。两股气流在喷口处，通过导向装置将浓煤粉气流引向燃烧器中心附近，淡煤粉气流引向浓煤粉气流外侧喷入炉膛，二次风通过内、外二次风通道以旋流的形式进入炉膛。运行表明，火焰稳定性提高。

12. 径向浓淡旋流燃烧器

哈尔滨工业大学在水平浓缩煤粉燃烧技术的基础上，提出了径向浓淡旋流煤粉燃烧技术，燃烧器结构见图 5-26。

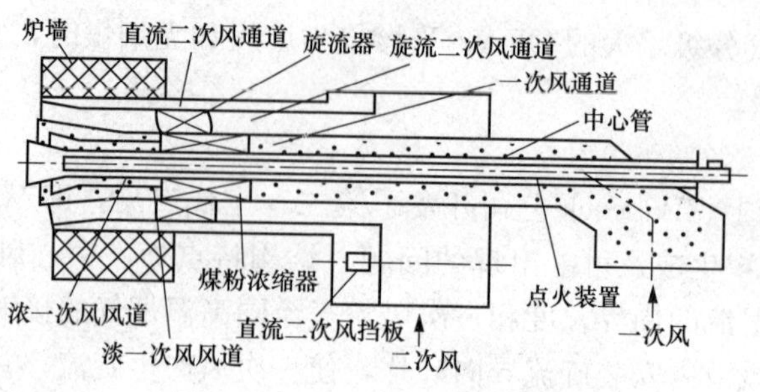

图 5-26　径向浓淡旋流燃烧器

径向浓淡旋流燃烧器是在一次风道中加装了一个煤粉浓缩器，从而将一次风、粉混合物分成煤粉浓度相差适当的两股径向气流。靠近中心的一股为含粉量较多的浓煤粉气流，它经过浓一次风通道喷入炉膛；另外一股为含粉量较少的淡煤粉气流，在浓煤粉气流外侧环形通道喷入炉内，从而形成沿半径方向的浓煤粉、淡煤粉的着火方式。同时二次风通道分成了两部分，一部分二次风以旋流的形式进入炉内；另一部分二次风以直流的形式在旋流二次风外侧的环形通道进入炉内。这种燃烧器是将煤粉分级、空气分级相组合的一种方式，已在燃用贫煤、烟煤的多台锅炉上得到应用，实现了高效、稳燃、低污染燃烧。

三、国内低 NO_x 燃烧器发展情况

现国内大型锅炉燃烧器使用情况汇总见表 5-12，低 NO_x 燃烧器的发展可见图 5-27～图 5-31。

表 5-12　　国内主要制造厂低氮燃烧器的发展情况

锅炉厂	200MW 以下	300、600MW 亚临界	600MW 超临界	600、1000MW 超超临界
哈尔滨锅炉	苏联角式切圆燃烧	美国 CE 角式切圆燃烧	英巴墙式对冲燃烧	日本三菱墙式切圆燃烧
东方锅炉	苏联角式切圆燃烧	美国 CE 角式切圆燃烧	日立墙式对冲燃烧	日立墙式对冲燃烧
上海锅炉	苏联角式切圆燃烧	美国 CE 角式切圆燃烧	阿尔斯通角式切圆燃烧	阿尔斯通角式切圆燃烧

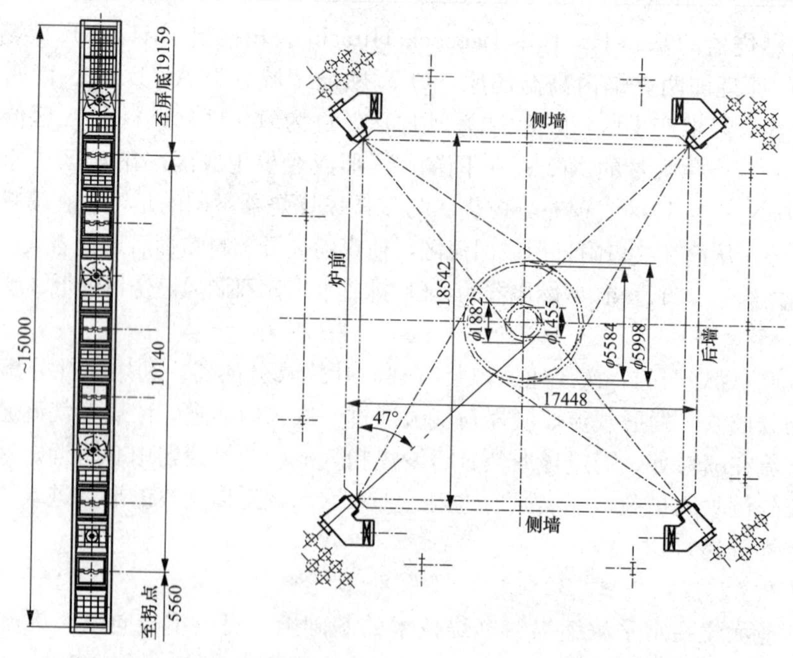

图 5-27　国内 90 年代早期 600MW 机组锅炉燃烧器典型布置图

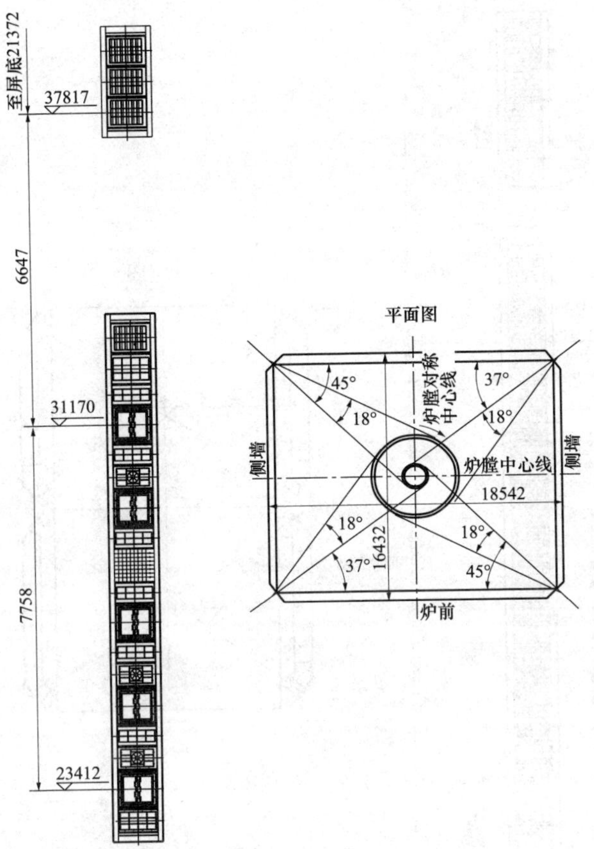

图 5-28　国内 2000 年初 600MW 机组锅炉燃烧器典型布置图（单位：mm）

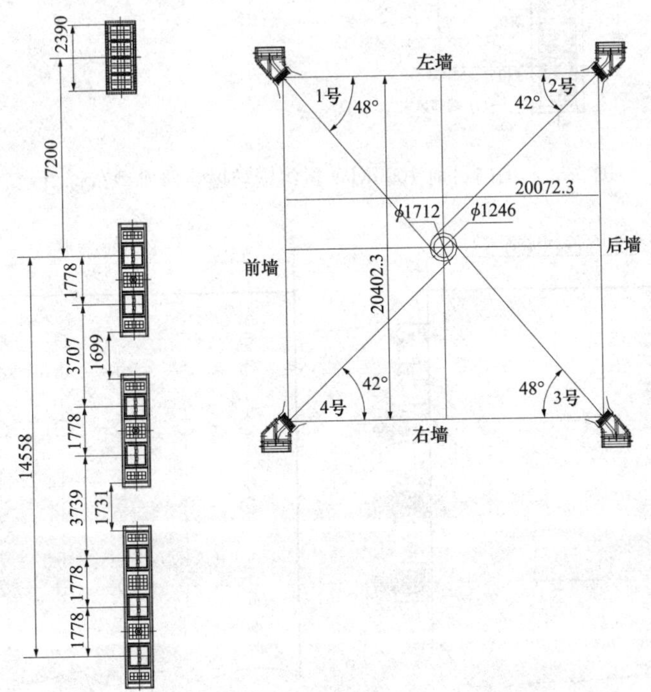

图 5-29　国内目前 600MW 机组锅炉燃烧器典型布置图（单位：mm）

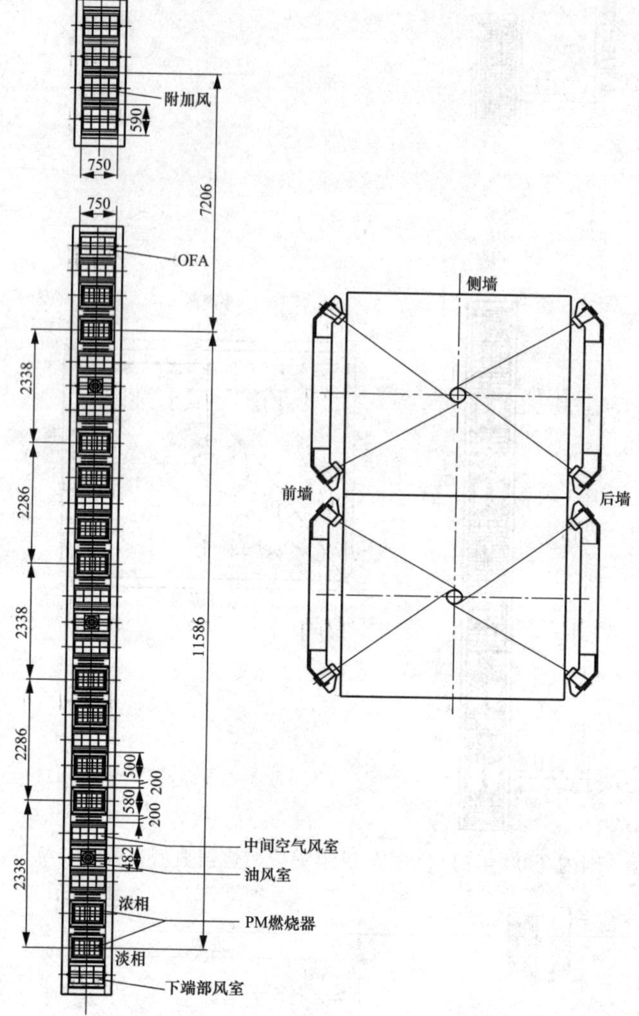

图 5-30　国内目前 1000MW 机组锅炉燃烧器典型布置图

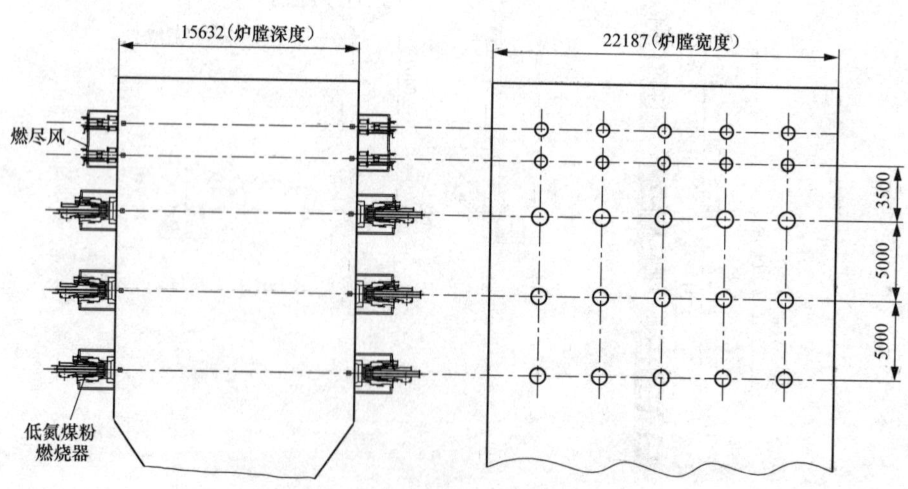

图 5-31　国内旋流燃烧器燃烧器典型布置图

第四节 低氮燃烧技术的应用

一、低氮燃烧器的改造要点

低氮燃烧器技术改造方案的选择，包括燃烧器形式、二次风喷口的设计、SOFA风的设计等，同时还要结合改造机组锅炉结构与现有设备运行状况等诸多因素。

1. 改造原则

结合当前低氮燃烧技术发展现状，要充分考虑改造机组锅炉自身特点，低氮燃烧技术改造应完善建立锅炉燃烧区、还原区、燃尽区3个区域的有效控制。目前广泛采用的低氮燃烧技术，仍以燃料分级和空气分级为主，其具有可操作性、改造成本低廉等特点。

2. 燃烧器形式选择

对于低氮燃烧改造方案，燃烧器形式的选择是一项关键技术之一。总体来讲，被广泛应用的燃烧器形式，主要集中在水平浓淡燃烧器和垂直浓淡燃烧器这两大类。水平浓淡燃烧器能实现水平方向的煤粉浓淡分离，具有射流偏向炉膛中心、径向卷吸能力强、“风包煤”效果明显等特点；垂直浓淡燃烧器能实现垂直方向的煤粉浓淡分离，在燃烧组垂直方向布置上，可实现“浓浓-淡淡-浓浓”的布置方式，能够形成燃烧区宏观的浓淡分离效果。

对于燃烧器形式的选择，还要注意浓淡分离效果。能否实现燃烧器喷口处的浓淡分离，以及合理的分离比例与相关参数，是确保低氮燃烧的关键所在。

3. 二次风喷口设计

二次风喷口的设计，要充分考虑锅炉主燃烧区域的过量空气系数、一二次风比例、风速设计等参数。

4. 边界风的设置

以四角切圆燃烧方式的锅炉为例，目前国内切圆锅炉燃烧煤种多有变化，应考虑设置边界风，使得水冷壁区域的煤粉浓度得到有效降低，氧浓度提高到最大，有利于提高水冷壁的氧化性气氛，防止火焰吹向水冷壁，弱化水冷壁结焦倾向。

水平浓淡燃烧方式，能设计采用偏置周界风，而对于垂直浓淡燃烧方式，常常设计采用附壁射流贴壁风。二者在设置边界风的理念中，都充分考虑水冷壁结焦弱化的思想。边界风的设置涉及边界风喷口尺寸、边界风风速与风率等参数，同时还要考虑边界风与燃烧器喷口的匹配等问题。

5. OFA喷口选择

若在原有锅炉结构基础上进行低氮燃烧技术改造，而原有锅炉燃烧系统中常常设有OFA喷口，能否利旧使用，也是低氮燃烧技术改造过程中要重点考虑的一个问题。主燃烧器上层OFA喷口常常反切，以削弱炉膛气流旋转，减小炉膛出口烟温偏差，效果较明显。如果原OFA喷口尺寸以及风速风量设置与低氮燃烧技术改造方案有冲突的情况，也可将其封堵或改造利用。

6. SOFA风设计

SOFA风设计在低氮燃烧技术改造中，被视为关键因素。将较大比例的二次风布置在燃烧器的上部，实现锅炉燃烧的空气分级燃烧技术，不仅能够控制NO的生成，同时还能够保证炉膛燃尽区进一步完全燃烧从而降低飞灰可燃物的含量，维持锅炉燃烧效率。SOFA风的存在，在于形成燃尽区。燃尽区的位置与大小是SOFA风设计的关键，SOFA喷口高、SOFA喷口组数与层数、SOFA风风速与风量比例等参数应重点考虑。

7. 其他

在进行方案的选择中，还要考虑燃烧器原有标高是否改变、燃烧器防磨材质选择、下层燃烧器点火系统设计、原有设备利旧情况等众多因素。对于燃烧器防磨材质的选择，将影响整个改造方案的价格，同时也决定燃烧器的整体寿命。下层燃烧器需要全面考虑点火系统的影响因素，针对本厂原有的点火系统进行有针对性的燃烧器设计。下层燃烧器燃烧不好，将直接影响锅炉煤粉的燃烧效率。

二、低氮燃烧技术与SCR的比较

（一）燃煤电厂低氮燃烧技术改造的必要性

根据《火电厂氮氧化物防治技术政策》要求，燃煤电厂应倡导合理使用燃料与污染控制技术相结合、燃烧控制技术和烟气脱硝技术相结合的综合防治措施，以减少燃煤电厂氮氧化物的排放。低氮燃烧技术应作为燃煤电厂氮氧化物控制的首选技术。发电锅炉制造厂及其他单位在设计、生产发电锅炉时，应配置高效的低氮燃烧技术和装置，以减少氮氧化物的产生和排放。新建、改建、扩建的燃煤电厂，应选用装配有高效低氮燃烧技术和装置的发电锅炉。在役燃煤机组氮氧化物排放浓度不达标或不满足总量控制要求的电厂，应进行低氮燃烧技术改造。

低氮燃烧技术的使用无论在成本投入，还是在运行维护上均优于其他脱硝技术。然而，新原有机组配套燃煤锅炉结构参数不同，采用低氮燃烧技术时的成本是各不相同的。此外，《火电厂大气污染物排放标准》（GB 13223—2011）对重点地区和非重点地区的氮氧化物排放要求不同，不同机组设计寿命和服役年限不同，炉膛出口氮氧化物排放浓度不同，配备的低氮燃烧技术水平不同等，导致机组锅炉使用低氮燃烧技术时对企业经济投入与产出的影响也各不相同。基于我国发展现状和当前经济实力还不雄厚的国情，燃煤电厂应在满足排放要求的情况下选择较为经济的脱硝技术运行模式。

炉膛出口（即SCR入口）的NO_x排放浓度对脱硝的成本较大。炉膛出口的NO_x排放浓度超过600mg/m^{3}的机组，脱硝成本为1.82分/kWh，且浓度越高，脱硝成本越高，其中燃用无烟煤的W火焰锅炉，脱硝平均成本可达2.34分/kWh；SCR入口NO_x质量浓度低于600mg/m^{3}的脱硝机组，脱硝的平均成本为1.38分/kWh。SCR入口NO_x浓度偏高的机组，脱硝成本偏高的主要原因是还原剂、厂用电等消耗量相应增加，运行维护所需要的成本也相应增加，同时需增加催化剂层数方能实现达标排放，增加的费用也大于NO_x浓度较低的机组，当脱硝效率从71%增加到80%时，脱硝平均成本从1.21分/kWh增加到1.79分/kWh。降低SCR入口NO_x浓度能够有效降低脱硝成本。

一般燃煤电厂低氮燃烧改造前锅炉炉膛出口的氮氧化物排放浓度大多为400～1100mg/m^3（标况）。按照《火电厂大气污染物排放标准》（GB 13223—2011）的规定，一般燃煤锅炉氮氧化物排放限值为100mg/m^3（标况）。这意味着脱硝效率一般需在75%以上，有的甚至达到90%以上。目前，低氮燃烧改造后，烟煤和褐煤锅炉炉膛出口NO_x排放浓度能够控制在小于300mg/m^3（标况），对于比较好的烟煤煤种仅仅通过燃烧器的低NO_x改造，NO_x排放浓度可控制在200mg/m^3（标况）左右；贫煤锅炉炉膛出口NO_x排放浓度能够控制在小于500mg/m^3（标况）；无烟煤锅炉炉膛出口NO_x排放浓度控制在小于1000mg/m^3（标况）。

“低氮燃烧技术＋SCR”的脱硝方案成为大多数电厂的首选。

（二）低氮燃烧技术改造与 SCR 改造

以 300MW 机组锅炉为例，从费用、运行效果等方面，对低氮燃烧技术改造（空气分级燃烧）、SCR 改造进行比较，见表 5-13。

表 5-13　低氮燃烧技术改造与 SCR 改造对比

项目	低氮燃烧技术改造	SCR 改造
建设费用	更换燃烧器，增加 SOFA 风喷嘴（包括风门机构、控制系统等），共 900 元，费用较高	不包括尿素浆液配制、输送系统等建设费用高达 5000 余万元，而且必须与燃烧控制脱硝相结合。如果独立脱硝，费用更高
运行费用	无	需要消耗还原剂；热处理等设备要消耗电能；烟道阻力上升，风机电耗上升；运行一段时间后，需要更换催化剂。运行费用高
维护费用	只需对风门挡板控制机构进行维护，费用很低	设备比较多，日常维护量大。机组间检修期间，SCR 设备也要同步进行检修。维护人员需求和维护、检修工作量都较大，所需维护费用高
改造难度	除炉膛上部水冷壁上需要开口，还需要对燃烧器进行改造，需要一个月的工期	需要新增烟道安装 SCR 设备，整个工作从打桩、架钢梁做起，到全部安装完毕，至少需要 4 个月，改造工作量大，工期很长
脱硝效果	受到运行方式的影响，在 50% 负荷以上起作用；脱硝效率 40%～70%，随负荷上升而提高，高负荷时的减排效果尤其明显。但是不能满足 GB 13223—2011 的要求	投用对反应温度有要求，设计要求 SCR 进口温度不小于 314℃。该温度受到运行方式、环境温度等多方面因素的影响。目前在环境温度较低时，需要在 200MW 左右才满足投用条件。脱硝能力基本不受运行方式影响，仅与设计能力有关。在进口参数满足条件时，脱硝结果能达到 GB 13223—2011 的要求
优势	改造费用较低，运行后费用也很少；设备简单，可靠；运行投用范围大，适应性强，减排效果明显，费效比高	脱硝效果好，能满足 GB 13223—2011 的要求
劣势	脱硝效率受到运行方式的影响；而且不能达到 GB 13223—2011 的要求	建设投资大，后期运行、检修费用高，全寿命费用高。设备复杂、改造工期长，运行中设备出故障后会影响投用。运行投用范围受到运行方式限制，需要作新的改进

以 300MW 和 600MW 机组锅炉为例，NO_x 排放量为 600mg/m^3（标况）降到 180mg/m^3（标况），单独 SCR 改造和低氮燃烧技术＋SCR 运行成本比较见表 5-14 和表 5-15。

表 5-14　300MW 机组锅炉不同改造方式成本对比

改造方式	运行成本（液氨）	运行成本（尿素）
单独脱硝改造	763.9 万元	1253.3 万元
低氮燃烧技术＋SCR	428.1 万元	609.3 万元
成本差额	335.8 万元	644 万元

表 5-15　600MW 机组锅炉不同改造方式成本对比

改造方式	运行成本（液氨）	运行成本（尿素）
单独脱硝改造	1306 万元	2166 万元
低氮燃烧技术＋SCR	684 万元	975 万元
成本差额	622 万元	1191 万元

从表5-14和表5-15可以看到，低氮燃烧技术（空气分级燃烧）与SCR选择性催化还原法各有利弊。SCR烟气脱硝改造的脱硝效果好，能够满足《火电厂大气污染物排放标准》（GB 13223—2011）对燃煤电厂的氮氧化物排放的要求，但是SCR改造的投资大。如果按照600mg/m^3（标况）来设计，改造费用和运行费用都要大幅上升。使用空气分级低氮燃烧技术，将燃烧控制脱硝和燃烧后控制脱硝技术有机结合起来，可以在满足《火电厂大气污染物排放标准》（GB 13223—2011）要求的同时降低脱硝建设投资费用，对燃煤电厂脱硝改造有很重要的意义。

三、烟煤锅炉的低氮燃烧改造

下面以国内某300MW机组直流锅炉为例，介绍烟煤锅炉低氮改造的思路和原则，比较改造前后效果。

1. 锅炉概况

某电厂300MW机组锅炉为一次中间再热、亚临界参数、自然循环汽包炉，采用平衡通风、四角切圆的燃烧方式，设计燃料煤种为烟煤。锅炉以最大连续负荷（即BMCR工况）为设计参数，锅炉的最大连续蒸发量为1025t/h，正方形炉膛，四角布置有摆动式燃烧器，切向燃烧，燃烧器可以上下摆动，最大摆动角度±30°，配中速磨煤机直吹式制粉系统。

2. 锅炉低氮改造方案

根据机组锅炉燃烧系统的结构和布置特点，以及降低工程项目技术风险的要求，低NO_x燃烧器技术改造采用炉内深度分级低NO_x燃烧技术，其特点为：

（1）两段式空气分段在炉膛竖直方向形成空气分段，使锅炉主燃区内过量空气系数低于1.0，产生NO_x还原区。

（2）与一段式空气分段相比，可以采用更灵活的调配手段，兼顾氮氧化物排放与锅炉燃烧效率。

（3）燃烧器前端的火焰回流区促进了挥发分的挥发，提高了该区域温度水平，稳定了煤粉的着火，同时使挥发分中N基的氧化时间缩短，提前了NO_x的还原过程。

（4）按照“风包粉”的思想形成了水平方向的空气分段，促进了NO_x的还原水平。炉内深度分级低NO_x在降低NO_x排放的同时，着重考虑提高锅炉不投油低负荷稳燃能力和燃烧效率。通过技术的不断更新，炉内深度分级低NO_x在防止炉内结渣、高温腐蚀和降低炉膛出口烟温偏差等方面，同样具有独特的效果。

（5）首先，四角原紧凑燃尽风上再增设两组燃尽风喷口（下组三层、上组两层），并为其配备风箱、风道、风量调节及测量装置等；其次，将锅炉全部煤粉燃烧器喷嘴及全部二次风喷嘴整体更换为新型低NO_x燃烧器。

3. 煤粉燃烧器设计

煤粉燃烧器为切向燃烧、摆动式燃烧器，采用炉内深度分级低NO_x燃烧器布置，主风箱设有5层强化着火煤粉喷嘴，在煤粉喷嘴四周布置有周界风。采用大风箱结构，使四角配风均匀，适当提高一、二次风速，增强各自的刚性，防止燃烧切圆偏斜贴壁。

在主风箱原有2层OFA作为凑燃尽风（CCOFA）设计，低位燃尽风中心线距离上排一次风为约5.0m，设有二层可水平摆动的分离燃尽风喷嘴，风量占锅炉燃烧总风量的12%。

高位燃尽风中心线距离上排一次风约为8.5m，设三层可上下摆动的分离燃尽风喷嘴，风量占锅炉燃烧总风量的18%。锅炉一、二次风全部喷嘴更换为新型低NO_x燃烧器。

4. 燃尽风喷口设计

在炉膛四角原有燃尽风上部一定标高（下组燃尽风距最上层一次风喷口 5.6m，上组燃尽风距最上层一次风喷口 8.85mm）处开设两组分离燃尽风喷口，用来进一步降低烟气中 NO_x 的含量。在原燃尽风上方增加对应分离燃尽风风箱，并增加相应的分风道，燃尽风道上加装不锈钢波纹膨胀节，并且全部设有恒力弹簧吊挂。同时，在四角风道设有风道挡板及其执行机构，由电动执行器远程操控，并在四角风道布置风量测量装置，通过在线检测操控风道流量。调节型执行器选用进口智能分体式执行器，燃尽风风量测量采用多点阵列式测量装置。

改造前后燃烧器布置如图 5-32 所示。

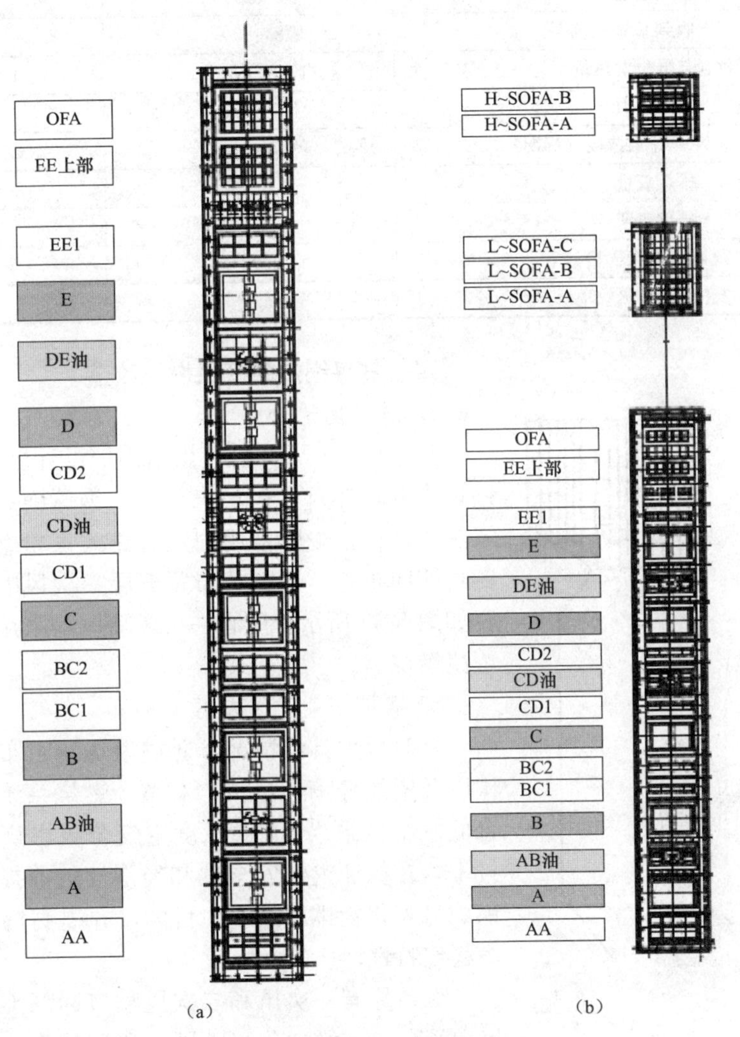

图 5-32　改造前后燃烧器布置

(a) 改造前；(b) 改造后

5. 改造前后效果对比

改造前后的煤质及主要试验结果见表 5-16，改造后锅炉 NO_x 减排 63.7%，飞灰可燃物含量及锅炉热效率变化不大，炉内无明显结渣、高温腐蚀，炉膛水冷壁没有超温现象，炉膛出口烟温偏差 30℃以下，锅炉汽温汽压出力均达设计值。

表 5-16　　典型 300MW 烟煤机组改造前后效果对比

项目	改造前	改造后
收到基水分	11.134%	13.8%
收到基灰分	27.66%	29.1%
收到基挥发分	21.758%	22.4%
收到基碳	48.037%	43.64%
收到基氢	3.002%	2.75%
收到基氮	0.851%	0.7%
收到基硫	0.829%	0.71%
收到基氧	8.486%	9.31%
收到基低位发热量	17.893MJ/kg	16.410MJ/kg
锅炉出力	793t/h	823t/h
炉膛出口 NO_x 排放浓度（标况）	645mg/m^3	234mg/m^3
排烟氧量	4.3%	3.89%
排烟温度	132.46℃	135.0℃
飞灰可燃物含量	2.63%	2.1%
修正后锅炉热效率	92.53%	92.55%

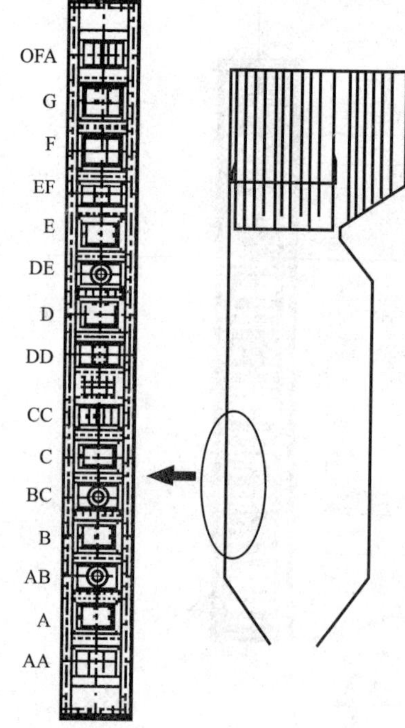

图 5-33　改造前燃烧器布置图

四、贫煤锅炉的低氮燃烧改造

1. 锅炉概况

某电厂 300MW 机组煤粉锅炉设计燃料为当地贫煤，锅炉为亚临界自然循环汽包炉，钢球磨煤机，中间仓储式热风送粉。炉膛采用固定直流式煤粉燃烧器，燃烧器四角切向布置。炉膛共布置五层一次风喷口，燃烧器布置如图 5-33 所示。所有一次风喷口均采用百叶窗式水平浓淡燃烧器。

2. 锅炉低氮改造方案

针对锅炉具体情况，通过燃烧器组布置、燃烧器结构以及增加分离燃尽风，对整个燃烧系统进行改造，结合低氮燃烧器、全炉膛深度空气分级燃烧及三次风改造技术，在保证锅炉安全性和经济性的前提下，达到降低锅炉氮氧化物排放浓度的目的，并提高锅炉的着火和燃烧稳定特性。

保持原有一次风和二次风喷口标高不变，调整二次风射流角度，增加分离燃尽风 SOFA 喷口并对 G 层三次风系统进行改造。改造后的燃烧器组布置如图 5-34 所示。改造后下端部风及一次风、三次风保持逆时针方向旋转，二次风射流与一次风射流偏置，逆时针外侧切入，形成横向空气分级。保留原有顶二次风 OFA 喷口，在原主燃烧器上方约 4m 处增加三层分离燃尽风喷口。减少主燃烧区风量，分配足量的燃尽风量，形成纵向空气分级。

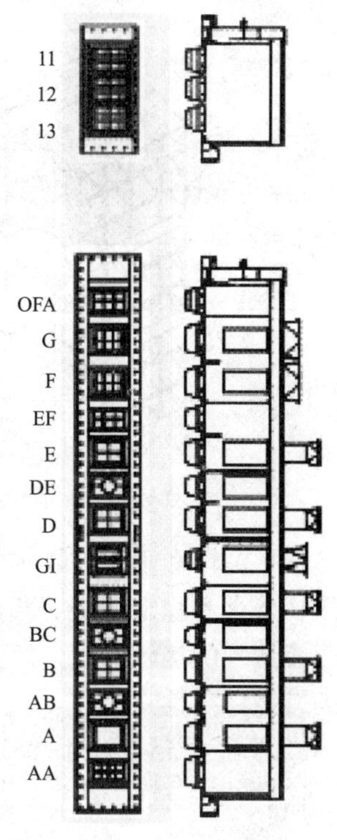

图 5-34　改造后燃烧器布置图

空气分级低氮燃烧技术通过推迟风粉混合，使锅炉主燃烧区化学当量比大于 1，形成富燃料燃烧区域，不仅为贫煤的快速着火及稳定燃烧创造条件，而且主燃区贫氧条件导致煤粉燃烧速度和燃烧火焰温度降低，热力型 NO_x 生成量减少。同时，随着煤粉温度升高，煤粉挥发分的进一步析出，将生成大量的碳氢和碳氮等还原性物质，与已生成的氮氧化物发生还原反应，最终生成 N_2，从而进一步降低 NO_x 的生成量。通过在主燃烧区上方设置分离燃尽风，补足煤粉燃烧后期所需空气，形成二次燃烧区，保证煤粉的燃尽和锅炉的运行经济性。另外，二次风外侧切入可以保证炉膛水冷壁处于氧化性气氛，降低炉膛壁面结渣的可能性。

3. 三次风系统改造

G 层三次风为磨煤机运行乏气，增设 G 层三次风下部运行管道。三次风下移运行，对锅炉有多方面影响：

（1）主燃区的富燃料还原性气氛，能够减少乏气煤粉氮氧化物的生成。

（2）三次风携带的主要是 10%左右的超细粉，同时对主燃区燃烧所需氧量也有一定补充，利于贫煤的着火和稳定燃烧。

（3）三次风风速较高、风温低、含水蒸气多，冲击主燃区燃烧环境。

（4）有利于降低主燃区温度，减少热力型 NO_x 生成量。

（5）减小炉膛出口烟温偏差。

（6）三次风下移对炉膛的燃烧及氮氧化物减排具有多方面影响，需要适当的优化调整，才能取得较优的运行效果。

4. SOFA 风系统改造

SOFA 喷口分三层布置，可做上下左右联动摆动，以调节燃尽区位置和燃烧火焰中心位置，喷口结构如图 5-35 所示。

SOFA 射流与一次风射流呈一定角度偏置，顺时针反向切入，选取适当喷口面积，保证 SOFA 风较高的风速，确保燃尽风与主气流的充分混合，加强炉内流场扰动，确保二次燃烧区煤粉的充分燃烧，减小炉膛出口烟气旋转动量，减少炉膛出口烟温偏差。

5. 燃烧器改造

将原水平浓淡燃烧器更换为带有水平煤粉浓缩器和出口安装有水平钝体和垂直波纹扩流锥的低 NO_x 水平浓淡燃烧器。一次风燃烧器如图 5-36 所示。G1 作为主燃区三次风喷口，均采用上下浓淡分离技术，采用与一次风相似的煤粉浓缩器，出口装有水平波纹型扩锥结构。

一次风煤粉通过煤粉浓缩器形成水平浓淡分离，推迟煤粉与空气的混合，浓缩的高浓度煤粉在射流内侧，利于贫煤的加热和着火，保证主燃烧区富燃料燃烧，外侧淡煤粉补充煤粉着火后燃烧初期所需氧量，氧化性气氛降低炉膛水冷壁结渣的可能性。

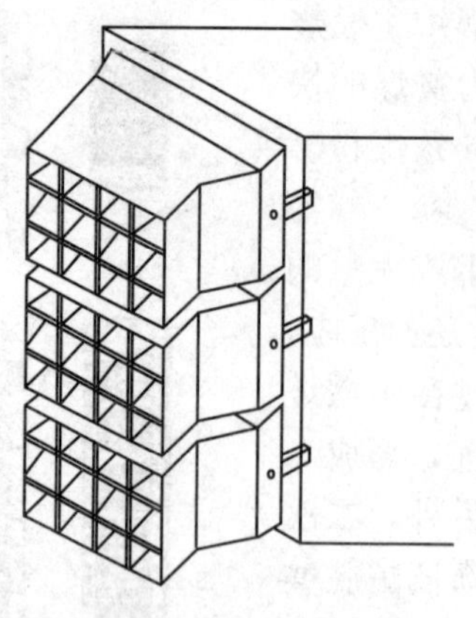
图 5-35 SOFA 风喷嘴结构图

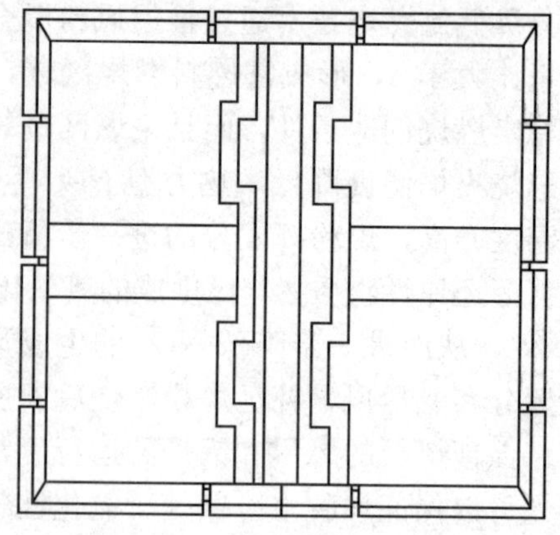
图 5-36 低 NO_x 浓淡燃烧器

水平钝体和垂直波纹扩流锥结构，能够在燃烧器后一定距离内形成回流区，利于煤粉的加热、着火和稳定燃烧。相比普通 V 形钝体结构，波纹型扩锥结构能够增大一次风煤粉与热回流烟气的接触面积，增强回流区扰动，加强煤粉气流与高温烟气的对流混合，强化燃烧器的燃烧稳定性。

6. 改造前后效果对比

锅炉 SCR 脱硝系统入口 NO_x 浓度可由改造前约 1100mg/m^3（标况）下降至改造后的 460mg/m^3（标况）左右，氮氧化物排放浓度平均降幅达到 50%以上，飞灰和炉渣未燃尽率分别为 4.0%和 4.5%，锅炉效率与改造前锅炉效率基本相当。改造结果表明，低氮燃烧器组合深度空气分级及三次风改造低氮燃烧技术对贫煤燃烧锅炉 NO_x 排放的控制效果也比较明显。

五、低氮燃烧改造后易出现的问题及治理对策

火电机组在经过低氮燃烧器、脱硝系统以及相应辅机改造后，在实际运行过程中，NO_x 排放量已能满足当前越来越严苛的环保要求，但与此同时也给机组带来一些负面影响，主要体现在机组运行经济性差（灰渣可燃物含量升高、再热气温降低、减温水量增大和排烟温度升高等）、机组最小出力降低、调峰能力差以及 AGC 调节特性差等方面。

（一）锅炉灰渣可燃物含量升高的原因及治理

1. 灰渣可燃物含量升高的原因

机组进行低氮燃烧器改造后，由于燃烧方式的改变，如果风粉配比不佳，主燃烧区的缺氧燃烧及燃烬区的低温燃烧均不利于煤粉的燃尽。另外，改造后机组进行的燃烧调整更多地倾向于降低 NO_x 排放量的调整，导致飞灰可燃物含量增大，机组经济性降低。燃用煤质的着火燃尽特性越差，灰渣含碳量升高的幅度越大。不同煤种低氮改造后飞灰含碳量升高情况见表 5-17。

表 5-17　不同煤种低氮改造后飞灰含碳量升高情况

煤种	挥发分（%）	飞灰含碳量升高值（%）	对应 q_4 升高值（%）
高挥发分烟煤	≥30	0.5～1.0	0.23～0.46%
中等挥发分烟煤	25～30	1.0～1.5	0.46～0.69%
低挥发分烟煤	20～25	1.5～2.0	0.69～0.92%
中高挥发分贫煤	15～20	2.0～2.5	0.92～1.15%
无烟煤及低挥发分贫煤	7～15	2.5～4.5	1.15～2.07%

低氮燃烧器改造后，主燃区过量空气系数降低（0.8～0.85），使主燃区燃尽率降低，而燃尽区距屏底距离较近，燃尽区燃尽率的增加不足于弥补主燃区燃尽率的减小时，炉膛出口总的煤粉燃尽率降低，导致飞灰含碳量升高。而低氮燃烧器改造后，一次风速及带粉情况基本不变，但炉膛-风箱压差减小，下二次风量减小，特别是下二次风也采用减小面积的改造时，下二次风量进一步减小，造成下二次风托粉能力减弱，一次风中煤粉更容易落入冷灰斗，引起炉渣含碳量升高。

2. 灰渣可燃物含量升高的治理

（1）为了减小改造对灰渣可燃物含量的影响，要尽量提高煤粉细度，缩短煤粉燃尽所需的时间，可使燃尽区的燃尽率提高，从而降低低氮改造后飞灰含碳量。不同煤种低氮改造前后煤粉细度可按表5-18进行控制。

表5-18　　不同煤种低氮改造前后煤粉细度的控制策略

煤种	挥发分 V_{daf}	低氮燃烧器改造前	低氮燃烧器改造后
烟煤	20%～40%	$R_{90}=4+0.5nV_{daf}$	$R_{90}=0.5nV_{daf}$
劣质烟煤	20%～40%，$A_{ar}\geqslant 37\%$	$R_{90}=4+0.35nV_{daf}$	$R_{90}=0.5nV_{daf}$
贫煤	10%～20%	$R_{90}=2+0.5nV_{daf}$	$R_{90}=0.5nV_{daf}$
无烟煤	6%～10%	$R_{90}=0.5nV_{daf}$	$R_{90}=0.5nV_{daf}$

（2）对于配备中速磨煤机制粉系统的机组，可以通过制粉系统的调整或进行动态分离器改造，提高煤粉均匀性指数。动态分离器改造后煤粉均匀性指数由原来的1.0提高到1.15～1.20，在细度相同的情况下降低了粗颗粒煤粉的数量，可降低飞灰含碳量。

（3）对于设置CFS二次风的燃烧器，增大CFS二次风阀开度（相应减小其他二次风阀开度），炉内切圆直径增大，主燃区着火变好，同时烟气在还原区以下的停留时间延长，主燃区的燃尽率增加；CFS开度增大后，主燃区二次风混合延迟，并且在主燃区的NO_x生成量减小。在保持SCR入口NO_x浓度不变的前提下，可减小SOFA开度，使炉内空气分级程度降低，进一步提高主燃区燃尽率，从而降低飞灰含碳量。

（4）要合理控制SCR入口NO_x浓度，NO_x排放浓度控制越低，所需的空气分级程度越高（燃尽风量越大），主燃区过量空气系数越低，主燃区的燃尽率越低，对应飞灰含碳量越高。要根据所燃煤质的情况控制SCR入口NO_x的浓度。燃煤挥发分越低，SCR入口NO_x浓度控制越高。若不根据煤种的情况控制SCR入口NO_x浓度，往往会使低挥发分煤种SCR入口NO_x浓度控制过低，导致飞灰含碳量大幅升高。不同煤种SCR入口NO_x浓度的控制范围推荐值见表5-19。

表5-19　　不同煤种SCR入口NO_x浓度的控制范围

煤　种	V_{daf}（%）	SCR入口NO_x控制浓度（mg/m^3，标况）
超高挥发分烟煤	≥37	250～300
高挥发分烟煤	30～37	300～350
中等挥发分烟煤	25～30	350～380
低挥发分烟煤	20～25	380～420
高挥发分贫煤	18～20	420～450
中挥发分贫煤	15～18	450～500
低挥发分贫煤	13～15	500～580
无烟煤	6～13	580～850

(5) 通过改造，增大下二次风喷口面积（高度方向），增强下二次风托粉能力，减少一次风中煤粉落入冷灰斗的数量，增大下二次风与下一次风喷口间距。对于挥发分较低的贫煤，还需增加下二次风到下层一次风的间距，延迟下二次风与下层一次风的混合，使下层一次风煤粉燃尽率增加，可有效降低大渣中的可燃物含量。

（二）低氮燃烧改造后汽温异常的原因及治理对策

低氮燃烧器改造后部分机组会有汽温异常的现象，主要表现为三种情况：

(1) 减温水量大幅升高。主要发生在对冲旋流燃烧方式的锅炉及容积热负荷较高的四角切圆燃烧锅炉上。

(2) 低负荷再热汽温大幅降低。主要发生在四角切圆燃烧锅炉上，燃煤挥发分越低，低负荷再热汽温下降幅度越大；容积热负荷越低，低负荷再热汽温下降幅度越大。对于贫煤锅炉采用直吹式制粉系统时，低负荷再热汽温降低可达20℃，对于中储式热风送粉系统，若低氮燃烧器改造时采用部分三次风下移方案，低负荷再热汽温下降可达50℃。

(3) 升负荷时汽温快速大幅升高，降负荷时汽温快速大幅降低。四角切圆燃烧方式锅炉低氮燃烧器改造后，在升负荷过程中汽温大幅升高，严重时发生超温及过热情况；降负荷时汽温大幅降低，10min内汽温最大降幅可达40～50℃。此种情况对受热面及汽轮机转子而言，容易产生交变应力，影响机组寿命；对于低负荷再热汽温偏低的锅炉，降负荷过程中汽温在原来基础上进一步快速降低，末级叶片处含湿量大增，容易造成末级叶片断裂，给机组安全带来较大的风险。

1. 低氮燃烧改造后汽温异常的原因

(1) 减温水量大幅升高的原因。四角切圆燃烧锅炉容积热负荷设计较高者（对应燃用高挥发分烟煤）及旋流对冲燃烧锅炉低氮改造后，由于主燃区过量空气系数大幅减少，主燃区燃尽率大幅降低，煤粉后燃严重，火焰中心上移过多，造成炉膛出口温度升高，炉膛水冷壁吸热量减小（蒸发量减少），过热器、再热器吸热量增加，导致减温水量大幅升高（或汽温大幅升高）。同时，旋流对冲燃烧方式锅炉低氮改造后，结渣会加剧，水冷壁换热能力减弱，也使炉膛出口烟温升高，进一步增大了减温水量。

(2) 低负荷再热汽温大幅降低的原因。四角切圆燃烧方式锅炉低氮改造时，若改造后的二次风喷口与风箱间间隙过大时，间隙处存在大量的无组织漏风，低负荷运行时不投运的燃烧器对应的二次风虽然关闭，但也存在漏风，使得低负荷运行时投运燃烧器对应二次风喷口风速很低。二次风速过低时，二次风对应的炉内切圆直径增大较多，二次风处炉内火焰离水冷壁更近，使该处水冷壁换热量增加，炉膛出口烟温降低，引起低负荷时再热汽温降低。

(3) 升负荷时汽温快速大幅升高，降负荷时汽温快速大幅降低的原因。低氮燃烧器改造后，由于主燃区过量空气系数大幅降低（0.85），主燃区燃烧呈严重缺风状态，加负荷过程的前期，氧量逐渐减小，说明风量的增加速率慢于燃料量增加速率，虽然风量在增加，但此时主燃区过量空气系数在减小，主燃区燃烧更加缺风、燃烧不好，导致主燃区煤粉燃尽率降低，而燃尽区由于可燃质增加，燃烧加剧，造成火焰中心上移，炉膛出口温度升高，引起锅炉汽温大幅升高。

降负荷过程中氧量逐渐增大，说明风量的减小速率慢于燃料量减小速率，虽然风量在减小，但主燃区过量空气系数在增大，主燃区燃尽率增加，燃尽区燃尽率降低，火焰中心降低，炉膛出口烟温降低，引起锅炉汽温大幅降低。

2. 低氮燃烧改造后汽温异常的治理

(1) 减温水量大幅升高的治理对策。

对于四角切圆燃烧方式锅炉，可采取如下措施：

1) 可以增大炉内切圆直径，通过改造增大炉内切圆直径，使煤粉在主燃区停留时间延长，同时使主燃区火焰更贴尽水冷壁面，增大水冷壁吸热量。

2) 可减小二次风与一次风的距离，通过改造，将二次风适当下移（保持面积不变），使二次风与一次风的混合提前，使着火提前，从而增加水冷壁吸热量。

3) 通过改造增大二次风喷口面积，在保持主燃区二次风量不变的情况下降低二次风风速，使二次风切圆增大，提高炉内水冷壁的吸热量。

4) 对于直流炉，增大水煤比，降低分离器出口过热度，从而增大水冷壁换热量，降低炉膛出口烟温。

对于旋流对冲燃烧方式锅炉，可采取如下措施：

1) 通过改造减小二次风扩口角度，使二次风混入适当提前，减轻炉内结渣；通过调整增大燃尽风中心直流风的风量，使燃尽风的穿透能力增强，使炉膛中心的煤粉燃尽率增加。

2) 对于直流炉，增大水煤比，降低分离器出口过热度，从而增大水冷壁换热量，降低炉膛出口烟温。

(2) 低负荷再热汽温大幅降低的治理对策。

1) 封堵二次风喷口与风箱的间隙，减小无组织漏风，使主燃区二次风风速提高，从而减小主燃区炉内二次风切圆直径。

2) 通过改造，适当减小炉内切圆直径，减少水冷壁吸热量。

3) 利用检修机会，在炉内背火侧增设一定数量卫燃带，减少水冷壁吸热量，从而提高炉膛出口烟温。

(3) 升负荷时汽温快速大幅升高，降负荷时汽温快速大幅降低的对策。

1) 对热工参数进行整定，增大升、降负荷过程中风量调节速率，使风量的增加速率与燃料量增加的速率相适应。

2) 对主燃区二次风进行调整，升负荷过程中，同时增大主燃区二次风门开度，使二次风分级程度降低，提高主燃区燃尽率，减少火焰中心上移。

3) 降负荷过程中，同时减小主燃区二次风门开度，使二次风分级程度增加，降低主燃区燃尽率，减少火焰中心下移，使主燃区过量空气系数保持相对稳定。

（三）低氮燃烧器改造后汽温、壁温偏差大的原因及治理对策

四角切圆燃烧锅炉低氮燃烧器改造后，容易在分隔屏、后屏过热器产生较大的汽温及壁温偏差，严重时过热器一（二）级减温水量大幅增加，导致屏式过热器后汽温大幅降低，引起过热器出口温度降低。若一、二级减温水量控制不佳，屏式过热器局部管材壁温超过报警值，长期运行容易造成屏过过热器爆管。

1. 汽温、壁温偏差大的原因

四角切圆锅炉低氮改造后，若二次风喷口与风箱间间隙过大及低负荷运行时停运燃烧器对应二次风门关闭不严，使得主燃区二次风速减低过多，造成二次风切圆直径增大，使主燃区旋流数增大，引起炉膛上部残余扭转增大，使屏式过热器、高温过热器、高温再热器汽温、壁温偏差增大，低负荷运行，若为提高再热汽温而采用上组燃烧器运行，由于上层燃烧

器离屏底距离减小，该偏差会进一步增大。

2. 汽温、壁温偏差大的治理对策

（1）封堵二次风喷口与风箱的间隙。

（2）对二次风阀进行整定，使其能够关闭严密。

（3）对于切圆直径设计偏大者，通过改造减小炉内切圆直径。

（4）对于采用二次风 CFS 设计者，减小 CFS 风阀开度或减小 CFS 喷口偏转角。

（5）对 CCOFA 或 SOFA 喷口进行反切调整。

（6）引风机采用出力偏置运行方式。

（7）SOFA 采用差别摆角运行方式。

（四）低氮燃烧器改造后负荷响应速度慢的原因及治理对策

四角切圆锅炉低氮改造后，锅炉对机组负荷的响应速度降低，往往出现跟不上调度要求的情况，表现在负荷指令变化初期锅炉蒸发量变化缓慢，而后期负荷又快速变化，出现负荷超调的情况，同时在变负荷时汽温、汽压不易控制。

1. 负荷响应速度慢原因

低氮燃烧器改造后，主燃区燃烧呈严重缺风状态，加负荷过程中，氧量逐渐减小，风量的增速慢于燃料量的增速，此时主燃区过量空气系数仍在减小，主燃区燃烧更加缺风，燃烧发展缓慢，导致水冷壁蒸发出来的蒸汽量增加很少，主蒸汽压力升不起来，加负荷速率减慢。

降负荷过程中氧量逐渐增大，说明风量的减小速率慢于燃料量的减小速率，主燃区过量空气系数增大，主燃区燃尽率增加，水冷壁蒸发量降低很有限，主蒸汽压力降不下来，减负荷速率减慢。

2. 负荷响应速率慢的治理对策

（1）对改造机组进行燃烧优化调整，根据调整结果进一步优化二次风风阀的控制策略，规范二次风风阀的运行方式；对风量调节参数进行整定，增大升、降负荷过程中风量调节速率，使风量的增加速率与燃料量增加的速率相适应。

（2）对机组压力偏差控制系统进行优化，提高机组的负荷调整精度。

（3）优化 AGC 在额定参数的调整方式，以抑制额定参数的机组超压。

（4）加强煤质管理和配煤工作，保证煤种的相对稳定，满足机组带大负荷的要求。

（5）针对脱硝喷氨反应存在滞后问题，建议相关控制系统进行 DCS 逻辑优化和修改工作。

（五）低氮燃烧器改造后负炉内结渣的原因及治理对策

对于旋流对冲燃烧的锅炉，低氮燃烧器改造后容易发生炉内结渣；对于四角切圆燃烧方式锅炉，低氮燃烧器改造时若一、二次风同向切圆且二次风部分采用 CFS 偏置布置，改造后也容易发生炉内水冷壁结渣。

1. 炉内结渣的原因

（1）四角切圆燃烧方式结渣的原因。四角切圆锅炉低氮改造时，二次风采用 CFS 方式布置，若偏置角度过大时，炉内切圆直径偏大，会引起一次风煤粉气流刷墙，造成炉内水冷壁结渣。

（2）旋流对冲燃烧方式结渣的原因。

1）旋流对冲燃烧锅炉低氮改造时，由于采用增大二次风扩锥角度方式，使二次风扩角过大，旋流强度增大，一次风煤粉着火提前且燃烧器出口外回流更贴近燃烧器壁面，外回流温度更高，更多的高温烟气携带熔融的灰通过外回流抵达燃烧器出口四周壁面，引起燃烧器四周结渣。

2）由于二次风扩角增大，一次风煤粉气流尾部与二次风的混合减弱，一次风尾部处于严重缺风燃烧状态，在对冲作用下，炉膛中心气流往两侧墙运动，并在两侧墙中间部位燃烧，使该处产生高温及高还原性气氛，引起煤粉灰熔点温度降低150℃以上，使侧墙中间部位的灰在到达壁面时仍处熔融状态，黏附到壁面时形成侧墙结渣。

3）屏过结渣的原因。旋流对冲燃烧锅炉由于二次风扩角增大，一次风煤粉气流尾部与二次风的混合减弱，一次风尾部处于严重缺风燃烧状态，使主燃区炉膛深度中心煤粉燃尽率降低，若SOFA中心直流风穿透能力不足时，到达屏式过热器底部的煤粉燃尽率仍然偏低，使屏式过热器底部烟气温度升高，且高于灰熔点温度，熔融灰在屏上凝结，形成屏上结渣。

2. 炉内结渣的治理对策

（1）四角切圆燃烧方式。

1）通过改造减小CFS偏转角度减小CFS偏转角度，可减小炉内切圆直径，降低一次风煤粉气流刷墙概率，从而减轻炉内结渣。

2）运行中减小CFS风阀开度，可降低CFS风量，使炉内切圆直径减小，从而减轻炉内结渣。

3）CFS预置水平偏角的辅助风喷嘴。

（2）旋流对冲燃烧方式。

1）通过改造减小二次风扩锥角度，减小二次风扩锥角后，二次风扩角减小，旋流强度降低，外回流远离燃烧器出口壁面，可减轻燃烧器四周结渣；同时，一次风尾部与二次风混合增强，主燃区炉膛深度中心煤粉燃尽率增加，烟气对冲后到达侧墙时燃烧温度降低且形成的可燃气体浓度降低，有利于减轻侧墙中部结渣；主燃区炉膛深度中心煤粉燃尽率增加，也使烟气到达屏式过热器底部时温度降低，降低屏式过热器结渣风险。

2）增大SOFA中心直流风量，调整时增大SOFA中心直流风量，增强直流风的穿透力，使炉膛中心煤粉燃尽率增加，降低屏低烟气温度，减轻屏过结渣。

（六）低氮燃烧器改造后高温腐蚀的原因及治理对策

低氮燃烧器改造后对于旋流对冲燃烧方式，在燃用中等硫分的煤时，侧墙中间部位就容易产生高温硫腐蚀；对于四角切圆燃烧方式，若燃烧器采用上下浓淡方式，燃用高硫煤时，燃尽风以下区域向火侧容易发生高温硫腐蚀。

1. 高温腐蚀的原因

（1）旋流对冲燃烧方式。旋流对冲燃烧方式侧墙中间部位氧量严重偏低，处于高温强还原性气氛环境，CO浓度高达5000～10000ppm，由于CO浓度高，生成的H_2S气体浓度也高（200～800ppm），具有强腐蚀性，因而高温腐蚀严重。

（2）四角切圆燃烧方式高温腐蚀的原因。四角切圆锅炉燃烧器采用上、下浓淡方式时，向火侧处于严重缺风状态，生成的CO气体浓度很高，当燃用高硫煤时，H_2S气体浓度也很高，若切圆直径偏大，向火侧一次风煤粉距离壁面较近，温度较高，容易在向火侧发生高温硫腐蚀。

2. 高温腐蚀的治理对策

（1）旋流对冲燃烧方式。

1）减小二次风旋流强度通过运行调整减小外二次风旋流强度，使一次风尾部二次风混合强度增大，增加炉膛中心氧浓度，使主燃区中心燃尽率提高，从而降低侧墙中间部位CO浓度，减少H_2S气体的生成。

2）在侧墙易腐蚀部位增设贴壁风。在侧墙易腐蚀部位增设贴壁风，降低侧墙中间部位壁面CO气体浓度，从而减小H_2S浓度。

（2）四角切圆燃烧方式。

1）合理调整燃尽风量，提高主燃区氧量。燃用高硫煤时，降低燃尽风量，合理控制SCR入口NO_x浓度，提高主燃区氧量，降低向火侧CO浓度，减少H_2S气体生成。

2）一次采用较小切圆或一次风小角度反切，利用检修机会对一次风进行减小切圆直径或小角度反切改造，从而减小一次风切圆直径，提高向火侧壁面氧浓度，降低H_2S气体的生成。

（七）机组最小技术出力降低，调峰能力差的原因及治理对策

1. 机组最小技术出力降低，调峰能力差的原因

大部分电厂的脱硝均采用SCR脱硝反应器，催化剂的设计温度为300～420℃。在机组投入脱硝系统运行后，除同步投产脱硝系统的机组外，由于早期锅炉设计未考虑脱硝系统的运行温度，多数机组改造后出现了锅炉低负荷运行时，省煤器出口烟温无法满足脱硝系统正常运行温度的现象，因而锅炉最小技术出力较改造前均有不同程度的升高，机组的调峰能力下降。

2. 机组最小技术出力降低，调峰能力差的治理对策

提高脱硝入口烟温，降低机组最小负荷，改善机组调峰能力可采取如下方案：

（1）加装烟气旁路和省煤器分级布置。加装烟气旁路是指在省煤器前适当位置引出部分高温烟气至脱硝反应器入口，在低负荷时用来调节脱硝入口烟温，保证脱硝反应温度。但采取这种方案时，会改变脱硝入口的烟气流场，同时省煤的出口水温会有所降低，需要进行严格的校核计算及现场流场分布测试。

（2）省煤器分级布置是省煤器分为两级，并分别布置于SCR反应器前后，从而有效降低脱硝入口前省煤器的吸热量，提高脱硝入口烟温。由于烟气流经SCR反应器时，温降较小为（3～5℃），所以分级布置对省煤器的吸热量影响不大。但要受到尾部烟道空间的限制，若尾部烟道空间允许，预期省煤器分级布置将是电厂采取的主要选择措施。

第六章 火电机组深度调峰技术

第一节 火电机组深度调峰的背景和意义

一、低碳社会和碳减排压力

我国的碳排放约占全球的20.09%，是个排放大国。2016年9月3日，我国向联合国递交《巴黎协定》批准文书，向全球做出其作为世界大国的低碳承诺。

（1）二氧化碳排放于2030年达到峰值并争取尽早达到峰值（总量控制）。

（2）单位国内生产总值二氧化碳排放，2030年比2005年下降60%～65%，2020年比2015年下降18%，这需要调整经济结构和技术进步。

（3）2020年非化石能源占一次能源消费比例达到15%，2030年达到20%。

这一方面使得煤和煤电的发展受到限制，另一方面可再生能源特别是非水可再生能源近几年呈爆发式增长。

1. 全国的装机和发电量构成

2015年全国规模发电装机和发电量构成见表6-1。

表6-1　2015年全国电力工业统计快报一览表

指标名称	发电量（亿kWh）	发电比例	装机容量（万kW）	装机比例（%）
总计	56045	100%	150673	100
水电	11143	19.9%	31937	21.2%
其中：抽水蓄能	158	0.3%	2271	1.5%
火电	40972	73.1%	99021	65.7%
其中：燃煤	37649	67.2%	88419	58.7%
燃气	1658	3.0%	6637	4.4%
核电	1695	3.0%	2717	1.8%
风电	1851	3.3%	12830	8.5%
太阳能发电	383	0.7%	4158	2.8%

（1）煤电装机容量尽管降低了60%，但发电量仍超过2/3，是第一大主力。2016年上半年，尽管年初出台了限煤令，但在存量的惯性下，煤电装机容量还增加了2711万kWh。

（2）风电装机容量8.5%，但发电只占3.3%，主要因为除了风电的间歇性之外，弃风率高达15%，而2016年上半年更高达21%，其中以三北地区弃风率尤为严重。

全国电力生产运行情况表明，目前电源结构并不合理，电网调峰能力严重不足，尤其是近几年风电快速增加，电网缺乏调峰电源的问题突显，造成大量弃风，造成可再生能源的巨大损失。机组在深度调峰状态下，属于非常规调峰，机组较常规调峰运行更复杂，技术要求更高，必须准确掌握主机及辅机特性，因此，必须依据科学、合理的数据，确认该项技术指标，并得到各方的认可。

（3）2015 年火电的运行小时数为 4329h，2016 年上半年不到 2000h，火力发电机组实际是在调峰状态下运行的。

2. 非水可再生能源的发展

据估计，到2020 年，风电装机容量将达到 2.3 亿 kW 左右（每年增加 2000 万 kW），太阳能装机容量将达到 1.4 亿 kW 左右，两者加起来有 4 亿 kW 以上，消纳非水可再生能源，成为紧迫的任务。

其次看抽水蓄能（调节快），2015 年装机容量 2271 万 kW，占总装机容量 1.5%，发电量 0.3%，与风电不在一个数量级。而且抽水蓄能通常与核电匹配（装机容量 2717 万 kW，占 1.8%），需要比较好的上水库、下水库条件，建设周期长。化学蓄能还没到大型商业化阶段。

最后只有靠煤电，煤电的具体构成见表 6-2。

表 6-2　2015 年底全国 100MW 及以上容量燃煤发电机组台数

机组容量（MW）	燃煤机组台数
100～199	207
200～299	171
300～399	787
400～499	0
600～699	442
1000 及以上	67
总计	1694

按照 2015 年底的统计，300MW 及以上容量机组占常规火电总装机容量的 90.56%，是煤电灵活性改造的主力机组。

二、深度调峰的意义

火电主要包括煤电和燃机电厂，这里基本特指煤电。灵活性包括两个方面：

（1）运行灵活性。深度调峰（低负荷运行），快速启停，爬坡能力强，对于机组实现热电解耦。

（2）燃料灵活性。煤种适应能力强，掺烧生物质如秸秆、木屑等。

（一）深度调峰与供电煤耗

在低负荷下，煤电的供电煤耗必然是很差的。以德国 800MW 电厂改造为例，在额定工况下，供电煤耗为 299.6g/kWh，在 15%负荷时为 472.4g/kWh。按照其权重，相当于 15%×472.4g/kWh=70.9g/kWh。或者说，把 85%电量让给风电后，相当于减少了供电煤耗 299.6g/kWh−70.9g/kWh=228.7g/kWh，总体环境效益还是很高的。

总之，低碳的承诺使得非水可再生能源快速发展，煤电成为消纳的主要手段。

（二）深度调峰的市场规模

火电灵活性改造的规模基本取决于四个因素，即风电、太阳能的发展；预期的弃风率；

现有燃煤电厂的条件；政策的力度。如果按照 2020 年风电、太阳能的装机容量达到 4 亿 kW 的规划，并按照一定的风电、煤电的匹配系数，大致得出改造规模为 2 亿 kW 和 2.4 亿 kW，这是宏观的估算，市场规模不小。

深度调峰有偿调峰辅助服务的补偿费用分配比例依据：①负荷率大于 52%的火电厂全电量；②核电厂负荷率超过 52%以上的电量；③风电场的全电量。

1. 调峰有偿服务报价区间

调峰有偿服务报价区间见表 6-3。

表 6-3　　调峰有偿服务报价区间

时期	报价档位	火电厂类型	火电厂负荷率	报价下限（元/kWh）	报价上限（元/kWh）
非供热期	第一档	纯凝火电机组	40%<负荷率<50%	0	0.4
	第二档	热电机组	40%<负荷率<48%		
		全部火电机组	负荷率<40%	0.4	1
供热期	第一档	纯凝火电机组	40%<负荷率<48%	0	0.4
		热电机组	40%<负荷率<50%		
	第二档	全部火电机组	负荷率<40%	0.4	1.0

2. 启停调峰有偿辅助服务

启停调峰有偿辅助服务见表 6-4。

表 6-4　　启停调峰有偿辅助服务

机组额定容量级别（万 kW）	日前报价上限（万元/次）
10	50
20	80
30	120
50～60	200
80～100	300

第二节　火电机组适应深度调峰的改造技术

一、锅炉侧的应对技术

1. 锅炉富氧燃烧技术

所谓的富氧燃烧技术是利用小空间自稳燃原理，采用主动燃烧稳定结构设计与控制方法，实施燃煤火电灵活性改造。

通过灵活性一体化系统智能调节氧量、油量、天然气量等运行参数，整体安全运行，控制简单易行，煤种适应性强（可适用褐煤、烟煤、贫煤、无烟煤、煤矸石等）。

富氧燃烧技术安全性评估：

（1）富氧燃烧系统使一次风煤粉以着火、主动燃烧进入炉膛，确保不会因为炉膛热负荷过低导致燃烧不稳或熄火，保证锅炉运行稳定。

（2）富氧燃烧技术可适用任何工况，在保证燃烧设备安全的前提下连续运行，且能保证 24h 备用。

(3) 富氧燃烧器采用耐高温、耐磨材质，可抵抗高温 900～1200℃。

(4) 液氧技术成熟、安全可靠、氧气系统为低压设备、低压运行、不属于重大危险源。

富氧燃烧的主要技术性能：

(1) 实现低负荷调峰—煤粉以提前主动燃烧状态进入炉膛，让整个锅炉煤粉不会因为炉膛热负荷过低燃烧不稳而熄火。

(2) 实现 2%～3%额定负荷/min 快速爬坡，一次风煤粉流以多层（点）投运，可实现增加单位时间内的入炉煤量，确保机组快速提升负荷。

(3) 实现 2～4h 快速启停，根据工况需求灵活调整入炉煤量，从而达到降低锅炉启停时间的目的。

(4) 煤种适应性广泛，利用纯氧气强化煤中固碳的燃烧，对煤粉挥发分含量不做要求，有效提高锅炉煤种适应性。

(5) 保证 SCR 装置的高效投运，利用多层（点）燃烧，提高火焰中心，使烟气温度满足 SCR 投运要求（>320℃）。

(6) 能降低锅炉飞灰含碳量。

(7) 同比工况不会增加 NO_x 排放，一次风粉在富氧燃烧器内提前主动着火燃烧，产生大量 CO 强还原剂，抑制并还原 NO_x，保证同比工况下不增加 NO_x 排放。

2. 水冷壁安全防护技术

水冷壁安全防护技术用于适应快速启停。维持良性的水循环需要精确的监测与有效的措施双重手段来实现，目前主要的有效措施包括：①实时监测水冷壁温度的变化；②实时监测汽包上下壁温及温差、汽包与水冷壁温差等参数及其变化；③保持两台汽泵运行，保证汽源满足需求。另外，核算管间偏差、核算水循环安全性、设置必要的壁温测点也具有重要的作用。

3. 快速升降负荷安全性技术

在快速升降负荷过程中，对于超临界技术需要注意以下几点：

(1) 关注分离器工质过热度。注意给水泵与磨煤机之间需要协调密切，确保煤水比合理。

(2) 避免省煤器工质汽化。在机组运行时应注意控制变负荷速度，锅炉压力及省煤器出口过热度，防止汽化。

对于亚临界技术需要做到：

(1) 定压运行，有利于控制压力波动对汽包饱和温度的影响，尽可能减少压力波动对汽水水位的影响，有利于控制汽包水位。

(2) 关注汽包内外壁温差，严格控制上下、内外温差，确保汽包安全。

(3) 避免省煤器工质汽化。采用较高压力定压运行，应注意控制变负荷速度、锅炉压力及省煤器出口过热度，防止汽化发生。

二、低负荷脱硝技术

基本上有水侧的热水再循环（亚临界）、流量置换（超临界）、旁路烟道、分割省煤器等方案。具备条件的大机组也有采用零号高温加热器的方案，各有特点。值得注意的是，在负荷比较低如低于 30%时，省煤器旁路烟道方案可能烟气量不够。表 6-5 列出了不同技术路线的优缺点。

水侧方案是比较可行的，热水再循环至省煤器入口，提高进口水温，降低省煤器吸热量，提高水温 40℃以上，控制比较精确。广东某厂 3×660MW 亚临界机组为成功案例。

表 6-5　　不同技术路线的对比

技术路线	提温幅度（℃）	改造费用	施工周期	优势	挑战
省煤器给水旁路	15	100%	25 天（停机 7 天）	成本的；周期短控制精确	提温幅度受限
省煤器热水再循环和流量置换	60	180%	30 天（停机 15 天）	提温幅度大控制精确	改造设计能力要求较高
省煤器烟气旁路	40	120%	30 天（停机 15 天）	成本低；操作简单	旁路挡板处于高温高尘环境，故障率高； 高负荷漏风影响锅炉效率
省煤器分级布置	30	220%	30 天（停机 15 天）	不影响锅炉效率	烟温不可调节； 改造可行性受限于 SCR 后烟道空间与荷载； 容易出现由于分级比例设计偏差而造成的高负荷超温，低负荷欠温

三、热电解耦技术

东北地区部分机组为供热机组，需要实现热电解耦。供热量大的通常会采用储热罐方案，如图 6-1 所示。

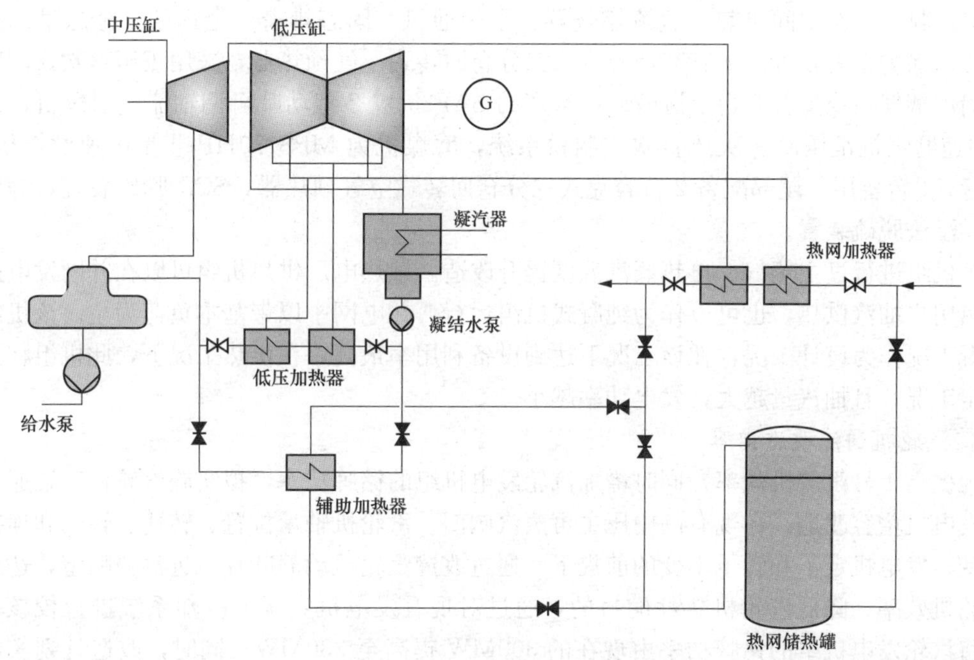

图 6-1　储热罐技术系统流程图

储热罐技术利用水的显热将热量存储到储热罐内，通常采用常压式或承压式；一般情况，对于供水水温小于 98℃的集中供热，采用常压大水罐，储热罐整合到供热回路。高于

98℃时设置承压储热罐，可配合高压电极锅炉和再热减温减压后加热热网循环水，并在供热机组调峰期间储存一定热量的热水，在机组升负荷时配合电锅炉增加厂用电并替代部分机组供热抽气量，以提高供热机组升负荷率。

常压储热罐结构简单，投资成本相对比较低，最高工作温度一般为 95～98℃，储热罐内水的压力为常压。承压储热罐最高工作温度一般为 110～115℃，工作压力与工作温度相适应，对储热罐的设计制造技术要求较高，但其储热量大，系统运行与控制相对简单，与热网循环水系统耦合性较好。水罐的大小与蓄热时间有关，国外有的罐高达 50m。

四、低压缸切除技术

为响应国家大国接纳新能源的产业政策，火电机组深度调峰势在必行。某热电厂 1 号机组热电解耦切除低压缸进汽试验取得圆满成功，对国内其他机组的供热改造和灵活性改造具有重大的技术引领与示范意义。据了解，该项技术以常规高背压供热改造 5％的设备投资，达到了和高背压供热相同的运行经济性，同时以灵活的方式实现了热电解耦。下面以某热电厂 1 号机组汽轮机通流部分改造案例介绍低压缸切除技术的应用。

1. 改造前机组情况

该热电厂目前装机为 2×300MW 亚临界湿冷供热冷凝机组，单轴，高中压合缸，亚临界，具有一次中间再热，两缸两排汽，采暖用可调整抽汽凝汽式汽轮机。4 台热网加热器，型号为 BHⅢ3-1800-1350-2.1/0.8-QSW，加热面积 1350m^2。5 台热网循环泵，型号为 KQSN450-N9-673，流量 2359m^3/h，扬程 130m。

锅炉为东方锅炉集团股份有限公司设计制造的 DG1025/18.2-Ⅱ6 自然循环汽包炉，形式为单炉膛、一次中间再热、直流燃烧器、平衡通风、固态排渣、全钢架、全悬吊结构Ⅱ型布置，锅炉露天布置，配有 2 台容克式三分仓回转式空气预热器，采用正压直吹式制粉系统。锅炉烟气系统配置 2 台上海鼓风机生产的 SAF26-17-2 型动叶可调轴流式引风机，采用 5 台中速磨煤机正压冷一次风直吹式制粉系统，磨煤机为 MPS170HP-Ⅱ型中速磨煤机，4 台运行，1 台备用。尾部配备 2 台容克式三分仓回转式空气预热器，SCR 脱硝装置，静电除尘器，湿法脱硫装置。

该机组进行过主蒸汽、再热蒸汽温度提升改造。该热电厂供热机组可以在并网发电的同时向热用户抽汽供热，也可以作为纯凝式机组运行，在电网中以带基本负荷为主。该机组将纯冷凝工况作为设计工况，在该工况下达到设备利用率最高，在供热工况下，此机组将达不到额定工况，且抽汽量越大，发电功率越小。

2. 汽轮机通流改造内容

为提高 1 号汽轮机效率，同时增加汽轮发电机组的铭牌功率，拟实施汽轮机三缸通流改造和发电机增容改造。在现有高中压主再蒸汽阀门、汽轮机轴承位置、转速、转向和连接方式不变、发电机定子和转子不变的前提下，通过改造汽轮机动静叶片、进汽喷嘴室，达到提高汽轮机效率、降低汽轮机热耗的目的，通过对现有发电机定子、冷却系统进行校核、改造，将汽轮发电机组的铭牌功率由现在的 300MW 提高至 330MW。同时，改造计划实施附加高压加热器改造，需对汽轮机高压上外缸进行返厂开孔。

该机组附加高压加热器抽汽来自高压缸原 1 号高压加热器抽汽位置之前。附加高压加热器设置于原机组 1 号高压加热器给水出口之后，通过 100％给水流量，设置为全负荷工况水侧通过全部给水流量，汽侧在高负荷工况节流限制给水温度，且进汽管道设置旁路阀保持最小进汽流量。附加高压加热器以及原机组的1、2、3号高压加热器公用原有的给水大旁路系统。当任一台高压加热器故障停运时，4台高压加热器同时从系统中退出，给水切换到给水旁路。机组在高压加热器解列时仍能带额定负荷。附加高压加热器逐级疏水输送至机组原1号或2号高压加热器，危急疏水输送至高压疏水扩容器。

3. 改造效果

试验是在机组供热运行状态下进行的。试验期间，低压缸进汽全部切除，机组运行参数稳定，切换过程平稳顺畅，在供热抽汽流量360t/h的情况下，电负荷降低至120MW，发电煤耗大幅下降。

常规情况下，热电厂冬季通常采用以热定电的方式运行，调峰能力受到热负荷的制约。临河热电厂热电解耦技术是供热机组供热状态下，通过切除汽轮机的低压缸全部进汽，使低压缸在真空条件下安全运行，从而达到不会因发电量受限而影响居民用热需求的目的。相关专家分析，该热电厂热电解耦的成功示范意味着热电联产“以热定电”理论的突破，“热电协同”成为一种技术方向。

五、电热锅炉储能技术

随着电力体制的深化改革，增加调峰应变能力，创新盈利模式，已成为发电行业共同关注的话题。如何保证供热安全，适应新的电力发展形势，成了供热企业面临的新挑战。

高压电极加热锅炉供热功率6～80MW，能量转化率99%，启动时间短，热态启动5min可达满负荷，使用电源为10kV厂用电源，占地面积小，启动灵活方便。

首先，高压电极锅炉在火电机组深度调峰中具有很强的灵活性，可单台布置也可多台布置。当供热机组进入深度调峰时负荷较低，机组抽气量无法满足供热需求时，可通过高压电极锅炉满足供热需求，同时也确保机组低压缸最小进气量，保障机组安全运行。

其次，高压电极锅炉具有启动时间短的特点，热态启动5min即可满负荷，适合作为机组的启动锅炉的辅助汽源，在机组低负荷或跳机后的热态启动时是保证机组汽封高温汽源和除氧器汽源的安全、有效措施，可大幅度提高机组在深度调峰和快速热启动的安全性。

2017年1月22日，中国华电集团公司审批通过了丹东某热电有限公司建设固体电蓄热辅助调峰锅炉工程项目，标志着丹东某热电有限公司成为国内建设电蓄热调峰锅炉的领头羊。

电热储能锅炉是我国实施“以电代煤”清洁供暖工程的关键热源设备，它利用低谷时段的多余电量，将锅炉内的固体储热材料加热保温，在发电侧建设大功率固体电蓄热调峰炉，利用发电机组电能转换成热能补充到热网，可以在燃煤火电机组在不降低出力的情况下，实现对电网的深度调峰，对于提高电力系统可再生能源消纳能力和大气污染防治有十分重要的意义。

2017年2月28日，丹东该热电有限公司固体电蓄热辅助调峰锅炉项目正式投运，是国内首次在电厂侧投运该项目。“电锅炉”项目的顺利投产将进一步提高丹东某热电有限公司的企业效益，改善城市环境和形象，将对企业和地方的可持续发展起到重要的推动作用。

在预设的电网低谷调峰时段或风力发电的弃风电时段，自动控制系统接通高压开关，高压电网为高压电发热体供电，高压电发热体将电能转换为热能，同时被高温蓄能体不断吸收，当高温蓄热体的温度达到设定的上限温度或电网低谷时段结束或风力发电弃风电时段结束时，自动控制系统切断高压开关，高压电网停止供电，高压电发热体停止工作。高温蓄热体通过热输出控制器与高温热交换器连接，通过调节变频风机的频率，高温热交换器将高温蓄热体储存的热能在24h连续均匀地释放到热网循环水中。同时通过快放功能，可实现7h调峰蓄热，14h快速放热或10h快速放热，以适应极端天气温度下的热网调节。

简单来说，就是在夜间用电量较少时，用多余电量给“电锅炉”加热，需要供热时再把电锅炉储存的热能释放出来。如此，将夜间的“余电”转化为热能，既降低了供热能耗又利用了弃电一举两得。

第三节　火电机组灵活性改造整体解决方案

一、供热机组

1. 方案一：富氧燃烧＋汽轮机抽汽＋电锅炉＋储热罐

该方案可实现机组整体灵活性（锅炉侧＋汽轮机侧）运行要求，在供热期和非供热期均可实现深度调峰，具体方案如下：

（1）锅炉进行富氧燃烧技术改造。

（2）可从再热器热段根据供热量进行抽汽，经减温减压输送至储热罐或热网配合电锅炉共同满足供热量。

（3）高压电极锅炉采用厂用电电源，在机组进行调峰时快速启动直接加入储热罐或热网循环水，满足供热要求，并确保完全满足低压缸最小进汽量要求，可保障机组长期低负荷运行的安全性。

（4）储热罐可在机组升负荷段退出汽机采暖抽汽供热，切换为储热罐直接向热网供热运行方式，可满足阶段性供热出力要求，增强机组调峰能力、提升机组爬坡速度、实现热电解耦运行。

2. 方案二：汽轮机抽汽＋高压电极锅炉＋储热罐

（1）供热季。对于供热量较大的供热机组，由于汽轮机在低负荷运行时抽气量大幅减少无法满足供热需求，可采用高压电极锅炉的同时，采用再热器热段抽汽减温减压来满足供热量，具体方案如下：

1）可从再热器热段根据供热量进行抽汽，经减温减压输送至储热罐或热网配合电锅炉共同满足供热量。

2）高压电极锅炉采用厂用电电源，在机组进行调峰时快速启动直接加热储热罐或热网循环水，满足供热需求，并确定完全满足低压缸最小进汽量要求，可保障机组长期低负荷运行的安全性。

3）储热罐可在机组升负荷退出汽机采暖抽汽供热，切换为储热罐直接向热网供热运行方式，可满足阶段性供热出力需求，增强机组调峰能力、提升机组爬坡速度、实现热电解耦运行。

（2）非供热期。按机组原有调峰能力实施调峰。

二、纯凝机组

纯凝机组不考虑供热影响，可只对锅炉进行富氧燃烧改造实现机组整体灵活性运行要求，满足调峰需求（根据机组低压缸最小进气量确定）。

第四节　经济运行分析

以一台300MW四角切圆锅炉机组为例，按照10%机组容量配置高压电极锅炉进行富氧燃烧（30%负荷率）、减温减压技术（抽汽量300t/h）改造，可保证供热机组采暖期20%额定负荷调峰能力，夏季30%额定负荷调峰能力。

经济分析计算条件：按照发电利用小时数3600h，运行小时数5100h，其中冬季采暖期运行小时数2100h，调峰小时数按8h/天共计700h，非供暖期运行小时数3000h，调峰小时数按照8h/天共计1000h，标准煤单价550元/t，第一档补偿电价按照0.1元/kWh、第二档补偿电价0.7元/kWh进行计算。详见表6-6和表6-7。

表6-6　　300MW机组不同负荷率的煤耗情况

负荷率	100%	90%	80%	70%	60%	50%	40%	30%
非供暖季发电煤耗（g/kWh）	297.84	299.34	300.83	306.49	308.94	315.43	325.76	340.43
供暖季发电煤耗（g/kWh）	295.84	297.34	298.83	304.49	306.94	313.43	323.76	338.43
厂用电率	4.50%	5%	5.50%	6%	6.50%	7%	7.50%	8%

表6-7　　300MW机组调峰收益核算

非供热期补贴收入（万元）		供热期补贴收入（万元）		年度收益计算（万元）	
一档补贴	300	一档补贴	210	年度调峰时段发电毛利	499
二档补贴	2100	二档补贴	2940	年度调峰时段补贴总额	5550
补贴总额	2400	补贴总额	3150	年度总收益	6049

参 考 文 献

[1] 许晋源．燃烧学．北京：机械工业出版社，1990.
[2] 韩昭仓．燃料及燃烧．2版．北京：冶金工业出版社，1994.
[3] 徐旭常．燃烧理论与燃烧设备．北京：机械工业出版社，1990.
[4] 傅维标．燃烧学．北京：高等教育出版社，1989.
[5] 孙学信．煤粉燃烧物理化学基础．武汉：华中理工大学出版社，1991.
[6] 陈学俊．锅炉原理．2版．北京：机械工业出版社，1991.
[7] 徐通模．锅炉燃烧设备．西安：西安交通大学出版社，1990.
[8] 符里斯．燃烧的热力理论．北京：电力工业出版社，1957.
[9] 岑可法．高等燃烧学．浙江：浙江大学出版社，2002.
[10] 郝吉明，马广大，王书肖．大气污染控制工程．北京：高等教育出版社，2010.
[11] 西安热工研究所．东北技改局燃煤锅炉燃烧调整试验方法．北京：水利电力出版社，1974.
[12] 何佩敖．我国动力用煤结渣特性的试验研究．动力工程，1987，2.
[13] 李永兴、陈春元．煤种结渣特性综合判别指数求取方法．锅炉制造，1992，4.
[14] 陈春元．褐煤锅炉燃烧技术研究．锅炉制造，1990，2.
[15] 陈春元．大型煤粉锅炉燃烧设备的优化设计问题．锅炉制造，1992，2.
[16] 姜义道，李永兴．四角切向燃烧大容量电站锅炉烟温、汽温偏差及其治理技术研 [1] 究．锅炉燃烧技术学术会议论文集，1996，8.
[17] 郭宏生、徐通模．四角布置切向燃烧锅炉水平烟道烟温、汽温偏差原因分析．动力 [1] 工程，1996，2.
[18] 曾汉才．大型锅炉水平烟道左右两侧烟温差问题的研究．武锅技术，1996，2.
[19] 王振兴、王知非．黄岛电厂 400t/h 锅炉燃烧器改造消除水冷壁烟侧高温腐蚀，山东电力技术，1994，1.
[20] 王学栋．燃煤锅炉氮氧化物排放特性研究及烟气脱硝催化剂的研制．山东大学博士论文，2004.
[21] 聂其红，吴少华，等，国内外煤粉燃烧低 NO_x 控制技术的研究现状，哈尔滨工业大学学报，2002，34（6）.
[22] 毛健雄，毛健全，等．煤的清洁燃烧．3版．北京：科学出版社，2005.
[23] 付国民．煤燃烧过程中 NO_x 的形成机理及控制技术（上）．节能与环保，2005，3：9-11.
[24] 付国民．煤燃烧过程中 NO_x 的形成机理及控制技术（下）．节能与环保，2005，4：9-11.